Διαβάζοντας
Κβαντική
Φυσική

Διαβάζοντας Κβαντική Φυσική
Κωνσταντίνος Σκουλάτος

εκδόσεις ηλιοτρόπια
Χώρα Νάξου
email επικοινωνίας: costisscoulatos@gmail.com

ISBN: 978-618-84357-3-5

ΚΩΝΣΤΑΝΤΙΝΟΣ ΣΚΟΥΛΑΤΟΣ

Διαβάζοντας Κβαντική Φυσική

στην Άντια

ἀγαπητὸν γὰρ εἴ τις τὰ μὲν
κάλλιον λέγοι τὰ δὲ μὴ χεῖρον.

Αριστοτέλης, *Μετά τα Φυσικά*, Μ1.

Περιεχόμενα

Εισαγωγή

Η αναμφισβήτητη γοητεία των επιστημονικών επαναστάσεων του 20ου αιώνα έχει στη βάση της, πέρα από τις πολυάριθμες τεχνικές εφαρμογές, την επαναστατική αλλαγή των θεμελιωδών εννοιών που χρησιμοποιούσε η μέχρι τότε παραδοσιακή φυσική. Η κβαντική θεωρία έχει την δική της σημαντική συνεισφορά για την δημιουργία τόσο της γοητείας όσο επίσης του μύθου και του μυστηρίου, που φαίνεται να συνοδεύουν τις βάσεις της σύγχρονης φυσικής.

Αρκεί ωστόσο μια απλή ματιά στον συμβολισμό της θεωρίας για να αποθαρρύνει την προσπάθεια του μη μυημένου κοινού για την ουσιαστική κατανόηση του περιεχομένου της. Ένας ιδιόμορφος κόσμος μαθηματικών συμβόλων φαίνεται να συγκροτείται ακριβώς μέσα από τις εσωτερικές σχέσεις των τελευταίων, ένας κόσμος, ωστόσο, που παρά την απαίτηση μιας επίπονης διαδικασίας αφομοίωσης του περιεχομένου του, αφήνει, στο τέλος της μέρας, ανοιχτά τα ερωτήματα και τους προβληματισμούς της κριτικής σκέψης.

Οι θεωρίες της φυσικής συμπυκνώνουν βέβαια έναν τεράστιο αριθμό εμπειρικών δεδομένων και πειραματικών καταγραφών στα ερευνητικά εργαστήρια. Άλλωστε η συγκρότηση της θεωρίας στηρίζεται στην σύγκριση των δεδομένων, στην απλή ταξινόμηση με βάση την ομοιότητα και την διαφορά. Στην πρώτη όμως γενική σχέση, στην πρώτη διατύπωση της εμφανιζόμενης αναγκαιότητας, εμφανίζεται πάντα η αφηρημένη έννοια, που ενώ στις πρώτες απλές γενικεύσεις είναι φανερή η άμεση προέλευση του αφηρημένου από την παρατήρηση, όταν στην θεωρία διεισδύει ένα πολυποίκιλο υλικό από διαφορετικούς τομείς φαινομένων, η διατύπωση των πιο γενικών νόμων οδηγεί στην εξαφάνιση του εμπειρικού, του άμεσου. Έτσι, στις φορμαλιστικές διατυπώσεις των νόμων της σύγχρονης φυσικής, η αναφορά στο πείραμα έχει σχεδόν εξαφανιστεί. Οι συμβολικές σχέσεις φαίνονται προϊόντα άλλων συμβολικών σχέσεων και η αλυσίδα φαίνεται τόσο μακριά που δίνει την εντύπωση ότι αυτοδημιουργείται.

Από την άλλη, οι νόμοι και οι αφηρημένες έννοιες, αποσπασμένες πλέον από τα ειδικά φαινόμενα στα οποία οφείλουν την ύπαρξή τους, διεκδικούν στο μυαλό των ανθρώπων το δικαίωμα γενικών ή απόλυτων αληθειών. Οι νόμοι της μηχανικής του 19ου αιώνα, που είχαν θεωρηθεί ως οι γενικοί νόμοι της φύσης, εξηγούσαν ή φαίνονταν να εξηγούν κάθε γνωστό φαινόμενο. Ήταν απαραίτητο να υπάρξουν εκείνες οι πειραματικές τεχνικές, που θα επέτρεπαν την απόκτηση πληροφοριών για την συμπεριφορά των σωματιδίων, για να υποχρεωθεί η θεωρία να μελετήσει τα τελευταία βάζοντας σε δεύτερη μοίρα τις απαιτήσεις ή και τις προκαταλήψεις της προηγούμενης μηχανικής. Τελικά, η απαίτηση της ερμηνείας των αποτελεσμάτων μιας σειράς πειραμάτων επέβαλε ως αναπόφευκτη την αναγνώριση της ατομικής φύσης του φωτός και γενικότερα των ακτινοβολιών. Το πέπλο της κλασικής κυματικής θεωρίας, που εφησύχαζε την παραδοσιακή επιστημονική σκέψη, με την πάροδο του χρόνου και το πλήθος των πειραμάτων καταστρεφόταν ανεπανόρθωτα· τα διακριτά πλέον φωτόνια φαίνεται να επιδεικνύουν μια εντυπωσιακή ή τουλάχιστον απροσδόκητη συμπεριφορά: οι νόμοι των σωματιδίων αρχίζουν να διαφαίνονται μόνο όταν ο αριθμός επαναλήψεων του ίδιου πειράματος γίνει αρκετά μεγάλος, μετά δηλαδή από μια μεγάλη σειρά ατομικών και φαινομενικά τυχαίων αποτελεσμάτων. Αντίθετα, όταν ο αριθμός των επαναλήψεων όμοιων πειραματικών συνθηκών είναι σχετικά μικρός, στα αποτελέσματα φαίνεται να επικρατεί ανομοιομορφία και έλλειψη οποιασδήποτε αναγκαιότητας. Ως αποτέλεσμα, η δυνατότητα πρόβλεψης, σε ό,τι αφορά την ακριβή μελλοντική συμπεριφορά των επιμέρους μικροσκοπικών συστημάτων, είναι αδύνατη ενώ η θεωρία περιορίζεται στον υπολογισμό πιθανοτήτων.

Ωστόσο, το πιο βασικό χαρακτηριστικό που προκάλεσε και προκαλεί τις εντονότερες διαμάχες αλλά και το συνεχές ενδιαφέρον της έρευνας αφορά τον ίδιο τον τρόπο σχηματισμού των πιθανοτήτων και συγκεκριμένα την σχέση ενός γεγονότος με τους τρόπους πραγματοποίησής του: Αν ένα γεγονός μπορεί να πραγματοποιείται μέσω διαφορετικών τρόπων—δρόμων, τους οποίους καταρχήν μπορούμε να θεωρήσουμε ως ανεξάρτητους μεταξύ τους και μάλιστα αλληλοαποκλειόμενους, η πιθανότητα να συμβεί το γεγονός, όταν οι δρόμοι πρακτικά δεν διακρίνονται, είναι κάθε φορά κάτι περισσότερο ή κάτι λιγότερο από το άθροισμα των ξεχωριστών πιθανοτήτων. Οι φαινομενικά ανεξάρτητοι δρόμοι συνδέονται και είναι η ύπαρξη αυτής ακριβώς της σύνδεσης, με τους πλούσιους τρόπους εκδήλωσής της, που αποτελεί το κεντρικό σημείο της κβαντικής θεωρίας.

Παράλληλα, η κβαντική φυσική συμπυκνώνει το σύνολο των πορισμάτων της σε μια σύνθετη, αφηρημένη μαθηματική θεωρία. Στην πραγματικότητα, η θεωρία, για να πραγματοποιήσει τον σκοπό της, δημιούργησε μια πραγματική κοσμογονία ιδεών και μία αξιοθαύμαστη σύνθεση των πιο διαφορετικών κλάδων των μαθηματικών και των περιοχών της φυσικής. Οι κυματικές κατανομές που αντιστοιχούν σε διακριτά σωματίδια, ο απειροστικός λογισμός υπό την οπτική γωνία της γραμμικής άλγεβρας, οι συμμετρίες των φυσικών συστημάτων που υποδεικνύουν τα διατηρήσιμα μεγέθη, η αλληλοσύνδεση των ίδιων των φυσικών μεγεθών —της θέσης και της ορμής, της ενέργειας και του χρόνου— δεν αποτελούν παρά την αφετηρία της θεωρίας. Μιας θεωρίας που δεν είναι παρά η κατά προσέγγιση ιδεατή απεικόνιση ενός κόσμου σωματιδίων, που βρίσκονται σε αδιάκοπη μεταβολή, ενός κόσμου δίχως απόλυτες αντιθέσεις, όπου οι αλληλοσυνδέσεις και οι αλληλομετατροπές είναι όχι η εξαίρεση αλλά ο κανόνας. Από την άλλη, η ιδιαιτερότητα στην συμπεριφορά των σωματιδίων επιβάλλει μια ιδιαίτερη σχέση μεταξύ των απλών φιλοσοφικών εννοιών, οι οποίες, άλλοτε πιο φανερά και άλλοτε περισσότερο συγκαλυμμένα, συγκροτούν ωστόσο αναπόφευκτα το θεμέλιο κάθε γνώσης. Η νέα θεωρία, δηλαδή, δεν τροποποίησε μόνο τα θεμέλια της παλαιάς φυσικής αλλά επίσης διατύπωσε με διαφορετικό τρόπο, την ίδια την σχέση μεταξύ των βασικών εννοιών μέσω των οποίων σκεπτόμαστε.

Είναι λοιπόν αναγκαία, πριν από καθετί άλλο, η ανάλυση της εσωτερικής εξέλιξης των αφηρημένων μαθηματικών εννοιών, μιας εξέλιξης που οδηγεί από το πιο απλό στο πιο σύνθετο και από το πιο άμεσο στο πιο απομακρυσμένο ώστε οι αφηρημένες έννοιες της Φυσικής να κατανοούνται ως —λιγότερο ή περισσότερο πιστές, λιγότερο ή περισσότερο γενικές— εσωτερικές σχέσεις των φαινομένων, ως εκφράσεις της αλληλουχίας και του τρόπου της μεταβολής τους. Αντίθετα, η επιμονή στην απόσπαση των αφηρημένων εννοιών από τον κόσμο των φαινομένων και των πειραμάτων μπορεί να οδηγήσει, και συχνά οδηγεί, σε έναν ιδιόμορφο μυστικισμό. Σε μια τέτοια περίπτωση ένας κόσμος συμβόλων και εννοιών φαίνεται να στέκεται δίπλα στον πραγματικό, ένας κόσμος, που με κάποιον μαγικό τρόπο, δίνει σωστά αποτελέσματα στους υπολογισμούς.

Συχνά η εκπαιδευτική διαδικασία, με την ιδιαίτερη επιμονή της στους υπολογισμούς, συμβάλλει στην ενίσχυση αυτής της τάσης. Αλλά έτσι η ίδια η ιστορία της απόπειρας του ανθρώπινου νου να κατανοήσει τη φύση, συρρικνώνεται στην παρουσίαση ενός αποστειρωμένου κόσμου υπολογισμών. Το κείμενο που ακολουθεί δεν είναι παρά μια μικρή απόπειρα να αναδειχθεί η αλληλοσύνδεση των ιδεών στην κβαντική θεωρία, μια θεωρία που προσπαθεί να απεικονίσει την διαφορετικότητα αλλά και την ενότητα του πραγματικού κόσμου των σωματιδίων.

Το φαινόμενο της συμβολής

1.1. Συμβολή

Ας υποθέσουμε ότι δύο *ανεξάρτητες* μεταξύ τους διαδικασίες —εκκινώντας από την ίδια αφετηρία— οδηγούν στο ίδιο αποτέλεσμα, με πιθανότητες P_1 και P_2 αντίστοιχα. Στην κλασική Φυσική θα σχηματίζαμε απλώς το άθροισμα $P_1 + P_2$ για να υπολογίσουμε την πιθανότητα να συμβεί το συγκεκριμένο γεγονός. Ας υποθέσουμε, δηλαδή, ότι μια αρχική κατάσταση Ψ επαναλαμβάνεται 1000 φορές και, μέσω μιας συγκεκριμένης διαδικασίας, πραγματοποιείται μια τελική κατάσταση Φ 225 φορές ενώ αν η κατάσταση Ψ επαναληφθεί ξανά 1000 φορές μια άλλη διαδικασία πραγματοποιεί την μετάβαση στην κατάσταση Φ 100 φορές. Τότε, αν η αρχική κατάσταση Ψ επαναληφθεί, ξανά, 1000 φορές και οι δύο διαδικασίες είναι *ταυτόχρονα* δυνατές, θα υποστηρίζαμε ότι η κατάσταση Φ θα πραγματοποιηθεί

$$15^2 + 10^2 = 325 \text{ φορές.}$$

Ωστόσο, σύμφωνα με τις προβλέψεις της κβαντικής θεωρίας, στον κόσμο των σωματιδίων και *με την προϋπόθεση ότι δεν υπάρχει τρόπος να διακριθεί η πραγματική διαδικασία μέσω της οποίας συμβαίνει κάθε φορά η μετάβαση*, η κατάσταση Φ θα πραγματοποιηθεί

$$|15 + 10|^2 = 625 \text{ φορές.}$$

Η συνολική πιθανότητα διαφέρει από το άθροισμα των ξεχωριστών πιθανοτήτων καθώς η ταυτόχρονη ύπαρξη των δύο διαδικασιών μετάβασης καταργεί την ανεξάρτητη λειτουργία τους. Στην γενική περίπτωση, αν σε μία πειραματική διάταξη υφίστανται n ανεξάρτητες διαδικασίες μέσω των οποίων πραγματοποιείται ένα συγκεκριμένο γεγονός, τότε σε κάθε μία από αυτές αντιστοιχεί ένας μιγαδικός αριθμός φ_i. Ο αριθμός αυτός ονομάζεται πλάτος πιθανότητας και αν η διαδικασία στην οποία αντιστοιχεί είναι ο μοναδικός τρόπος δημιουργίας του συγκεκριμένου γεγονότος, τότε το τετράγωνο του μέτρου του είναι ακριβώς η πιθανότητα να συμβεί το γεγονός, δηλαδή

$$|\varphi_i|^2 = P_i$$

Όταν όλες οι διαδικασίες μετάβασης είναι επιτρεπτές και δεν υπάρχει δυνατότητα πρακτικής διάκρισής τους, η πιθανότητα να συμβεί το ίδιο γεγονός είναι

$$P_{ολ} = |\varphi_1 + \varphi_2 + \dots + \varphi_n|^2$$

Ο τρόπος αυτός σχηματισμού της πιθανότητας είναι ο πιο γενικός και ταυτόχρονα ο πιο απλός σε διατύπωση νόμος της κβαντικής θεωρίας. Είναι χαρακτηριστική η διαφορά ανάμεσα στο πλήθος των όρων που συγκροτούν το πλάτος πιθανότητας από τη μία και στο πλήθος των όρων που συγκροτούν την ίδια την πιθανότητα από την άλλη, καθώς στο ανάπτυγμα του τετραγώνου του μέτρου του αθροίσματος των μιγαδικών αριθμών, σχηματίζεται ένας επιπλέον όρος, ο όρος συμβολής:

$$P_{ολ} = \sum_{i=1}^{n} |\varphi_i|^2 + \omega$$

Η ένα προς ένα αντιστοιχία μεταξύ των όρων του πλάτους πιθανότητας και των όρων της κλασικής πιθανότητας έχει παραβιαστεί από τον πρόσθετο όρο, που εξαρτάται από την *σχέση* των συγκεκριμένων μιγαδικών αριθμών, δημιουργώντας την αντίθεση η οποία διακρίνει ουσιαστικά το κλασικό φαινόμενο από το κβαντικό: αν οι δύο αριθμοί στο προηγούμενο παράδειγμα ήταν (-15) και $(+10)$ αντίστοιχα ενώ στην κλασική περίπτωση το αποτέλεσμα θα παρέμενε το ίδιο, στα σωματίδια ο χαρακτήρας του πειράματος θα ήταν εντελώς διαφορετικός καθώς η κατάσταση Φ θα είχε πιθανότητα εκδήλωσης μόλις

$$|-15 + 10|^2 \to 2{,}5\%$$

Παράδειγμα 1.1

Το σχήμα 1.1 δείχνει ένα ζευγάρι από πολύ λεπτές σχισμές, οι οποίες απέχουν μεταξύ τους απόσταση 2α και μία οθόνη, η οποία βρίσκεται σε απόσταση D από τις σχισμές. Ηλεκτρόνια, που θεωρούνται ότι βρίσκονται όλα στην ίδια αρχική κατάσταση, εκτοξεύονται προς τις σχισμές.

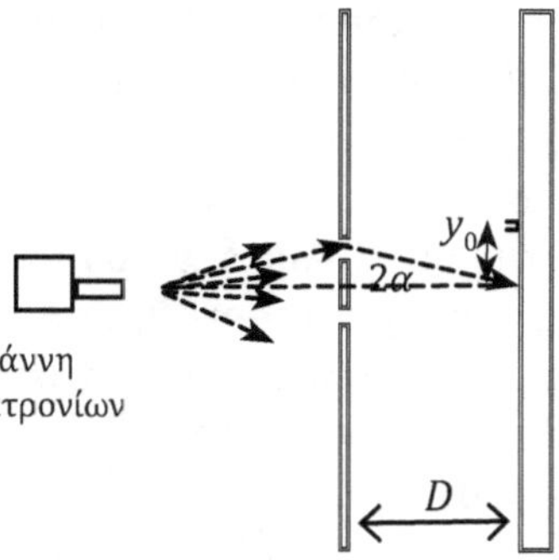

Σχήμα 1.1 Η διάταξη των δύο σχισμών[1]

Έστω y_0 ένα σημείο στον άξονα y. Το πλάτος πιθανότητας —όταν είναι ανοιχτή μόνο η σχισμή 1— που συνδέεται με την άφιξη ενός ηλεκτρονίου στο σημείο y_0 είναι

$$\varphi_1 = Ae^{i\omega_1}$$

όπου $\omega_1 = \kappa(y_0 + \alpha)/2D$ και η αντίστοιχη πιθανότητα

$$P_1 = \varphi_1^* \varphi_1 = |A|^2$$

ενώ όταν είναι ανοιχτή μόνο η σχισμή 2 είναι

$$\varphi_2 = Ae^{i\omega_2} \text{ όπου } \omega_2 = \kappa(y_0 + \alpha)/2$$

και

$$P_2 = \varphi_2^* \varphi_2 = |A|^2$$

ενώ το A θεωρείται προσεγγιστικά σταθερό στο κεντρικό μέρος του πετάσματος.

Ποια είναι η πιθανότητα $P_{o\lambda}$ να καταλήξει το ηλεκτρόνιο στο σημείο y_0 όταν είναι ανοιχτές ταυτόχρονα και οι δύο σχισμές; Σύμφωνα με την κβαντική θεωρία

$$P_{o\lambda} = |\varphi_1 + \varphi_2|^2$$
$$= 2|A|^2\,[1 + \cos(2\alpha\kappa y_0)/D]$$

Δίπλα στο κλασικά αναμενόμενο αποτέλεσμα $2|A|^2$ σχηματίζεται ο όρος συμβολής $2\cos 2\alpha\kappa y_0/D$, ο οποίος εξαρτάται από την σχετική φάση των δύο πλατών πιθανότητας. Παρατηρούμε ότι υπάρχουν σημεία του πετάσματος για τα οποία ο όρος συμβολής είναι αρνητικός, που σημαίνει ότι ο συνολικός δηλαδή αριθμός των ηλεκτρονίων *μειώνεται*

1. Ford, *Classical and Modern Physics Vol III*, σελίδα 234.

όταν είναι ανοιχτές και οι δυο σχισμές ταυτοχρόνως. Φανταστείτε ένα ανάλογο πείραμα με σφαιρίδια όπου όταν είναι ανοιχτή η μία σχισμή φτάνουν στο σημείο y_0 περίπου 50 σφαιρίδια ενώ αν είναι ανοιχτή και η δεύτερη σχισμή ο αντίστοιχος αριθμός μειώνεται στα 20.

Ωστόσο, το φαινόμενο της συμβολής δεν συμβαίνει εξαιτίας απλώς της έλλειψης δυνατότητας ακριβέστερου προσδιορισμού των αρχικών συνθηκών. Αν υποθέσουμε, για παράδειγμα, ότι υπήρχαν πρόσθετες πληροφορίες για τα ηλεκτρόνια, οι οποίες θα επέτρεπαν —αν ήταν ανοιχτές διαδοχικά πρώτα η σχισμή 1 και κατόπιν η σχισμή 2— την εκ των προτέρων πρόβλεψη για την κατεύθυνση κάθε ηλεκτρονίου τότε η πιθανότητα για την άφιξη του ηλεκτρονίου στο σημείο y_0 της οθόνης, *όταν και οι δύο σχισμές θα ήταν ανοιχτές*, θα υπολογιζόταν ως το άθροισμα

$$\begin{aligned} & P_1 \ (= \text{ηλεκτρόνια που κατευθύνονται προς την σχισμή 1}) \\ + & P_2 \ (= \text{ηλεκτρόνια που κατευθύνονται προς την σχισμή 2}) \\ = & P_1 + P_2 \end{aligned}$$

μια εμφανώς λανθασμένη πρόβλεψη, καθώς όταν ανοίγουν ταυτόχρονα και οι δύο σχισμές *δημιουργείται μια διαφορετική διάταξη*, η οποία δεν αφήνει ανεπηρέαστες τις πορείες που σκόπευαν να ακολουθήσουν τα ηλεκτρόνια και για την οποία οι πιθανότητες οφείλουν πλέον να σχηματίζονται με έναν διαφορετικό, ειδικό τρόπο.

Ο μιγαδικός αριθμός, ο οποίος εκπροσωπεί το πλάτος πιθανότητας και αφορά την μετάβαση από μια κατάσταση Ψ σε μια κατάσταση Φ ή την εκδήλωση της Ψ ως Φ ή την μετατροπή της Ψ στην Φ όπως αλλιώς μπορεί να διατυπωθεί αυτή η διαδικασία, συμβολίζεται ως $\langle\Phi|\Psi\rangle$, όπου δεξιά γράφουμε την αρχική και αριστερά την τελική κατάσταση. Αν τώρα πραγματοποιούνται δύο ή περισσότερα *διαδοχικά* γεγονότα, το πλάτος πιθανότητας που συνδέει την αρχική με την τελική κατάσταση σχηματίζεται μέσω του πολλαπλασιασμού των ενδιάμεσων πλατών. Αν, δηλαδή, μια κατάσταση $|C\rangle$ μπορεί με τη σειρά της να υπάρξει ως αποτέλεσμα της $|\Phi\rangle$ και το αντίστοιχο πλάτος πιθανότητας είναι $\langle C|\Phi\rangle$, τότε το πλάτος πιθανότητας $\langle C|\Psi\rangle$ θα είναι

$$\langle C|\Psi\rangle = \langle C|\Phi\rangle\langle\Phi|\Psi\rangle$$

Το τετράγωνο αυτού του γινομένου των πλατών πιθανότητας αποδίδει το γινόμενο των δύο αντίστοιχων πιθανοτήτων των διαδοχικών γεγονότων ως την πιθανότητα πραγματοποίησης της τελικής κατάστασης, μια σχέση που ισχύει επίσης στην κλασική φυσική.

Παράδειγμα 1.2

Γνωρίζουμε ότι ένα φωτόνιο σε κατάσταση δεξιάς κυκλικής (RHC) ή αριστερής κυκλικής (LHC) πόλωσης διέρχεται με βεβαιότητα από ένα R ή ένα L φίλτρο αντίστοιχα ενώ ένα φωτόνιο που βρίσκεται στη x ή την y κατάσταση πόλωσης διέρχεται με βεβαιότητα από ένα x ή ένα y φίλτρο αντίστοιχα. Αν, τώρα, δέσμη φωτονίων πολωμένη κατά την διεύθυνση x προσπίπτει κάθετα σε υλικό, το οποίο επιτρέπει την διέλευση φωτός πολωμένου κατά την διεύθυνση y και χρησιμοποιηθεί η κατάσταση κυκλικής πόλωσης ως βάση αναφοράς τότε το συνολικό πλάτος πιθανότητας να περάσει το φως από το πρίσμα είναι

$$\langle y|x\rangle = \langle y|R\rangle\langle R|x\rangle + \langle y|L\rangle\langle L|x\rangle$$

και η αντίστοιχη πιθανότητα

$$|\langle y|x\rangle|^2 = |\langle y|R\rangle|^2|\langle R|x\rangle|^2 + |\langle y|L\rangle|^2|\langle L|x\rangle|^2$$
$$+ \langle y|R\rangle\langle R|x\rangle\langle y|L\rangle^*\langle L|x\rangle^* + \langle y|R\rangle^*\langle R|x\rangle^*\langle y|L\rangle\langle L|x\rangle$$

Στην τελική πιθανότητα σχηματίζεται ξανά ο όρος συμβολής, που αποτελείται από το άθροισμα του γ΄ και του δ΄ γινομένου στο συνολικό άθροισμα και εξαρτάται από τον συνδυασμό των δύο «ανεξάρτητων» πλατών. Ο γ΄ όρος είναι το γινόμενο του πλάτους μετάβασης μέσω του δρόμου R επί το συζυγές πλάτος μετάβασης που αντιστοιχεί στον δρόμο L, ένας όρος, δηλαδή, ο οποίος καθορίζεται από την διαφορά φάσης των δύο μιγαδικών αριθμών. Το ίδιο ισχύει και για τον δ΄ όρο, ο οποίος μάλιστα είναι ο συζυγής μιγαδικός του γ΄ όρου.

Αντικαθιστώντας τις τιμές των $\langle y|R\rangle$, $\langle x|R\rangle$, $\langle y|L\rangle$, $\langle x|L\rangle$, οι οποίες —όπως θα προσδιορίσουμε στη συνέχεια— είναι αντίστοιχα $-i/\sqrt{2}$, $1/\sqrt{2}$, $i/\sqrt{2}$ και $1/\sqrt{2}$, προκύπτει

$$\langle y|x\rangle = 0.$$

Ο όρος συμβολής δηλαδή εξουδετερώνει εδώ τον «κλασικό» όρο επαληθεύοντας ένα γνώριμο φαινόμενο: κανένα x πολωμένο φωτόνιο δεν διέρχεται από ένα y πολωμένο φίλτρο. Οι φαινομενικά ανεξάρτητοι δρόμοι ωστόσο συνδέονται καθώς —όπως υποδεικνύουν οι τιμές των δύο πρώτων όρων— όταν ένα φωτόνιο x πόλωσης ανιχνευθεί σε κατάσταση R ή L πόλωσης η πιθανότητα διέλευσής του από το φίλτρο y είναι σε κάθε τέτοια περίπτωση $1/2$.

Ο σχηματισμός λοιπόν του πλάτους πιθανότητας χρησιμοποιεί, —σε κάθε συγκεκριμένο φαινόμενο— τις τιμές των φυσικών μεγεθών, οι οποίες καθιστούν δυνατό τον καθορισμό των τρόπων πραγματοποίησης του τελευταίου. Στη γενική περίπτωση, δηλαδή, γράφουμε

$$\langle\varphi|\psi\rangle = \sum_{i=1}^{n} \langle\varphi|i\rangle\langle i|\psi\rangle$$

όπου n ο αριθμός των κάθε φορά διακριτών δυνατών τρόπων. Το ίδιο το φάσμα των δυνατών τιμών των φυσικών μεγεθών εξαρτάται από τις συγκεκριμένες συνθήκες και μπορεί να είναι διακριτό ή συνεχές, πεπερασμένο ή άπειρο. Το φάσμα των τιμών της ορμής, για παράδειγμα, σε κάποιες περιπτώσεις θεωρείται διακριτό και ταυτόχρονα άπειρο ενώ σε κάποιες άλλες συνεχές. Αντίθετα, οι τιμές για το μέγεθος της θέσης δεν μπορεί παρά να εμφανίζονται πάντα με συνεχή τρόπο.

Η συνέχεια βέβαια στο φάσμα των τιμών των φυσικών μεγεθών υποχρεώνει το άθροισμα των πλατών πιθανότητας να αποκτήσει την μορφή ολοκληρώματος

$$\langle\varphi|\psi\rangle = \int_{\alpha}^{b} dx\, \langle\varphi|i\rangle\langle i|\psi\rangle$$

καθώς η απειρία των σημείων του συνεχούς φάσματος εκμηδενίζει το μέγεθος της συνεισφοράς κάθε μεμονωμένου σημείου, υποχρεώνοντας το τελευταίο να καταφύγει στην βοήθεια των γειτονικών του για να υπάρξει ως μέλος ενός πεπερασμένου αριθμού προσθετέων ενώ ταυτόχρονα τείνει να καταργήσει αυτή την βοήθεια και μαζί την προσέγγιση που χρησιμοποίησε, αφού έχει ήδη δημιουργήσει τον ακριβή τρόπο για τον υπολογισμό —και μαζί τον ορισμό του συνεχούς αθροίσματος— ως το όριο από άπειρες τέτοιες υπαρκτές συνεισφορές.

Η διαδικασία λοιπόν σχηματισμού του πλάτους πιθανότητας, αφού πρώτα επιλέξει ένα συγκεκριμένο φυσικό μέγεθος, είναι υποχρεωμένη να διατρέξει όλους τους πιθανούς τρόπους μετάβασης που συνδέονται με το τελευταίο, εξαντλώντας όλες τις δυνατές τιμές του για να προσθέτει κάθε φορά, για κάθε δρόμο, έναν μιγαδικό αριθμό στο συνεχές ή μη άθροισμα. Η τελική πιθανότητα, με τη σειρά της, θα περιέχει έναν όρο που συσχετίζει τις φάσεις των ξεχωριστών μιγαδικών αριθμών, έναν όρο όμως που επιβιώνει όσο αυτή η σχέση των φάσεων είναι με ακρίβεια καθορισμένη και στην επανάληψη του πειράματος σταθερή.

Από την άλλη, η πραγματοποίηση εκ μέρους των σωματιδίων στατιστικών κατανομών, οι οποίες προσιδιάζουν με εκείνες της κλασικής κυματικής θεωρίας, καθιστά αδύνατη την αναπαράσταση της συγκεκριμένης, πραγματικής κίνησης ενός σωματιδίου, καθώς είναι αδύνατη η ταυτόχρονη γνώση των τιμών για την θέση και την ορμή του τελευταίου.

1.2. Αβεβαιότητα

Παράδειγμα 1.3

Μονοενεργειακή δέσμη σωματιδίων, αφού διέλθει από σχισμή πλάτους Δx, προσπίπτει σε απορροφητική οθόνη. Για να αποκλειστεί κάθε υποψία αλληλεπίδρασης μεταξύ των σωματιδίων, τα τελευταία εκπέμπονται διαδοχικά με κάποια χρονική απόσταση μεταξύ τους. Αν τα σωματίδια έρχονται από αρκετά μακριά, μπορούμε να θεωρήσουμε ότι αρχικά η ορμή τους έχει μόνο οριζόντια συνιστώσα με μέτρο p_0. Σύμφωνα με την κλασική θεωρία, για την μεγάλη πλειοψηφία των σωματιδίων, καθώς δεν αλληλεπιδρούν στην πορεία τους με κάποιο σώμα, δεν υφίσταται κάποιος λόγος για να τροποποιηθεί η κατάσταση της κίνησής τους, άρα και της ορμής τους. Μια τέτοια θεώρηση οδηγεί στην πρόβλεψη μιας καμπύλης όπου η συγκέντρωση των σωματιδίων μειώνεται συνεχώς και ομαλά, απομακρυνόμενοι από το κέντρο της οθόνης.

Το πραγματικό όμως αποτέλεσμα διαψεύδει αυτή την θεώρηση, δημιουργώντας μια ιδιόμορφη κατανομή, καθώς ανιχνεύεται σχετικά μεγάλος αριθμός σωματιδίων σε απομακρυσμένα σημεία, όπως στο σημείο *A*, ενώ σε κοντινότερα σημεία, όπως στο σημείο *B*, δεν ανιχνεύεται κανένα σωματίδιο. Ανάλογη κατανομή εμφανίζεται μόνο στην κλασική κυματική θεωρία. Η διέλευση των σωματιδίων από την σχισμή δημιουργεί απόκλιση από την ευθεία γραμμή της κίνησής τους ενώ, ακόμη περισσότερο, μειώνοντας το μέγεθος της σχισμής, το εύρος δηλαδή των δυνατών τιμών για την θέση των σωματιδίων την στιγμή κατά την οποία διέρχονται από την σχισμή, μεγαλώνει η απόσταση από το κέντρο της καμπύλης έως το πρώτο ελάχιστο, μια απόσταση ενδεικτική για το εύρος των δυνατών τιμών της ορμής που αποκτούν τα σωματίδια διερχόμενα από την σχισμή.

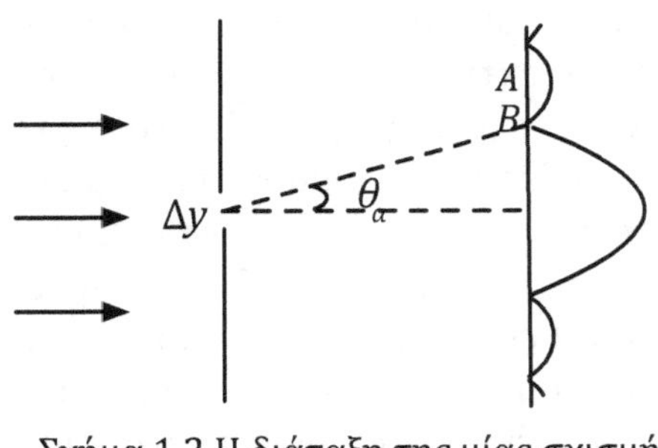

Σχήμα 1.2 Η διάταξη της μίας σχισμής

Ενδεικτικά, αν θεωρήσουμε την απόσταση από το κέντρο της καμπύλης ως το πρώτο ελάχιστο —ίση με ένα μήκος κύματος λ— ισχύει

$$\sin\theta_\alpha = \lambda/\Delta y$$

όπου θ_α η αντίστοιχη γωνία ενώ αν η τελευταία θεωρηθεί αρκετά μικρή

$$\theta_\alpha \approx \lambda/\Delta y$$

Από την άλλη, θεωρώντας, προσεγγιστικά, την συνιστώσα της ταχύτητας v_y ίση με την μεταβολή της ταχύτητας στην κατεύθυνση y είναι

$$\tan\theta_\alpha = v_y/v_0 \approx \Delta v_y/v_0$$

και —εξαιτίας της μικρής τιμής της γωνίας θ_α—

$$\theta_\alpha = \Delta v_y/v_0$$

Εξισώνοντας τις δύο εκφράσεις, όπου το μήκος κύματος λ συνδέεται με την αρχική κατάσταση των σωματιδίων μέσω της σχέσης $\lambda = h/p_0$, προκύπτει

$$\Delta p_y \cdot \Delta y \approx h$$

όπου $h = 6{,}63\cdot 10^{-14}$ Joule·sec, η σταθερά του Planck.

Ο τρόπος λοιπόν περιγραφής της κίνησης των σωματιδίων έχει ήδη τροποποιηθεί και είναι υποχρεωμένος να τροποποιηθεί αποφασιστικά. Στην κλασική φυσική αναζητούμε και κατόπιν προσδιορίζουμε τις συγκεκριμένες δυνάμεις που συνδέονται με τις αλλαγές στην ταχύτητα και στην ορμή. Σε αυτό το πείραμα με τα σωματίδια, αρκεί μια διάταξη να λειτουργεί περιοριστικά για το εύρος των τιμών του ενός μεγέθους (εδώ της θέσης) για να λειτουργεί ταυτόχρονα και ως ο δημιουργός των τιμών του άλλου (της συνιστώσας της ορμής). Με την επιπλέον διαφορά ότι δεν διαθέτουμε οποιονδήποτε τρόπο για να προβλέψουμε πόση ακριβώς θα είναι αυτή η «δημιουργία» για κάθε ξεχωριστό σωματίδιο.

Χρησιμοποιώντας βέβαια εκ των υστέρων την γνώση για το σημείο του πετάσματος στο οποίο καταλήγει ένα συγκεκριμένο σωματίδιο, θα μπορούσε κανείς να εκτιμήσει προσεγγιστικά την κατακόρυφη συνιστώσα της ορμής του την στιγμή της διέλευσής του από την σχισμή. Ωστόσο, η αλληλοσύνδεση του εύρους των τιμών της θέσης και της ορμής δεν αναφέρεται στο παρελθόν ενός μεμονωμένου σωματιδίου αλλά αντίθετα στην δυνατότητα πρόβλεψης της στατιστικής συμπεριφοράς των πολλών, θεωρούμενων ως όμοιων, σωματιδίων, συνδέοντάς την με τις εξωτερικές συνθήκες του πειράματος. Αν ελευθερώσουμε, για παράδειγμα, ένα ηλεκτρόνιο σε ένα σημείο του χώρου μέσα σε ένα κλειστό κουτί, δεν μπορούμε να προβλέψουμε σε ποιο σημείο των τοιχωμάτων θα χτυπήσει αρχικά. Πρέπει να επαναλάβουμε πάρα πολλές φορές την απελευθέρωση όμοιου ηλεκτρονίου στο ίδιο σημείο του χώρου και μόνο τότε θα αρχίσουν οι πειραματικές καμπύλες να μοιάζουν με αυτές των θεωρητικών μας προβλέψεων.

Ας επιχειρήσουμε τώρα να προσδιορίσουμε με μεγαλύτερη ακρίβεια την θέση των σωματιδίων, αξιοποιώντας ως άμεσο μέσο αλληλεπίδρασης με τα σωματίδια όχι πλέον μια μακροσκοπική διάταξη —η οποία ίσως είναι υπεύθυνη για τον ιδιαίτερο χαρακτήρα των μεταβολών της ορμής τους— αλλά φωτόνια, μέσω μιας απλοποιημένης υποθετικής διάταξης νοητικού πειράματος, την οποία χρησιμοποίησε ως επιχείρημα υπέρ της αρχής της αβεβαιότητας ο Heisenberg.

Παράδειγμα 1.4

Έστω ότι ένα ακίνητο ηλεκτρόνιο αλληλεπιδρά με φωτόνιο που κινείται στον άξονα x. Το σύστημα λειτουργεί ως εξής: το ηλεκτρόνιο αλληλεπιδρά με το φωτόνιο και το στέλνει στον φακό, ο οποίος με τη σειρά του το στέλνει στην οθόνη. Αν γνωρίζουμε την θέση στην οποία προσπίπτει το φωτόνιο πάνω στην οθόνη, είναι γνωστό από την οπτική ότι, λόγω φαινομένων περίθλασης, η θέση από την οποία προήλθε το φωτόνιο είναι επίσης γνωστή με ένα ανώτερο όριο ακρίβειας

$$\Delta x \approx \lambda / \sin\varphi$$

όπου λ το μήκος κύματος του φωτονίου.

Ίσως δίνεται η εντύπωση, επειδή η ακρίβεια για την θέση εξαρτάται από το μήκος κύματος του φωτονίου, ότι αν μειωθεί το λ είναι δυνατόν να επιτευχθεί απεριόριστη ακρίβεια στην μέτρηση της θέσης του ηλεκτρονίου. Ωστόσο, η αυξανόμενη ακρίβεια στην μέτρηση της θέσης επιφέρει επιπτώσεις στην ακρίβεια μέτρησης της ορμής.

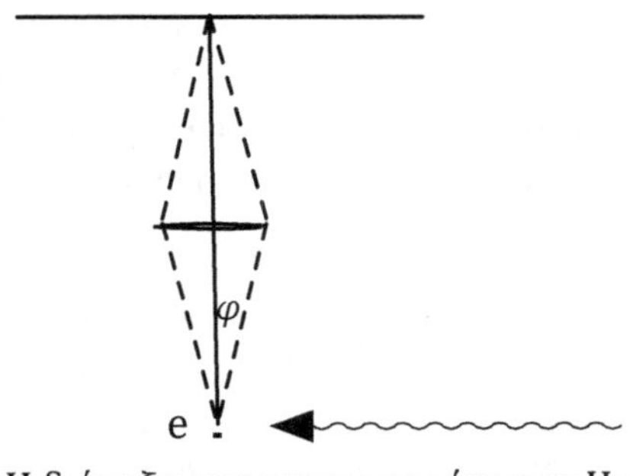

Σχήμα 1.3 Η διάταξη του μικροσκοπίου του Heisenberg

Σε μια απλουστευμένη προσέγγιση, σύμφωνα με την κλασική μηχανική, η μεταβολή της οριζόντιας συνιστώσας της ορμής του ηλεκτρονίου μετά την σκέδασή του με το φωτόνιο (σκέδαση Compton) θα είναι

$$\Delta p_x \approx h/\lambda \sin\varphi$$

και καθώς η διεύθυνση κίνησης του φωτονίου μετά την σκέδασή του με το ηλεκτρόνιο είναι απροσδιόριστη κατά την γωνία φ, θα είναι

$$\Delta p_x \cdot \Delta x \approx h$$

Η απόπειρα δηλαδή ακριβέστερου πειραματικού προσδιορισμού, της θέσης του ηλεκτρονίου χρησιμοποιώντας φωτόνια μικρότερου μήκους κύματος —επομένως υψηλότερης ενέργειας— επιφέρει αντιστρόφως ανάλογη ανακρίβεια στην δυνατότητα προσδιορισμού της τιμής της ορμής του.

Η συνεπής εφαρμογή της αρχής της αβεβαιότητας καθιστά επίσης αδύνατη την πειραματική διάκριση των τροχιών που είχε προτείνει ο Bohr, το 1913, στην θεώρησή του σχετικά με την κίνηση των ηλεκτρονίων γύρω από τους πυρήνες.

Παράδειγμα 1.5

Σύμφωνα με το πρότυπο του Bohr τα ηλεκτρόνια εντός των ατόμων κινούνται σε τροχιές που περιορίζονται από την απαίτηση η στροφορμή τους να είναι ακέραιο πολλαπλάσιο της ποσότητας $\hbar = h/2\pi$, δηλαδή

$$mvR = n\hbar$$

όπου R η αντίστοιχη ακτίνα της κυκλικής τροχιάς και n ακέραιος αριθμός. Οι υπολογισμοί αυτής της θεωρίας για το άτομο του υδρογόνου προσδιορίζουν την ακτίνα των κυκλικών τροχιών στις διακριτές τιμές

$$R_n = n^2\,\hbar/\alpha mc$$

όπου m η μάζα του ηλεκτρονίου, c η ταχύτητα του φωτός και α σταθερά η οποία προσδιορίζεται από την σχέση $\alpha = e^2/\hbar c$.

Μία διάταξη ωστόσο, η οποία θα εντόπιζε την θέση του ηλεκτρονίου με μια ακρίβεια πολύ μικρότερη από την απόσταση δύο γειτονικών τροχιών, δηλαδή με ακρίβεια

$$\Delta x \langle\langle\, R_n - R_{n-1} = \frac{n^2-(n-1)^2\hbar}{\alpha mc} \approx 2n\hbar/\alpha mc$$

σύμφωνα με την αρχή της αβεβαιότητας θα μετέβαλε την ορμή του ηλεκτρονίου κατά

$$\Delta p \rangle\rangle\, mc\alpha/2n$$

Η αβεβαιότητα για τις τιμές της ορμής επιβάλλει μία διακύμανση για τις τιμές της ενέργειας

$$\Delta E \approx p\,\Delta p/m$$

και αντικαθιστώντας στην πρώτη συνθήκη του Bohr για τις τιμές της στροφορμής την έκφραση για την ακτίνα

$$p = mc\alpha/n$$

η αβεβαιότητα στις τιμές της ενέργειας προσδιορίζεται τελικά από την έκφραση

$$\Delta E \rangle\rangle\, \frac{1}{2}\frac{m\alpha^2c^2}{n^2}$$

ενώ η ενέργεια που αντιστοιχεί στην στάθμη n στο άτομο του υδρογόνου, σύμφωνα με τους υπολογισμούς του Bohr, είναι

$$E_n = -\,\frac{m\alpha^2c^2}{n^2}$$

Προφανώς η επιχειρούμενη διάταξη θα εξέτρεπε το ηλεκτρόνιο από την υποτιθέμενη τροχιά του.

Άλλωστε, αν υποθέσουμε ότι κατά διαδοχικά χρονικά διαστήματα, πραγματοποιούσαμε μετρήσεις των συντεταγμένων ενός ελεύθερου ηλεκτρονίου θα διαπιστώναμε ότι η σχεδιαζόμενη καμπύλη δεν θα ήταν ομαλή. Αντίθετα, όσο πιο μεγάλη θα ήταν η ακρίβεια στις μετρήσεις τόσο πιο ασυνεχής και ακανόνιστη θα ήταν η διάταξη των σημείων της.

Αλλά και αν, αφήνοντας σταθερή την ακρίβεια των μετρήσεων, ελαττωθούν τα χρονικά διαστήματα μεταξύ διαδοχικών μετρήσεων, τότε κοντινές μετρήσεις θα δίνουν βέβαια γειτονικές τιμές των συντεταγμένων, ωστόσο —αν και περιορισμένες σε μια μικρή περιοχή του χώρου— αυτές οι τιμές θα κατανέμονται με έναν εντελώς ανώμαλο τρόπο. Αντίθετα όσο θα μειώνονται τα χρονικά διαστήματα μεταξύ των διαδοχικών μετρήσεων, τόσο πιο ακανόνιστη θα είναι η διάταξη των τιμών των συντεταγμένων καθώς η διακύμανση στις τιμές της ενέργειας είναι τόσο πιο μεγάλη όσο πιο μικρός είναι ο χρόνος της μέτρησης. Είναι λοιπόν φανερό ότι δεν μπορούμε πλέον να χρησιμοποιούμε έννοιες όπως η ταχύτητα με την κλασική σημασία της· ως το όριο, δηλαδή, στο οποίο τείνει η διαφορά των συντεταγμένων σε δύο στιγμές διαιρεμένη με το διάστημα Δt μεταξύ αυτών των στιγμών, με το Δt να τείνει στο μηδέν.

Θα εξετάσουμε τώρα με ποιον τρόπο η σχέση αβεβαιότητας για την θέση και την ορμή είναι δυνατό να μετασχηματιστεί σε μία ακόμη σχέση αβεβαιότητας, η οποία έρχεται να συνδέσει την ακρίβεια στις μετρήσεις μεταξύ του αριθμού των φωτονίων και της αντίστοιχης φάσης τους.

Παράδειγμα 1.6

Ένας ορισμένος αριθμός φωτονίων, τα οποία συνιστούν μονοενεργειακή δέσμη με καλά ορισμένη φάση, προσπίπτουν κάθετα στην επιφάνεια καθρέπτη. Ο αριθμός των σωματιδίων της ανακλώμενης δέσμης είναι δυνατό να προσδιοριστεί έμμεσα με την μέτρηση της μεταβολής της ορμής του καθρέπτη. Ωστόσο, για να γίνει αντιληπτή η «επαφή» φωτονίου—καθρέπτη θα πρέπει η ορμή του τελευταίου να είναι γνωστή με μια απροσδιοριστία ΔP τουλάχιστον μικρότερη από την ανταλλαγή ορμής που συμβαίνει.

Ας υποθέσουμε τώρα ότι N φωτόνια προσπίπτουν κάθετα στον καθρέπτη. Σύμφωνα με την κλασική φυσική, η ορμή τόσο των απομακρυνόμενων από τον καθρέπτη φωτονίων όσο και του καθρέπτη έχει μεταβληθεί προσεγγιστικά κατά $2p_0 N$. Αν τώρα η απροσδιοριστία σε αυτή την τιμή είναι ΔP τότε με τη σειρά της η απροσδιοριστία στην ολική ορμή $p_0 N$ των φωτονίων είναι $\Delta P/2$.

Από την άλλη, η αρχή της αβεβαιότητας επιβάλλει η θέση του καθρέπτη να είναι γνωστή με ένα ελάχιστο όριο ακρίβειας που προσδιορίζεται από την γνωστή ανισότητα

$$\Delta X \geq h/\Delta P$$

ενώ σε ό,τι αφορά την διαδρομή της ανακλώμενης δέσμης, είναι γνωστή με ένα όριο ακριβείας προσεγγιστικά ίσο με $2\Delta X$. Ως αποτέλεσμα, η αρχή της αβεβαιότητας για την ορμή και την θέση του καθρέπτη, δηλαδή η ανισότητα

$$\Delta X \cdot \Delta P \geq h$$

οδηγεί στην διατύπωση της αρχής της αβεβαιότητας, που συνδέει την διαδρομή με την ορμή της δέσμης των ανακλώμενων φωτονίων

$$\Delta x \cdot \Delta p \geq h$$

Αλλά η διακύμανση στην διαδρομή της δέσμης συνδέεται άμεσα με την διακύμανση στην φάση των φωτονίων

$$\Delta x = \lambda_0/2\pi\,\Delta\varphi$$

ενώ αν ΔN είναι η απροσδιοριστία στον αριθμό των φωτονίων μετά την ανάκλαση —επομένως $\Delta p = p_0 \cdot \Delta N$— τότε

$$\Delta\varphi \cdot \Delta N \geq 2\pi$$

Η ακρίβεια στον προσδιορισμό του αριθμού των φωτονίων επιβάλλει κατώτατο όριο ακριβείας στον προσδιορισμό της φάσης των τελευταίων και αντίστροφα.

Η αρχή της αβεβαιότητας λοιπόν, στη γενική της μορφή, διατυπώνεται ως ένας συσχετισμός ανάμεσα στο εύρος των δυνατών τιμών ενός μεγέθους και το ελάχιστο εύρος των δυνατών τιμών ενός άλλου και πιο ειδικά ως ένας ισχυρισμός ότι η ακρίβεια με την οποία μετριέται το ένα μέγεθος δημιουργεί κατώτατο όριο στην ακρίβεια με την οποία μπορεί να μετρηθεί ταυτόχρονα το άλλο. Ως άμεση επίπτωση, επειδή είναι αδύνατο να έχουμε ταυτόχρονες ακριβείς μετρήσεις για όλα τα φυσικά μεγέθη, οι καταστάσεις περιορίζονται αναγκαστικά στο να προσδιορίζονται ως το σύνολο των τιμών εκείνων των μεγεθών για τα οποία οι τελευταίες είναι δυνατό να μετρηθούν ή να προσδιοριστούν ταυτόχρονα. Είμαστε υποχρεωμένοι για παράδειγμα να επιλέξουμε ανάμεσα στην περιγραφή με βάση την θέση ή με βάση την ορμή. Η ασυμβατότητα της ταυτόχρονης γνώσης θέσης και ορμής έφερε ένα οριστικό τέλος στην αναζήτηση της πραγματικής, συγκεκριμένης τροχιάς που διαγράφει το σωματίδιο· πρόβλημα που ήταν κύριο μέλημα της μέχρι τότε μηχανικής. Από την κλασική τροχιά έμειναν μόνο τα άκρα της: η αρχική και η τελική κατάσταση του σωματιδίου και αυτές μη πλήρως ορισμένες. Ο «ελλιπής» προσδιορισμός των αρχικών καταστάσεων μαζί με το ελάχιστο όριο απροσδιοριστίας που συνοδεύει πρακτικά τον ακριβή προσδιορισμό κάθε αρχικής κατάστασης καθιστούν αναπόφευκτο τον περιορισμό των προσπαθειών μας στον υπολογισμό των πιθανοτήτων ύπαρξης των γεγονότων.

Ωστόσο, δεν είναι απλώς η διακύμανση στις αρχικές συνθήκες η αιτία για την ύπαρξη των διαφορετικών αποτελεσμάτων. Ακόμη και αν η αρχική κατάσταση θεωρηθεί καθορισμένη με μεγαλύτερη ακρίβεια, το μεμονωμένο αποτέλεσμα εξακολουθεί να παραμένει απροσδιόριστο. Ένα x πολωμένο φωτόνιο, για παράδειγμα, έχει πάντα —όσο μεγάλη και να είναι η ακρίβεια καθορισμού της πόλωσης— 50% πιθανότητα να περάσει από ένα R φίλτρο. Η ύπαρξη του όρου συμβολής σημαίνει την ύπαρξη μιας πιθανότητας που συνδέεται με την συγκεκριμένη διάταξη, με το συγκεκριμένο φυσικό σύστημα και όχι απλώς με την διακύμανση των αρχικών συνθηκών.

Δίπλα ή μάλλον μέσα στους περιορισμούς της αρχής αβεβαιότητας υπάρχει η απαίτηση της αρχής για την υπέρθεση των μερικών πλατών πιθανότητας. Τώρα που διώξαμε οριστικά την μία, συγκεκριμένη τροχιά, είναι χρήσιμες όλες οι δυνατές, υποθετικές τροχιές που συνδέουν τα δύο άκρα, όχι πλέον ως πραγματικότητες αλλά ως φορείς ενός μιγαδικού αριθμού, ο οποίος θα χρησιμοποιηθεί στην σχηματιζόμενη θεωρία για τις πιθανότητες. Η αρχή της αβεβαιότητας διευκρίνισε ορισμένες από τις προϋποθέσεις πάνω στις οποίες στηρίζεται το φαινόμενο της συμβολής. Η περαιτέρω ανάλυση αυτού του φαινομένου θα μας οδηγήσει στην ανάπτυξη της αντίληψής μας σε ό,τι αφορά τις καταστάσεις των σωματιδίων πριν την αλληλεπίδρασή τους με τις συσκευές. Γνωρίζουμε όμως ήδη ότι ο σκοπός μας δεν αφορά πλέον την επιτυχία της βέβαιης πρόβλεψης αλλά αναζητεί να ανακαλύψει μέσα στα τυχαία αποτελέσματα και τις συμπτώσεις την συγκεκριμένη αναγκαιότητα των φαινομένων, τους νόμους που διέπουν τις πιθανότητες.

1.3. Κυματική περιγραφή

Οι ποσοτικές σχέσεις $p = h/\lambda$ και $E = h \cdot v$, που χρησιμοποιήθηκαν στα προηγούμενα παραδείγματα, αναδείχθηκαν σε μια σειρά από ιστορικά πειράματα, τα οποία έκαναν αισθητή την σωματιδιακή φύση των ακτινοβολιών, όπως το φωτοηλεκτρικό φαινόμενο ή το πρόβλημα του μέλανος σώματος καθώς, και ιδιαίτερα μετά τα πειράματα του Young, η περιγραφή των φαινομένων περίθλασης, συμβολής κ.λπ. του φωτός γινόταν με την χρησιμοποίηση κυματικών μεγεθών. Ποια μπορεί να είναι ωστόσο η σχέση της κλασικής κυματικής θεωρίας, η οποία αφορά κάτι *συνεχές*, με την συμπεριφορά *διακριτών* σωματιδίων;

Η ουσιαστική ομοιότητα των δύο περιγραφών έγκειται στο γεγονός ότι συχνά τα πλάτη πιθανότητας έχουν κυματική υφή, εμφανίζουν δηλαδή αν τα δούμε ως συναρτήσεις στον χώρο την περιοδικότητα των μιγαδικών εκθετικών ενώ το συνολικό πλάτος πιθανότητας διαμορφώνεται από τον συνδυασμό των φάσεων των μερικών πλατών πιθανότητας, όπως ανάλογα συμβαίνει και στην κυματική θεωρία, δίχως ωστόσο να προϋποθέτει την ύπαρξη συνεχούς μέσου διάδοσης ή την αλληλεπίδραση μεταξύ των σωματιδίων που προϋποθέτει η τελευταία.

Ας υποθέσουμε, για παράδειγμα, ότι ισοενεργειακά ηλεκτρόνια διέρχονται από μία λεπτή σχισμή. Η καμπύλη της περίθλασης εξηγείται από την υπέρθεση των πλατών πιθανότητας, τα οποία έχοντας το ίδιο μήκος κύματος καθώς προέρχονται από διαφορετικά σημεία της σχισμής, φθάνουν τελικά στο πέτασμα με διαφορετικές φάσεις και σχηματίζουν την κατανομή πάνω στην οθόνη με τον ίδιο τρόπο με τον οποίο συμβάλλουν και τα κύματα του νερού στο ανάλογο πείραμα: η κατανομή παρουσιάζει μέγιστο στα σημεία για τα οποία η διαφορά φάσης είναι 0 και ελάχιστο στα σημεία για τα οποία η τελευταία είναι π.

Ένα ακόμη παράδειγμα όπου η κυματική οπτική γωνία προσφέρει παραστατικότητα αποτελεί η σκέδαση νετρονίων με διαφορετικές ενέργειες από ένα κομμάτι γραφίτη όπου καθώς σε κάθε νετρόνιο αντιστοιχεί μία τιμή για την ενέργειά του, η οποία με τη σειρά της αντιστοιχεί σε κάποιο μήκος κύματος, η διάταξη των πυρήνων του κρυστάλλου «συνθέτει» τα επιμέρους πλάτη πιθανότητας που αντιστοιχούν στην ίδια ενεργειακή τιμή, όπως ακριβώς συνθέτει και η κυματική θεωρία τα επιμέρους κύματα. Ως αποτέλεσμα, για τα περισσότερα μήκη κύματος δημιουργούνται προτιμητέες διευθύνσεις εξόδου στις πλευρές του γραφίτη ώστε το κάθε ηλεκτρόνιο να κατευθύνεται, ανάλογα με την ενέργεια που έχει, προς τις δικές του διευθύνσεις εξόδου. Παρά το γεγονός λοιπόν ότι η έξοδος των νετρονίων από τον γραφίτη οφείλεται στην σκέδασή τους από τους πυρήνες του υλικού η χρησιμοποίηση κυματικών όρων, όπως το μήκος κύματος, οπτικοποιεί το φαινόμενο, προσφέροντας μια παραστατικότερη περιγραφή.

Το ίδιο συμβαίνει και στην σκέδαση φωτονίων ή ηλεκτρονίων από πυρήνες κρυσταλλικών στερεών, όπου προτιμητέες διευθύνσεις είναι και εδώ οι διευθύνσεις για τις οποίες οι φάσεις από τα πλάτη πιθανότητας συμβάλλουν ενισχυτικά. Αν, για παράδειγμα, N πυρήνες είναι διατεταγμένοι σε μία ευθεία γραμμή, οι διευθύνσεις στον χώρο στις οποίες η πιθανότητα εντοπισμού των σκεδαζόμενων σωματιδίων είναι μέγιστη προσδιορίζονται από την συνθήκη:

$$2d \sin \theta = n \lambda$$

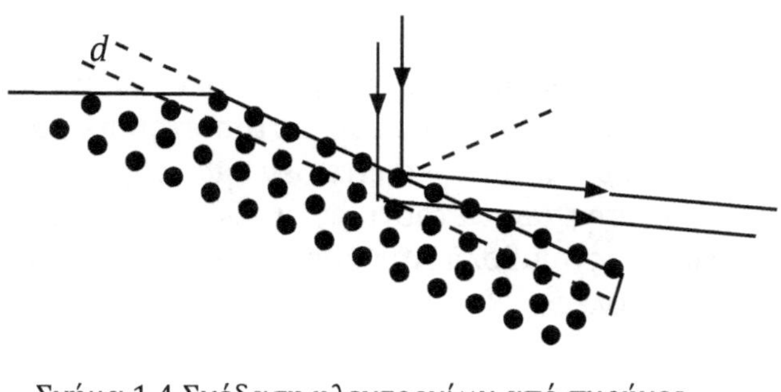

Σχήμα 1.4 Σκέδαση ηλεκτρονίων από πυρήνες

όπου n ακέραιος και d η απόσταση μεταξύ γειτονικών πυρήνων ενώ για τις συγκεκριμένες διευθύνσεις, η διαφορά φάσης μεταξύ των γειτονικών κυμάτων είναι ίση με ακέραιο πολλαπλάσιο του 2π.

Ωστόσο, η κυματική περιγραφή δεν είναι πάντοτε σε θέση να ανταποκριθεί στα πειραματικά δεδομένα.

Παράδειγμα 1.7[2]

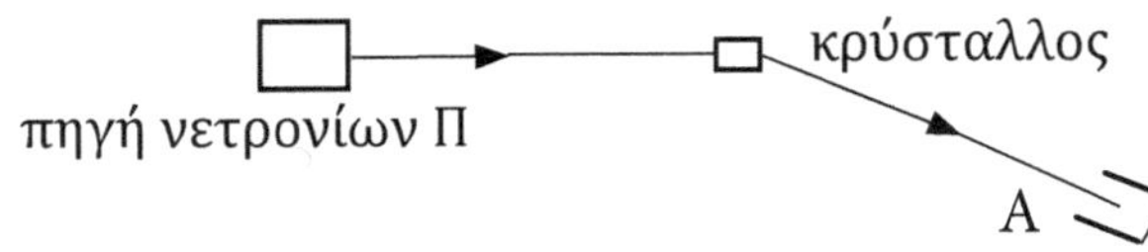

Σχήμα 1.5 Σκέδαση νετρονίων από κρύσταλλο

Το γεγονός, για την πραγματοποίηση του οποίου υπολογίζουμε το πλάτος πιθανότητας, προσδιορίζεται από δύο καταστάσεις: την αρχική κατάσταση $|\psi\rangle$, όπου το νετρόνιο βρίσκεται στην πηγή Π και την τελική κατάσταση $|\varphi\rangle$, η οποία συνδέεται με την ανίχνευση του νετρονίου στην θέση Α όπου τοποθετείται συσκευή ανίχνευσης των σκεδαζόμενων νετρονίων, στην συγκεκριμένη διεύθυνση.

Ας θεωρήσουμε ότι N πυρήνες είναι διατεταγμένοι σε ευθεία γραμμή. Το συνολικό πλάτος πιθανότητας σχηματίζεται και εδώ από το άθροισμα των ατομικών πλατών πιθανότητας που αντιστοιχούν σε κάθε μεμονωμένο, δυνατό δρόμο. Κάθε τέτοιος δρόμος περιλαμβάνει την σκέδαση με έναν ξεχωριστό πυρήνα. Αν ο συγκεκριμένος πυρήνας με τον οποίο σκεδάστηκε το νετρόνιο είναι άγνωστος, το συνολικό πλάτος πιθανότητας σχηματίζεται ως το άθροισμα των επιμέρους πλατών που συνδέονται με *κάθε* επιμέρους πυρήνα. Επειδή οι πυρήνες βρίσκονται σε διαφορετικές θέσεις, τα πλάτη πιθανότητας, με την περιοδικότητα που τα χαρακτηρίζει, θα φθάνουν με διαφορετικές φάσεις στο σημείο Α σχηματίζοντας έτσι τις χαρακτηριστικές καμπύλες συμβολής, με την προϋπόθεση ότι το νετρόνιο δεν αφήνει κανένα ίχνος στο πέρασμά του. Κατά την εκτέλεση ωστόσο του πειράματος διαπιστώνουμε ότι *για ορισμένα υλικά* είτε δεν εμφανίζονται, σε σχέση με την γωνία ανίχνευσης των νετρονίων, οι γνώριμες καμπύλες συμβολής είτε οι αιχμές της συμβολής συνοδεύονται από μια ομαλή κατανομή σωματιδίων σε όλες τις διευθύνσεις.

2. Feynman, *The Feynman Lectures on Physics Vol. III*, ενότητα 3—3.

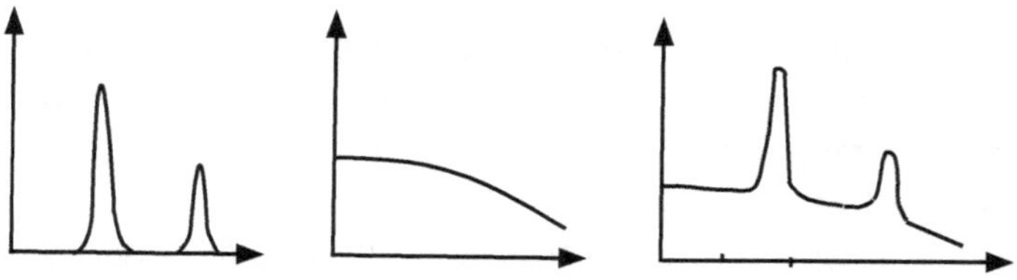

Σχήμα 1.6 Η κατανομή για τις πιθανότητες στις τρεις περιπτώσεις

Η εξήγηση των αποτελεσμάτων συνδέεται με τις δύο δυνατότητες για το spin των νετρονίων και για την ακρίβεια αφορά την δυνατότητα μεταβολής στο αντίστοιχο spin των πυρήνων. Συγκεκριμένα, όταν οι πυρήνες έχουν spin 0 εμφανίζεται πάντα συμβολή. Ομαλές καμπύλες είναι δυνατό να εμφανιστούν μόνο σε υλικά όπου οι πυρήνες έχουν μη μηδενική τιμή για το spin καθώς το καθοριστικό σημείο είναι η δυνατότητα μεταβολής του spin του πυρήνα κατά την αλληλεπίδρασή του με το νετρόνιο.

Αν για παράδειγμα το spin των πυρήνων είναι 1/2 —ώστε να υφίσταται η δυνατότητα μετατροπής του spin των τελευταίων από «πάνω» σε «κάτω» ή αντίστροφα— και ανιχνευθεί νετρόνιο στο οποίο έχει συμβεί μετατροπή του spin του με αντίστοιχη μετατροπή του spin του πυρήνα σκέδασης τότε ο σχηματισμός της πιθανότητας ανίχνευσης του νετρονίου σε μια τέτοια περίπτωση τροποποιείται, ακριβώς επειδή πλέον υπάρχει τρόπος προσδιορισμού του δρόμου που ακολουθήθηκε· τον δείχνει ο πυρήνας με τον αντίθετο προσανατολισμό του spin. Το αντίστοιχο πλάτος πιθανότητας $\langle\varphi|\psi\rangle$ είναι τότε

$$\langle\varphi|\kappa\rangle b\langle\kappa|\psi\rangle$$

όπου b το πλάτος πιθανότητας, που αφορά την αλληλεπίδραση του νετρονίου με τον πυρήνα κ όταν συμβαίνει μετατροπή του spin και που, δίχως παραβίαση της γενικότητας, μπορεί να θεωρηθεί ίδιο για κάθε πυρήνα. Επομένως η πιθανότητα να φτάσει το νετρόνιο στην συσκευή έχοντας αλληλεπιδράσει με τον συγκεκριμένο πυρήνα κ είναι

$$b^2|\langle\varphi|\kappa\rangle\langle\kappa|\psi\rangle|^2$$

όπου ήδη κάθε αναφορά στην φάση έχει χαθεί. Η συνολική πιθανότητα να φθάσει το νετρόνιο στην συσκευή έχοντας αλληλεπιδράσει με κάποιον τέτοιο πυρήνα είναι

$$\sum_{\kappa=1}^{N} b^2|\langle\varphi|\kappa\rangle\langle\kappa|\psi\rangle|^2$$

η οποία παριστάνεται από μία ομαλή κατανομή (Σχ. 1.6β) ενώ αν δεν ανιχνεύεται το spin του σκεδαζόμενου νετρονίου υφίστανται ταυτόχρονα και οι δύο δυνατότητες ώστε οι δύο κατανομές να προστίθενται μεταξύ τους, σχηματίζοντας την πειραματικά εμφανιζόμενη καμπύλη του σχήματος 1.6γ.

Η κυματική περιγραφή λοιπόν, από μόνη της, δεν είναι σε θέση να προβλέψει το συγκεκριμένο πειραματικό αποτέλεσμα λαμβάνοντας υπόψη το είδος των πυρήνων του κρυστάλλου και την *δυνατότητα* μετατροπής του προσανατολισμού του spin του πυρήνα. Το πειραματικό αποτέλεσμα της ομαλής καμπύλης, που δεν στηρίζεται στην σχέση των φάσεών της, είναι εντελώς ανεξήγητο.

Στην κβαντική θεώρηση η υπέρθεση των πραγματικών κυμάτων χάνεται οριστικά μαζί με την ανατροπή της κυματικής εικόνας. Στη θέση της τελευταίας απομένει ο συσχετισμός των φάσεων των μερικών πλατών πιθανότητας, αυτού ακριβώς του συσχετισμού που προκάλεσε και προκαλεί το μυστήριο της κβαντικής θεωρίας. Οι κυματικές σχέσεις εξακολουθούν ασφαλώς να είναι χρήσιμες και μπορούν να χρησιμοποιηθούν σε υπολογισμούς. Είναι όμως απαραίτητη η μετάφραση και η κατανόησή τους στα πλαίσια της νέας θεωρίας.

Σε κάθε περίπτωση, ένα φαινόμενο, του οποίου η κατανόηση απαιτούσε την ιδέα της συμβολής πραγματικών κυμάτων, εξηγείται πλέον με την κατανόηση της στατιστικής συμπεριφοράς των σωματιδίων. Η αρχή ωστόσο της υπέρθεσης των μερικών πλατών πιθανότητας προϋποθέτει για την ύπαρξή της το μυστήριο, την σιωπή για την εναλλακτικότητα των δρόμων, τους πολλαπλούς υπόπτους για την δολοφονία. Η γνώση του ενόχου μετατρέπει το φαινόμενο σε κλασικό. Η σύζευξη ωστόσο των τιμών των συζυγών μεγεθών μέσω των σχέσεων αβεβαιότητας παίζει πρωταγωνιστικό ρόλο σ' αυτή την μετατροπή.

1.4. Η Αρχή της μη διάκρισης των δυνατών τρόπων

Παράδειγμα 1.8[3]

Έστω ξανά η διάταξη με τις δύο σχισμές και την οθόνη πίσω απ' αυτές. Τοποθετούμε στην θέση E μια συσκευή εκπομπής φωτονίων και στις θέσεις B και C δύο ανιχνευτές φωτονίων. Υποθέτοντας ότι όταν ένα ηλεκτρόνιο διέλθει από κάποια σχισμή σκεδάζεται με ένα φωτόνιο και το τελευταίο κατευθύνεται προς τους αντίστοιχους ανιχνευτές και θέτοντας ως αρχική κατάσταση αυτήν όπου το ηλεκτρόνιο βρίσκεται

3. ό.π., ενότητα 3—2.

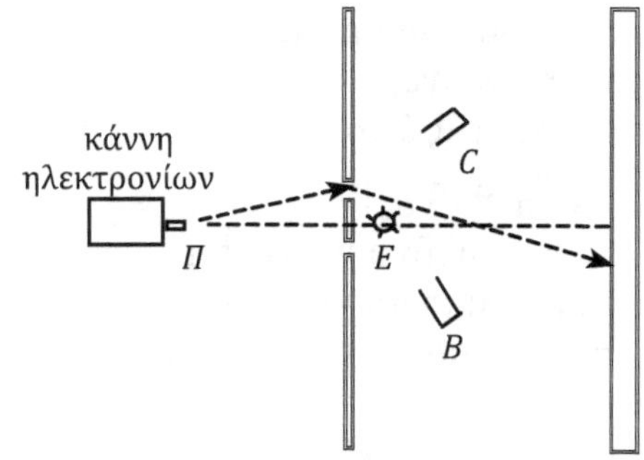

Σχήμα 1.7

στο σημείο εκπομπής *Π* και το φωτόνιο στο αντίστοιχο σημείο *E* ενώ στην τελική κατάσταση αντιστοιχούν δύο δυνατές περιπτώσεις —το σκεδαζόμενο φωτόνιο να ανιχνευτεί στην θέση *B* ή στην θέση *C*— τότε το συνολικό πλάτος πιθανότητας να συμβεί άφιξη του φωτονίου σε έναν από τους ανιχνευτές και του ηλεκτρονίου στο σημείο *x* στην οθόνη αποτελείται από ένα άθροισμα δύο όρων.

Ο πρώτος όρος του αθροίσματος σχηματίζεται από το γινόμενο τριών μιγαδικών αριθμών: του πλάτους πιθανότητας να φτάσει το ηλεκτρόνιο στην σχισμή 1 επί το πλάτος πιθανότητας α, που αφορά την στιγμιαία αλληλεπίδραση με το φωτόνιο, επί το πλάτος πιθανότητας να φθάσει το ηλεκτρόνιο από την σχισμή 1 στο σημείο *x*. Το πλάτος πιθανότητας, δηλαδή, για τα ηλεκτρόνια που διήλθαν από την σχισμή 1 και έστειλαν φωτόνιο στον ανιχνευτή *B* θα είναι $\alpha\varphi_1$, όπου φ_1 είναι το πλάτος πιθανότητας που αντιστοιχεί στην μετάβαση του ηλεκτρονίου από την πηγή στην οθόνη μέσω της σχισμής 1.

Αλλά υπάρχει και η —μικρή— πιθανότητα το φωτόνιο που φθάνει στην θέση *B* να έχει αλληλεπιδράσει με ηλεκτρόνιο που έχει διέλθει από την σχισμή 2. Αυτή η δεύτερη περίπτωση συμβαίνει για μικρές ενέργειες των φωτονίων και οφείλεται σε φαινόμενα περίθλασης. Ανάλογα, σε αυτή την δυνατότητα αντιστοιχεί το πλάτος πιθανότητας $b\varphi_2$. Όταν η ενέργεια των φωτονίων δεν είναι πολύ μικρή, ο συντελεστής b μπορεί να θεωρηθεί αμελητέος. Το συνολικό λοιπόν πλάτος πιθανότητας που αντιστοιχεί σε ανίχνευση φωτονίου στην θέση *B* και άφιξη ηλεκτρονίου στην θέση *x* της οθόνης είναι

$$\alpha\varphi_1 + b\varphi_2$$

ενώ η αντίστοιχη πιθανότητα είναι προφανώς

$$P_B = |\alpha\varphi_1 + b\varphi_2|^2$$

Για να επιτευχθεί ωστόσο ο προσδιορισμός της σχισμής διέλευσης του ηλεκτρονίου δεν πρέπει η ενέργεια των φωτονίων να είναι πολύ μικρή με αποτέλεσμα ο συντελεστής b να τείνει στο μηδέν και να είναι

$$P_B = |\alpha\varphi_1|^2$$

Ανάλογα, στα ηλεκτρόνια που φθάνουν στο σημείο x αλλά έχουν αλληλεπιδράσει με φωτόνιο που τελικά ανιχνεύεται στην θέση C θα αντιστοιχεί —ακολουθώντας επιχειρήματα συμμετρίας για τους συντελεστές— πλάτος πιθανότητας

$$\alpha\varphi_2 + b\varphi_1$$

και όταν το b τείνει στο μηδέν

$$P_C = |\alpha\varphi_2|^2$$

Είναι φανερό ότι οι πιθανότητες P_B και P_C είναι εκείνες που θα σχηματίζονταν αν ήταν διαδοχικά κλειστή πρώτα η σχισμή 2 και κατόπιν η σχισμή 1. Ως αποτέλεσμα, η συνολική πιθανότητα να φτάσει ένα ηλεκτρόνιο στο σημείο x της οθόνης —με την προϋπόθεση ότι λίγο πιο πριν έχει προσδιοριστεί η σχισμή προέλευσής του— είναι

$$P_{ολ} = \alpha^2{\varphi_1}^2 + \alpha^2{\varphi_2}^2$$

Στην τελευταία έκφραση κάθε συσχετισμός των φάσεων έχει χαθεί και η πιθανότητα είναι εκείνη που παρατηρείται στα αντίστοιχα κλασικά φαινόμενα. Η σχισμή προέλευσης έχει προσδιοριστεί, οι συγκεκριμένοι δρόμοι πραγματοποίησης του γεγονότος έχουν καταστεί γνωστοί αλλά το αποτέλεσμα έχει ολότελα τροποποιηθεί.

Αν τώρα μειωθεί η ενέργεια των φωτονίων με σκοπό να ελαττωθεί το μέγεθος της εξωτερικής παρέμβασης στην πορεία των ηλεκτρονίων ενισχύονται τα φαινόμενα περίθλασης και αυξάνεται η τιμή του b. Όταν μάλιστα το b πλησιάσει την τιμή του α, δεν είναι δυνατή πλέον η αναγνώριση της συγκεκριμένης σχισμής από την οποία προέρχεται το ανιχνευόμενο φωτόνιο και η καμπύλη αρχίζει να επιστρέφει στην γνώριμη εικόνα των κροσσών συμβολής, καθώς

$$P_{ολ} = 2\alpha^2|\varphi_1 + \varphi_2|^2$$

Μια ακόμη ενδιαφέρουσα επινόηση να προσδιοριστεί η πραγματική τροχιά των σωματιδίων, αποφεύγοντας την αλλοίωση της συμβολής, ίσως θα ήταν η "κινητή σχισμή", μια δυνατότητα δηλαδή αναπήδησης εξαιτίας της επαφής με το διερχόμενο σωματίδιο.[4] Ωστόσο, επειδή κατά την διέλευση του σωματιδίου από την σχισμή συμβαίνει

4. ό.π., ενότητα 1—8.

ανταλλαγή ορμής στον κατακόρυφο άξονα ίση με το μέτρο p, κατά τάξη μεγέθους, της ορμής του σωματιδίου, η συνιστώσα της ορμής της συσκευής στον άξονα y πρέπει να είναι γνωστή με ακρίβεια τουλάχιστον ίση με το μέγεθος της ορμής που δέχεται, με αποτέλεσμα η θέση κάθε σχισμής να είναι απροσδιόριστη κατά $\Delta y \approx h/p = \lambda$.

Αλλά αν η θέση κάθε σχισμής υφίσταται διακύμανση τότε και η θέση του κέντρου της συμβολής υφίσταται διακύμανση, είναι δηλαδή διαφορετική για κάθε ένα από τα σωματίδια, με αποτέλεσμα τα δύο πλάτη πιθανότητας να συμβάλλουν στο κέντρο της οθόνης με μεταβαλλόμενη διαφορά στις φάσεις τους. Η διαφορά των φάσεων ανάγεται στην διαφορά του μήκους των αντίστοιχων διαδρομών, που βέβαια αποτελούν το ανάλογο των οπτικών δρόμων στην κλασική οπτική, μια κατάσταση ανάλογη με το φαινόμενο των «σύμφωνων» πηγών στην θεωρία της οπτικής, όπου δεν παρατηρείται στάσιμο φαινόμενο συμβολής. Πειραματικά αυτό θα σήμαινε την διάχυση του προτύπου συμβολής και την μη ικανότητα διάκρισης μεταξύ κεντρικού μέγιστου και πρώτου ελάχιστου στο πέτασμα.

Η ανταλλαγή ορμής μεταξύ φωτονίων και καθρεπτών θα μπορούσε να χρησιμοποιηθεί και για την διάκριση των καταστάσεων κυκλικής πόλωσης των πρώτων δίχως να διαταραχτεί το φαινόμενο συμβολής.

Παράδειγμα 1.9[5]

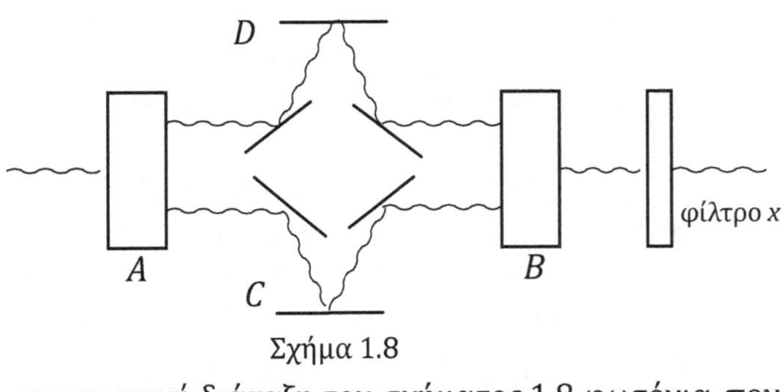

Σχήμα 1.8

Στην πειραματική διάταξη του σχήματος 1.8 φωτόνια, που βρίσκονται όλα στην ίδια αρχική κατάσταση $|\psi\rangle$, διέρχονται από το πρίσμα A όπου αναλύονται σε δύο δέσμες RHC και LHC πόλωσης, οι οποίες κατευθύνονται μέσω καθρεπτών προς το σημείο B, όπου υπάρχει ένα δεύτερο πρίσμα που εκτελεί ακριβώς την αντίστροφη λειτουργία σε

5. Baym, *Lectures On Quantum Mechanics*, σελίδες 21—25.

σχέση με το πρώτο: επανασυνδέει τις δύο δέσμες. Τέλος, τα φωτόνια μετά την διέλευσή τους από το πρίσμα B συναντούν ένα φίλτρο x πόλωσης ενώ η αναπήδηση του C ή του D καθρέπτη αποτελεί προφανώς ένα ασφαλές κριτήριο για το αν το φωτόνιο που φθάνει στο πρίσμα B είναι σε $|R\rangle$ ή $|L\rangle$ κατάσταση. Αλλά καθώς οι καθρέπτες οφείλουν να καταστήσουν γνωστή την δική τους ορμή, με ακρίβεια μεγαλύτερη από το μέγεθος της ανταλλαγής ορμής, κατά την αλληλεπίδραση με τα φωτόνια, υφίσταται ένα ελάχιστο όριο ακριβείας σε ό,τι αφορά την θέση κάθε καθρέπτη καθώς η αρχή της αβεβαιότητας είναι πάντα παρούσα.

Συγκεκριμένα, επειδή μια κάθετη, για παράδειγμα, πρόσπτωση φωτονίου ορμής p πάνω στον καθρέπτη D προσφέρει στον τελευταίο ορμή ίση με $2p$, ως προς την διεύθυνση πρόσπτωσης, για να γίνει αντιληπτή η πρόσκρουση, η συνιστώσα της ορμής του καθρέπτη στην ίδια διεύθυνση πρέπει να είναι γνωστή με μια ακρίβεια τουλάχιστον ίση με $2p$, με αποτέλεσμα το κατώτερο όριο ακρίβειας στην γνώση της θέσης του είναι $h/2p$.

Αλλά αν η θέση του καθρέπτη έχει προσδιορισθεί με ακρίβεια $\lambda/2$, η συνολική διαδρομή του φωτονίου είναι ανάλογα γνωστή με ακρίβεια $\lambda/2 + \lambda/2 = \lambda$, περιλαμβάνοντας την διακύμανση στην άφιξη και κατόπιν στην αποχώρηση του φωτονίου από τον καθρέπτη. Όταν όμως η απόσταση που διανύει το φωτόνιο γίνεται απροσδιόριστη κατά λ και ως αποτέλεσμα η φάση είναι γνωστή με μια ανακρίβεια περίπου ίση με 2π, κάθε πληροφορία για την τελευταία έχει ουσιαστικά χαθεί όπως επίσης και κάθε διάκριση μεταξύ των καταστάσεων πόλωσης.

Ειδικότερα, το πλάτος πιθανότητας διέλευσης ενός φωτονίου από το φίλτρο x είναι

$$\langle x|y\rangle = e^{i\alpha_R}\langle x|R\rangle\langle R|\psi\rangle + e^{i\alpha_L}\langle x|L\rangle\langle L|\psi\rangle$$

καθώς εδώ κάθε όρος του αθροίσματος οφείλει να πολλαπλασιαστεί με έναν ιδιαίτερο παράγοντα φάσης, που εξαρτάται από την συγκεκριμένη διαδρομή του φωτονίου και η αντίστοιχη πιθανότητα

$$P_{o\lambda} = |\langle x|R\rangle|^2|\langle R|\psi\rangle|^2 + |\langle x|L\rangle|^2|\langle L|\psi\rangle|^2$$
$$+ 2\mathrm{Re}\{e^{i\alpha_R}\langle x|R\rangle\langle R|\psi\rangle e^{-i\alpha_L}\langle x|L\rangle^*\langle L|\psi\rangle^*\}$$

Αλλά, καθώς η διακύμανση των τιμών των φάσεων είναι από 0 έως 2π, θα είναι

$$1/2\pi\int_0^{2\pi} d(\alpha_R - \alpha_L)\, e^{i\alpha(\alpha_R - \alpha_L)} = 0$$

με συνέπεια τον μηδενισμό της μέσης τιμής του όρου συμβολής.

Η απόπειρα λοιπόν πειραματικού ελέγχου της πιο βασικής υπόθεσης για τον υπολογισμό των πιθανοτήτων, της υπόθεσης ότι ένα φωτόνιο μπορεί να είναι ή δεξιά ή αριστερά κυκλικά πολωμένο, η πρακτική πραγματοποίηση αυτού του διαχωρισμού, αφού δημιούργησε διακύμανση στην διαφορά των φάσεων των πλατών πιθανότητας, ενίσχυσε —μέσω του ελάχιστου όριου ακριβείας το οποίο επιβάλλει η σύνδεση των μεγεθών θέσης και ορμής— τόσο αυτή την διακύμανση που οδήγησε την τελευταία στην εξαφάνιση αλλά μαζί με την διαφορά των φάσεων οδήγησε στην εξαφάνιση και τον ίδιο τον κβαντικό χαρακτήρα του φαινομένου.

Η πειραματική "πραγματοποίηση" της ανεξαρτησίας των αλληλοαποκλειόμενων δρόμων οδηγεί ξανά στην κατάργηση του συσχετισμού μεταξύ των αντίστοιχων μερικών πλατών πιθανότητας, δηλαδή του όρου συμβολής ενώ η αρχή της αβεβαιότητας "προστατεύει" σε κάθε περίπτωση την μη διακρισιμότητα των δυνατών τρόπων ώστε καμία διάταξη να μην είναι δυνατό να σχεδιαστεί μέσω της οποίας να διακρίνονται οι δυνατές διαδικασίες και ταυτόχρονα να μην καταστρέφεται το φαινόμενο συμβολής.

Από την άλλη, οι έννοιες της ταχύτητας και της ορμής, που χρησιμοποιήθηκαν σε αρκετά παραδείγματα σύμφωνα με την κλασική άποψη, χρησιμοποιήθηκαν ώστε να αναδειχθεί ακριβώς η αναποτελεσματικότητα μιας τέτοιας προσέγγισης, σε ό,τι αφορά τον κόσμο των σωματιδίων. Ως αποτέλεσμα, η θεωρία για τα σωματίδια είναι υποχρεωμένη, για να πραγματοποιήσει την ανάπτυξή της, να στηριχτεί στην δική της πειραματική και θεωρητική βάση αφήνοντας οριστικά πίσω της τις έννοιες και τις μεθόδους της κλασικής μηχανικής· μιας μηχανικής που, άλλωστε, δεν θα αποτελεί πλέον παρά οριακή της περίπτωση.

Συνοψίζοντας

Είναι φανερό ότι όταν αναφερόμαστε σε φαινόμενα του μικρόκοσμου πρέπει να εγκαταλείψουμε αυτή την εικόνα με το διάχυτο φως να περιβάλλει καθετί. Ο μόνος τρόπος για την λήψη πληροφοριών για ένα σωματίδιο είναι η αλληλεπίδρασή του με κάποια μακροσκοπική συσκευή. Η ένδειξη της συσκευής είναι η ένδειξη της *σχέσης* του σωματιδίου με την συσκευή, την στιγμή της αμοιβαίας τους αλληλεπίδρασης.[6]

6. «Κατ' αυτόν τον τρόπο η κβαντική μηχανική αποκτά μια πολύ ασυνήθιστη θέση μεταξύ των φυσικών θεωριών: περιέχει την κλασική μηχανική ως οριακή περίπτωση, όμως την ίδια στιγμή έχει ανάγκη αυτή την οριακή περίπτωση για τον δικό της σχηματισμό.» Landau & Lifshitz, *Quantum Mechanics*, σελίδα 2.

Στην πραγματικότητα, στα πειραματικά εργαστήρια, συσκευές και σωματίδια, εκπροσωπώντας δύο διαφορετικούς κόσμους, στέκονται οι μεν απέναντι στα δε, συνιστώντας δύο αντίθετους και αλληλοαποκλειόμενους αλλά ταυτόχρονα αδιαχώριστους πόλους που συγκροτούν, στην ενότητά τους, το φυσικό σύστημα. Οι συσκευές αποτελούνται βέβαια κι αυτές από σωματίδια, είναι σωματίδια και οφείλουν να διέπονται από τους ίδιους καθολικούς νόμους της φύσης, με την διαφορά ότι συμβαίνει ένα ποιοτικό «άλμα» στην εκδήλωση αυτών των νόμων σε μακροσκοπικό επίπεδο, ένα ποιοτικό άλμα που συνδέεται με την υπέρβαση συγκεκριμένων ποσοτικών ορίων, ώστε η μεταβολή της κατάστασης της συσκευής να είναι άμεσα αντιληπτή για τον παρατηρητή. Άλλωστε, οποιοδήποτε φαινόμενο του μικρόκοσμου διακρίνεται σε μια «αόρατη», μη προσδιορίσιμη, υποθετική κίνηση ή μεταβολή και στις ορατές, καλά προσδιορισμένες ενδείξεις των πειραματικών συσκευών.

Ωστόσο, στη γενική περίπτωση, σε ταυτόσημες αρχικές συνθήκες αντιστοιχούν ανόμοια αποτελέσματα. Μόνο στην διαδοχική επανάληψη του ίδιου πειράματος και μέσα στα φαινομενικά τυχαία και απρόβλεπτα μεμονωμένα αποτελέσματα διαπιστώνεται το σταθερό στοιχείο του ιδιαίτερου τρόπου με τον οποίο σχηματίζεται η πιθανότητα πραγματοποίησης των γεγονότων. Ο υπολογισμός της πιθανότητας στηρίζεται στην υπόθεση των θεωρούμενων ως ανεξάρτητων δυνατών δρόμων και στην αρχή της υπέρθεσης των μιγαδικών αριθμών που συνδέονται με αυτούς. Το σημαντικό σημείο στην κβαντική θεωρία βρίσκεται στην ύπαρξη μέσα στην τελική πιθανότητα του συσχετισμού των φάσεων των μιγαδικών αριθμών, ενός συσχετισμού που προσδιορίζει το τελικό αποτέλεσμα ως φαινόμενο συμβολής.

Η αρχή της αβεβαιότητας έρχεται να συνδέσει το εύρος της διακύμανσης με την ακρίβεια στην μέτρηση ενός «συζυγούς» μεγέθους. Αλλά, γνωρίζοντας τόσο τις πολλαπλές δυνατότητες μιας αρχικής κατάστασης όσο και τις συγκεκριμένες κατανομές που κάθε φορά η τελευταία δημιουργεί, τίθεται το ερώτημα: σε ποια κατάσταση βρίσκεται ένα σωματίδιο λίγο πριν αλληλεπιδράσει με ένα μακροσκοπικό σώμα καθώς η έννοια της κατάστασης έχει νόημα πλέον μόνο ως συγκεκριμένη πρόβλεψη της συμπεριφοράς του σωματιδίου στην αλληλεπίδρασή του με την συσκευή, μια πρόβλεψη η οποία προϋποθέτει τόσο την γνώση του συνόλου των αλληλοαποκλειόμενων δυνατών αποτελεσμάτων, την γνώση δηλαδή του συνόλου των τιμών που είναι δυνατό να πραγματοποιηθούν όσο και της αντίστοιχης πιθανότητας για κάθε αποτέλεσμα;

Είναι φανερό λοιπόν ότι οι πειραματικές τιμές των φυσικών μεγεθών πρέπει να υποχρεωθούν σε μια νέα λειτουργία. Η αναλυτική διερεύνηση αυτής της ιδιαίτερης χρησιμοποίησης των δυνατών τιμών των φυσικών μεγεθών για την διατύπωση της πρόβλεψης θα οδηγήσει στην ανακάλυψη σχέσεων ανάλογων με εκείνων των διανυσμάτων. Τα φαινόμενα συμβολής αποτελούν ουσιαστικά εκδηλώσεις διανυσματικών σχέσεων. Ως συνέπεια, οι καταστάσεις των σωματιδίων πριν τις μετρήσεις μετατρέπονται σε καταστάσεις—διανύσματα ενώ οι πειραματικές τιμές των φυσικών μεγεθών αντιστοιχούν στα διανύσματα βάσης.

Καταστάσεις–Διανύσματα

2.1. Καταστάσεις–Διανύσματα και διανύσματα βάσης

Ας υποθέσουμε ότι μία δέσμη σωματιδίων διαχωρίζεται προσωρινά σε τρεις δέσμες ώστε, οι τελευταίες, αφού στη συνέχεια διέλθουν από τρεις αντίστοιχες σχισμές, να επανασυνδεθούν ξανά. Αν, τώρα, είναι ανοιχτή μόνο η πρώτη σχισμή και το αντίστοιχο πλάτος πιθανότητας για την διέλευση από την τελευταία είναι c_1 και αυτή η αρχική κατάσταση προσδιορίζεται από την τριάδα αριθμών $(c_1, 0, 0)$ ενώ αν είναι ανοιχτή μόνο η δεύτερη σχισμή ή η τρίτη σχισμή οι αντίστοιχες τριάδες είναι $(0, c_2, 0)$ και $(0, 0, c_3)$, τότε, όταν αφήνονται ανοιχτές ταυτόχρονα και οι τρεις σχισμές, η τριάδα που θα χαρακτηρίζει την αρχική κατάσταση θα είναι (c_1, c_2, c_3), η τελευταία δηλαδή τριάδα θα σχηματίζεται με τον ίδιο ακριβώς τρόπο με τον οποίο σχηματίζεται το άθροισμα των διανυσμάτων.

Μια κατάσταση—διάνυσμα, λοιπόν, θα προσδιορίζεται σε σχέση με τις *δυνατές* τιμές ενός μεγέθους αναφοράς μέσω ενός διατεταγμένου συνόλου αριθμών, των αντίστοιχων πλατών πιθανότητας. Αυτός ο προσδιορισμός αποδίδει όχι μόνο την επιμέρους συμπεριφορά απέναντι στις τιμές i ενός *συγκεκριμένου* φυσικού μεγέθους αλλά συνδέεται με τον *γενικό τρόπο* συμπεριφοράς της κατάστασης στην δημιουργία γεγονότων, δηλαδή, αν φ είναι η αρχική πειραματική κατάσταση και χ μία τελική, το πλάτος πιθανότητας $\langle\chi|\varphi\rangle$ προσδιορίζεται από την σχέση

$$\langle\chi|\varphi\rangle = \sum_{i=1}^{n} \langle\chi|i\rangle\langle i|\varphi\rangle$$

Όταν το συνολικό πλάτος πιθανότητας έχει πλέον σχηματιστεί είναι αδιάφορο ποιο ιδιαίτερο συγκεκριμένο μέγεθος μεσολάβησε για τον υπολογισμό. Η διαδικασία «σβήνει» μέσα στο αποτέλεσμα.

Προϋπόθεση για να συγκροτούν δύο ή περισσότερες αλληλοαποκλειόμενες καταστάσεις βάση αναφοράς αποτελεί η μη περαιτέρω δυνατότητα της μίας να δημιουργεί την άλλη, ο μηδενισμός δηλαδή του πλάτους πιθανότητας που τις συνδέει. Γράφουμε τότε $\langle i|j\rangle = 0$ ενώ εκφράζουμε αυτή την ιδιαίτερη σχέση μεταξύ των καταστάσεων βάσης λέγοντας ότι είναι αμοιβαία κάθετες.

Η έννοια της καθέτου έχει βέβαια την προέλευσή της στην γεωμετρία. Ένα διάνυσμα είναι κάθετο σε ένα επίπεδο όταν δεν υφίσταται συνιστώσα του παράλληλη ως προς το επίπεδο, χρησιμοποιώντας τον γνωστό μας τρόπο ανάλυσης. Το διάνυσμα ορίζει τότε μία διεύθυνση ανεξάρτητη από τις διευθύνσεις του επιπέδου, η οποία οφείλει να προστεθεί στις τελευταίες ώστε να σχηματιστεί ένα πλήρες σύστημα προσδιορισμού των σημείων του χώρου ενώ η διαδικασία θα όφειλε να συνεχιστεί με τον ίδιο τρόπο εάν υφίσταντο και άλλες ανεξάρτητες διευθύνσεις, έως ότου εξαντληθεί ο αριθμός τους.

Αλλά κάτι ανάλογο συμβαίνει και με τις καταστάσεις της βάσης αναφοράς. Ο μόνος τρόπος να προσδιοριστεί ο χαρακτήρας μιας αρχικής κατάστασης είναι να γνωρίζουμε την συμπεριφορά της ως προς το *σύνολο* των δυνατών τιμών ενός φυσικού μεγέθους. Αν υφίσταται μία κατάσταση, η οποία ενώ ανήκει στο σύνολο των δυνατών τρόπων συμπεριφοράς της αρχικής κατάστασης δεν έχει καταγραφεί ως μία εκ των καταστάσεων της βάσης αναφοράς, τότε η παρουσία της σε αυτό το σύνολο καθίσταται αναγκαία καθώς εκπροσωπεί, αν θέλουμε να χρησιμοποιήσουμε από την γεωμετρική έννοια της καθετότητας αυτήν την μη δυνατότητα περαιτέρω ανάλυσης μίας νέας καθέτου στις ήδη υπάρχουσες διευθύνσεις, ακριβώς μια νέα διεύθυνση στον χώρο των καταστάσεων, μια διεύθυνση ορθογώνια ή, για την ακρίβεια, γραμμικά ανεξάρτητη, από την οποία μπορεί να σχηματιστεί μια διεύθυνση ορθογώνια ως προς τις διευθύνσεις της βάσης αναφοράς.

Στον πραγματικό χώρο το εσωτερικό γινόμενο δύο διανυσμάτων $\boldsymbol{\alpha} = (\alpha_1, \alpha_2, \alpha_3)$ και $\mathbf{b} = (b_1, b_2, b_3)$ παραμένει αναλλοίωτο στον μετασχηματισμό της βάσης αναφοράς ενώ οι αριθμοί που συγκροτούν τις τριάδες των πραγματικών διανυσμάτων είναι οι αλγεβρικές τιμές των γεωμετρικών προβολών του διανύσματος στους τρεις άξονες:

$$\boldsymbol{\alpha} \cdot \mathbf{b} = (\boldsymbol{\alpha} \cdot \mathbf{i})(\mathbf{b} \cdot \mathbf{i}) + (\boldsymbol{\alpha} \cdot \mathbf{j})(\mathbf{b} \cdot \mathbf{j}) + (\boldsymbol{\alpha} \cdot \mathbf{k})(\mathbf{b} \cdot \mathbf{k})$$

όπου οι όροι στις παρενθέσεις είναι οι συνιστώσες των **α** και **b** διανυσμάτων και **i**, **j**, **k** τα μοναδιαία διανύσματα στους *x*, *y*, *z* άξονες, αντίστοιχα. Η ομοιότητα στο περιεχόμενο της παραπάνω έκφρασης και της έκφρασης για τα πλάτη πιθανότητας είναι προφανής: Το πλάτος πιθανότητας $\langle\varphi|\psi\rangle$, όντας ανεξάρτητο από την επιλογή της βάσης αναφοράς, αντιστοιχεί στο εσωτερικό γινόμενο των διανυσμάτων **α** και **b**, τα πλάτη πιθανότητας $\langle i|\psi\rangle$ και $\langle\varphi|i\rangle$ στις αλγεβρικές τιμές των συνιστωσών των **α** και **b** διανυσμάτων στους αντίστοιχους άξονες ενώ οι $|i\rangle$ καταστάσεις με τα διανύσματα βάσης στους άξονες *x*, *y*, *z* αντίστοιχα. Ως εκ τούτου, καθώς κάθε διάνυσμα μπορεί να αναλυθεί ως γραμμικός συνδυασμός των ορθοκανονικών διανυσμάτων βάσης όταν το τελευταίο αποτελεί ένα πλήρες σύνολο, δηλαδή

$$\mathbf{\alpha} = \alpha_x i + \alpha_y j + \alpha_z k$$

ανάλογα, για τις καταστάσεις—διανύσματα, γράφουμε

$$|\varphi\rangle = \sum_{i=1}^{n} |i\rangle\langle i|\varphi\rangle$$

2.2. Διανυσματικός χώρος

Έννοιες, λοιπόν, που συνδέονται με τις σχέσεις των διευθύνσεων στον πραγματικό χώρο είναι ανάλογες με το περιεχόμενο των σχέσεων που συνδέουν τις καταστάσεις—διανύσματα των σωματιδίων του μικρόκοσμου. Αλλά η ομοιότητα με την γεωμετρία του πραγματικού χώρου σταματάει εδώ καθώς το πλάτος πιθανότητας είναι, εν γένει, ένας μιγαδικός αριθμός και αν $\langle\varphi|x\rangle$ είναι το εσωτερικό γινόμενο δύο καταστάσεων—διανυσμάτων είναι απαραίτητο να ισχύουν οι σχέσεις:

$$\langle\varphi|x\rangle = \langle x|\varphi\rangle^*$$

$$\langle\varphi|\lambda x\rangle = \lambda\langle\varphi|x\rangle$$

$$\langle\varphi|x + y\rangle = \langle\varphi|x\rangle + \langle\varphi|y\rangle$$

$$\langle\varphi|\varphi\rangle \geq 0$$

$$\text{ενώ αν } \langle\varphi|\varphi\rangle = 0 \Rightarrow |\varphi\rangle = 0$$

Είναι βέβαια οι περιορισμοί για το μέτρο των διανυσμάτων εκείνοι που επιβάλλουν ή υποδεικνύουν τις παραπάνω σχέσεις για τα πλάτη πιθανότητας. Η πρώτη ισότητα είναι απαραίτητη για να είναι κάθε όρος του αθροίσματος για το μέτρο πραγματικός αριθμός, μία σχέση η οποία συμπληρώνεται από την ρητή απαίτηση $\langle\varphi|\varphi\rangle \geq 0$. Η δεύτερη σχέση είναι απαραίτητη ώστε η έκφραση $\langle\lambda y|\lambda y\rangle = |\lambda|^2\langle y|y\rangle$

να προκύπτει θετικός αριθμός για κάθε λ, εν γένει μιγαδικό, η τρίτη εκφράζει την γραμμικότητα στις σχέσεις των πλατών πιθανότητας ενώ η τελευταία εξασφαλίζει ότι το σύνολο των διανυσμάτων βάσης είναι πλήρες, καθώς αν υποθέσουμε ότι υπάρχει ένα επιπλέον μη μηδενικό διάνυσμα $|v\rangle$, κάθετο σε όλα τα διανύσματα βάσης και προφανώς διαφορετικό από αυτά, θα είναι $\langle v|v\rangle = 0$.

Οι σχέσεις που πρέπει να ικανοποιούνται από ένα σύνολο στοιχείων για να χαρακτηρίσουν το τελευταίο ως διανυσματικό χώρο προϋποθέτουν την ύπαρξη μιας εσωτερικής πρόσθεσης των στοιχείων και ενός βαθμωτού πολλαπλασιασμού αυτών των στοιχείων με έναν αριθμό, πραγματικό ή μιγαδικό. Αυτές οι σχέσεις μεταξύ των καταστάσεων—διανυσμάτων αποκτώνται μέσω των σχέσεων των αντίστοιχων πλατών πιθανότητας καθώς τα τελευταία αποτελούν εσωτερικά γινόμενα διανυσμάτων: αν μια τέτοια σχέση ισχύει ανεξάρτητα από το συγκεκριμένο διάνυσμα το τελευταίο μπορεί να παραλειφθεί, με αποτέλεσμα μια σχέση μιγαδικών αριθμών να μετατρέπεται σε σχέση διανυσμάτων.

Ένας χώρος εφοδιασμένος με τις προηγούμενες ιδιότητες του εσωτερικού γινομένου ονομάζεται μιγαδικός ευκλείδειος χώρος. Επιπλέον, μπορεί να αποδειχθεί ότι ένας τέτοιος χώρος με το συγκεκριμένο εσωτερικό γινόμενο είναι συμπαγής. μια ιδιότητα ανάλογη με εκείνη της συνέχειας για τους αριθμούς, μόνο που εδώ η απόσταση μεταξύ των όρων μιας ακολουθίας πραγματικών αριθμών αντικαθίσταται από το μέτρο της διαφοράς διανυσμάτων. Αν λοιπόν μια ακολουθία Cauchy, η οποία είναι στην ουσία μια «συγκλίνουσα» ακολουθία διανυσμάτων, συγκλίνει σε ένα διάνυσμα που ανήκει στον ίδιο χώρο τότε αυτός ο χώρος ονομάζεται χώρος Hilbert.

2.3. Διανυσματικές σχέσεις

Η ανισότητα του Schwarz

$$|\langle u|v\rangle| \leq \sqrt{\langle u|u\rangle\langle v|v\rangle}$$

Η πιο απλή μέθοδος απόδειξης σχετίζεται με την ανάλυση του διανύσματος $|v\rangle$ ως προς την διεύθυνση του διανύσματος $|u\rangle$ και την κάθετη, ως προς το τελευταίο, διεύθυνση $|u_\perp\rangle$, δηλαδή

$$|v\rangle = \lambda|u\rangle + \mu|u_\perp\rangle \text{ όπου } \langle u|u_\perp\rangle = 0$$

Είναι λοιπόν

$$\langle v|v\rangle = |\lambda|^2\langle u|u\rangle + |\mu|^2\langle u_\perp|u_\perp\rangle \text{ ενώ } |\langle u|v\rangle|^2 = |\lambda|^2|\langle u|u\rangle|^2$$

Ως αποτέλεσμα

$$\langle u|u\rangle\langle v|v\rangle = \langle u|u\rangle[|\lambda|^2\langle u|u\rangle + |\mu|^2\langle u_\perp|u_\perp\rangle]$$
$$\geq |\lambda|^2|u|u|^2 = |u|v|^2$$

που είναι η ζητούμενη σχέση. Είναι προφανές ότι η ισότητα ισχύει όταν $\mu = 0$, όταν δηλαδή τα δύο διανύσματα είναι συγγραμμικά ή όταν $\lambda = \mu = 0$, όταν δηλαδή $|v\rangle = 0$.

Στον πραγματικό διανυσματικό χώρο, όπου όλα τα εσωτερικά γινόμενα είναι πραγματικοί αριθμοί, η ανισότητα του Schwarz γράφεται απλά

$$\langle u|v\rangle^2 \leq \langle u|u\rangle\langle v|v\rangle$$

και είναι γνωστή ως η ανισότητα του Schmidt. Μπορούμε να προσδιορίσουμε την γωνία μεταξύ δύο διανυσμάτων χρησιμοποιώντας την έκφραση

$$\cos\theta = \langle u|v\rangle/\sqrt{\langle u|u\rangle\langle v|v\rangle}$$

όπου η ανισότητα του Schmidt εξασφαλίζει ότι $\cos\theta \leq 1$. Είναι φανερό ότι αν $\cos\theta = 0$, δηλαδή $\langle u|v\rangle = 0$, τα δύο διανύσματα είναι ορθογώνια.

Παράδειγμα 2.1

Έστω τα διανύσματα $|u\rangle$ της μορφής (α, b) με εσωτερικό γινόμενο

$$\langle u_1|u_2\rangle = \alpha_1^*\alpha_2 + b_1^*b_2$$

τότε

$$\langle u_1|u_1\rangle\langle u_2|u_2\rangle \geq |\langle u_1|u_2\rangle|^2$$

Πράγματι

$$\langle u_1|u_1\rangle\langle u_2|u_2\rangle = [|\alpha_1|^2 + |b_1|^2][|\alpha_2|^2 + |b_2|^2]$$
$$= |\alpha_1\alpha_2|^2 + |b_1b_2|^2 + |\alpha_1b_2|^2 + |b_1\alpha_2|^2$$
$$|\langle u_1|u_2\rangle|^2 = (\alpha_1^*\alpha_2 + b_1^*b_2)(\alpha_1\alpha_2^* + b_1\,b_2^*)$$
$$= |\alpha_1\,\alpha_2|^2 + |b_1\,b_2|^2 + 2\mathrm{Re}[\alpha_1^*\alpha_2b_1b_2{}^*]$$

Με σκοπό να σχηματιστούν οι όροι που διαφέρουν, γράφουμε

$$|\alpha_1^*b_2^* - b_1^*\alpha_2^*|^2 = |\alpha_1b_2|^2 + |b_1\alpha_2|^2 - 2\mathrm{Re}[\alpha_1^*\alpha_2b_1b_2^*]$$
$$\Rightarrow \qquad |\alpha_1b_2|^2 + |b_1\,\alpha_2|^2 \geq 2\mathrm{Re}[\alpha_1^*\alpha_2b_1b_2^*]$$

Η ισότητα ισχύει όταν $\alpha_1b_2 = \alpha_2b_1 \Rightarrow \alpha_1/b_1 = \alpha_2/b_2$, όταν δηλαδή τα δύο διανύσματα είναι γραμμικά εξαρτημένα.

2.4. Προβολικός τελεστής

Η έννοια του τελεστή αναφέρεται όχι στο αντικείμενο αλλά στην διαδικασία. Η αφηρημένη διαδικασία αλλαγής αποσπάται από το αντικείμενο που μεταβάλλει και αποκτά δική της αυτόνομη ύπαρξη. Η ύπαρξη του τελεστή ως αυτόνομης μαθηματικής οντότητας έρχεται να επισημοποιήσει αυτή την απόσχιση· διαφορετικοί τελεστές έρχονται να αποδώσουν το κάθε φορά συγκεκριμένο περιεχόμενο του μετασχηματισμού. Έτσι, ενώ για να υπάρξει ο τελεστής είναι υποχρεωμένος να διαχωριστεί από το αποτέλεσμα και να σταθεί μόνος του, είναι πάντα υποχρεωμένος να αναφερθεί σε κάτι άλλο, στο διάνυσμα, για να πραγματοποιεί το περιεχόμενο της ύπαρξής του.

Το εσωτερικό γινόμενο, για παράδειγμα, του διανύσματος $|y\rangle$ με το διάνυσμα βάσης $|i\rangle$ είναι ακριβώς ο ποσοτικός προσδιορισμός της συνιστώσας του $|y\rangle$ στην διεύθυνση που εκπροσωπεί το $|i\rangle$. Η *διαδικασία* ωστόσο προβολής του $|y\rangle$ πάνω σε ένα διάνυσμα βάσης περιγράφεται από την δράση ενός τελεστή $\hat{P}_i$, ο οποίος ονομάζεται προβολικός τελεστής. Αν $|y\rangle$ είναι ένα τυχαίο διάνυσμα τότε ο προβολικός τελεστής $\hat{P}_i$ μετασχηματίζει το τελευταίο στο διάνυσμα $c_i|i\rangle$, όπου c_i η τιμή της προβολής $\langle i|y\rangle$ του $|y\rangle$ στην διεύθυνση του $|i\rangle$, δηλαδή

$$\hat{P}_i|y\rangle = c_i|i\rangle$$

Παράδειγμα 2.2

Έστω S_1 ο υπόχωρος του χώρου Hilbert που ορίζεται από το διάνυσμα $|\alpha\rangle$ —αποτελείται δηλαδή από όλα τα παράλληλα, ως προς το $|\alpha\rangle$, διανύσματα— και S_2 ο συμπληρωματικός ορθογώνιος υπόχωρός του. Κάθε διάνυσμα μπορεί να γραφτεί ως το άθροισμα των προβολών του στους δύο υποχώρους, δηλαδή

$$|y\rangle = |y_{S_1}\rangle + |y_{S_2}\rangle = |y_\alpha\rangle + |y_2\rangle$$

Το διάνυσμα $|\alpha\rangle$ είναι κάθετο σε όλα τα διανύσματα του υποχώρου S_2, δηλαδή $\langle\alpha|y_2\rangle = 0$ ενώ, από την άλλη, $|y_\alpha\rangle = c|\alpha\rangle$, όπου c γενικά μιγαδικός. Σχηματίζοντας τώρα το εσωτερικό γινόμενο των $|y\rangle$ και $|\alpha\rangle$

$$\langle\alpha|y\rangle = \langle\alpha|y_\alpha\rangle + \langle\alpha|y_2\rangle = c$$

προκύπτει

$$|y_\alpha\rangle = c|\alpha\rangle = |\alpha\rangle\langle\alpha|y\rangle$$

Ο προβολικός τελεστής ταυτίζεται με την έκφραση $|\alpha\rangle\langle\alpha|$. Είναι φανερό ότι κάθε πλευρά αντιστοιχεί σε μια λειτουργία: η δεξιά πλευρά είναι έτοιμη να πολλαπλασιαστεί με το διάνυσμα για να προσδιορίσει την αλγεβρική τιμή της προβολής του διανύσματος στην διεύθυνση του $|\alpha\rangle$, προσδιορίζοντας με αυτόν τον τρόπο την σχέση των δύο διευθύνσεων ενώ η αριστερή πλευρά παραμένει στο αποτέλεσμα, εκπροσωπώντας την ίδια την διεύθυνση α.

Ο προβολικός τελεστής $\hat{P}_\alpha$ αποδίδει το περιεχόμενο της πράξης του εσωτερικού γινομένου μεταξύ δύο διανυσμάτων καθώς ο τελεστής είτε προβάλλει το $|\alpha\rangle$ στον εαυτό του για να προβληθεί κατόπιν το τελευταίο στο $|\beta\rangle$ είτε προβάλλει πρώτα το $|\beta\rangle$ πάνω στο $|\alpha\rangle$ εκτελώντας άμεσα την διαδικασία του εσωτερικού γινομένου:

$$\langle\beta|\hat{P}_\alpha\alpha\rangle = \langle\hat{P}_\alpha\beta|\alpha\rangle = \langle\beta|\alpha\rangle$$

Γενικότερα, ένας προβολικός τελεστής $\hat{P}_\alpha$ μπορεί να μεταφέρει την δράση του από το ένα στο άλλο διάνυσμα ενός εσωτερικού γινομένου δύο διανυσμάτων δίχως να το αλλάζει. Γεωμετρικά αυτό είναι προφανές. Αν **β** και **γ** είναι δύο τυχαία διανύσματα, αυτά μπορούν να αναλυθούν σε κάθετη και παράλληλη συνιστώσα ως προς ένα διάνυσμα βάσης **α**. Στον υπολογισμό του εσωτερικού γινομένου οι κάθετες συνιστώσες δεν συμμετέχουν ενώ για τις παράλληλες, ως προς το διάνυσμα βάσης, δεν έχει σημασία η σειρά με την οποία έχουν σχηματιστεί.

Αν πολλαπλασιάσουμε έναν προβολικό τελεστή με τον εαυτό του το αποτέλεσμα είναι ο ίδιος ο προβολικός τελεστής καθώς

$$\hat{P}_\alpha^{\,2}|y\rangle = \hat{P}_\alpha|\alpha\rangle\langle\alpha|y\rangle = |\alpha\rangle\langle\alpha|y\rangle = \hat{P}_\alpha|y\rangle$$

όπου $|y\rangle$ ένα τυχαίο διάνυσμα.

Αν υφίστανται κ μοναδιαία διανύσματα βάσης, ο αντίστοιχος προβολικός τελεστής έχει την μορφή

$$\hat{P}_{\text{ολ}} = \sum_{i=1}^{n} \hat{P}_\kappa$$

Για να αποκαλύψει δηλαδή το δικό του περιεχόμενο, όταν η δράση του είναι πλέον ισοδύναμη με την δράση της μονάδας, ο προβολικός τελεστής αναλύεται στο άθροισμα των προβολικών τελεστών που τον συγκροτούν, αποκτώντας τελικά την μορφή των διανυσμάτων βάσης στα οποία αναφέρεται· μια διαδικασία που ονομάζεται ανάλυση της μονάδας. Αν ο χώρος στον οποίο προβάλλει ο τελεστής είναι ολόκληρος ο χώρος Hilbert, τότε ο προβολικός τελεστής αναδημιουργεί το ίδιο το διάνυσμα επάνω στο οποίο επέδρασε. Όμως το ξαναδίνει πίσω, αφού προηγουμένως το έχει αναλύσει σε γραμμικό συνδυασμό των συγκεκριμένων διανυσμάτων βάσης, προσδιορίζοντάς το ταυτόχρονα με η αριθμούς, όσες ακριβώς και οι διαστάσεις του χώρου Hilbert.

Ταυτόχρονα, ένας προβολικός τελεστής «χωρίζει» τα διανύσματα του χώρου Hilbert σε δύο συμπληρωματικούς χώρους, τα διανύσματα των οποίων είναι αμοιβαία κάθετα.

Παράδειγμα 2.3

Αν ένας τελεστής $\hat{P}$ ικανοποιεί τις εξής δύο σχέσεις:

α) η εναλλαγή στην δράση του σε κάθε εσωτερικό γινόμενο δύο διανυσμάτων δεν αλλάζει το αποτέλεσμα και

β) ισχύει $\hat{P}^2 = \hat{P}$, τότε ο τελεστής $\hat{P}$ εκπροσωπεί μια ορθογώνια προβολή στον διανυσματικό χώρο.

Πράγματι, έστω S_1 ο υπόχωρος που αποτελεί το πεδίο τιμών για τον τελεστή $\hat{P}$, περιέχει δηλαδή όλα τα διανύσματα της μορφής $\hat{P}|\gamma\rangle$, όπου $|\gamma\rangle$ ένα τυχαίο διάνυσμα του χώρου. Αν $|\alpha\rangle$ και $|\beta\rangle$ είναι δύο διανύσματα του χώρου, τότε

$$\langle \hat{P}\beta | \hat{P}\alpha\rangle = \langle \beta | \hat{P}^2 \alpha\rangle = \langle \beta | \hat{P}\alpha\rangle$$
$$\Longrightarrow \langle \beta(1-\hat{P}) | \hat{P}\alpha\rangle = 0$$

δηλαδή, ο συμπληρωματικός υπόχωρος που δημιουργεί η δράση του τελεστή $(1-\hat{P})$ είναι ορθογώνιος με τον υπόχωρο S_1.

Παράδειγμα 2.4

Έστω ο τελεστής $\hat{P}$ όπου

$$\hat{P}|u\rangle = \int_{\kappa_2}^{\kappa_1} |\kappa\rangle d\kappa \langle \kappa | u\rangle$$

Σε ό,τι αφορά την δράση του τελεστή $(1-\hat{P})$ θα είναι

$$\langle \kappa' | (1-\hat{P})u\rangle = \langle \kappa' | u\rangle - \int_{\kappa_2}^{\kappa_1} \langle \kappa' | \kappa\rangle d\kappa \langle \kappa | u\rangle$$
$$= \langle \kappa' | u\rangle - \int_{\kappa_2}^{\kappa_1} d\kappa\, \delta(\kappa' - \kappa) \langle \kappa | u\rangle = 0$$

Το αποτέλεσμα, λοιπόν, της δράσης του τελεστή $(1-\hat{P})$ πάνω σε ένα τυχαίο διάνυσμα είναι ένα διάνυσμα ορθογώνιο με όλα τα $|\kappa\rangle$ διανύσματα, ο τελεστής δηλαδή προβάλλει στον ορθογώνιο υπόχωρο των τελευταίων. Αλλά το διάνυσμα $\hat{P}|u\rangle$ είναι γραμμικός συνδυασμός των $|\kappa\rangle$ διανυσμάτων βάσης, επομένως ο τελεστής $\hat{P}$ είναι ακριβώς ένας προβολικός τελεστής στον υπόχωρο που συγκροτούν τα τελευταία.

2.5. Διανύσματα σε μορφή στήλης

Οι καταστάσεις–διανύσματα, ως διατεταγμένα σύνολα αριθμών, διαθέτουν την δυνατότητα να εμφανίζονται με την μορφή της στήλης ή της γραμμής. Ο αριθμός των σειρών της στήλης είναι ίσος με τον αριθμό των διανυσμάτων βάσης. Σε κάθε γραμμή της στήλης τοποθετείται ο μιγαδικός αριθμός, που είναι το πλάτος πιθανότητας για την πραγματοποίηση καθεμιάς από τις δυνατές καταστάσεις, είναι δηλαδή το αποτέλεσμα του εσωτερικού γινομένου της κατάστασης επί το αντίστοιχο διάνυσμα βάσης.

$$|\psi\rangle = \begin{pmatrix} \alpha_1 \\ \alpha_2 \\ \vdots \\ \alpha_n \end{pmatrix}$$

όπου $\alpha_i = \langle i|\psi\rangle$ ενώ $|1\rangle$, $|2\rangle$, ..., $|n\rangle$ είναι τα διανύσματα βάσης. Με τη σειρά τους τα συγκεκριμένα διανύσματα βάσης αποκτούν την πιο απλή μορφή τους, συγκροτώντας την λεγόμενη «κανονική βάση», όταν προσδιορίζονται σε σχέση με τον ίδιο τους τον εαυτό, δηλαδή

$$|1\rangle = \begin{pmatrix} 1 \\ 0 \\ \vdots \\ 0 \end{pmatrix}, \quad |2\rangle = \begin{pmatrix} 0 \\ 2 \\ \vdots \\ 0 \end{pmatrix}, \quad \dots \quad |n\rangle = \begin{pmatrix} 0 \\ 0 \\ \vdots \\ n \end{pmatrix}$$

Σε κάθε διάνυσμα του χώρου Hilbert αντιστοιχεί το συζυγές του διάνυσμα. Ακολουθώντας τους γνωστούς κανόνες πολλαπλασιασμού πινάκων το συζυγές διάνυσμα μπορεί να παρασταθεί με μία γραμμή, η οποία έχει ως στοιχεία της τους συζυγείς μιγαδικούς αριθμούς που προσδιορίζουν την στήλη, δηλαδή

$$\langle\psi| = (\alpha_1^* \ \alpha_2^* \ \dots \ \alpha_n^*)$$

Το εσωτερικό γινόμενο δύο στηλών αποδίδει το άθροισμα των μιγαδικών αριθμών που συνδέονται με την αρχή των δυνατών δρόμων καθώς αν $|\psi\rangle$ είναι η αρχική και $|\varphi\rangle$ η τελική κατάσταση ενώ $|1\rangle$ και $|2\rangle$ τα δύο διανύσματα βάσης, που αντιστοιχούν στους δύο δυνατούς δρόμους, τότε θα είναι

$$|\psi\rangle = \begin{pmatrix} \langle 1|\psi\rangle \\ \langle 2|\psi\rangle \end{pmatrix} \text{ και } \langle\varphi| = (\langle\varphi|1\rangle \ \ \langle\varphi|2\rangle)$$

και τελικά

$$\langle\varphi|\psi\rangle = \langle\varphi|1\rangle\langle 1|\psi\rangle + \langle\varphi|2\rangle\langle 2|\psi\rangle$$

Αν θεωρήσουμε, για παράδειγμα, ως διανύσματα βάσης τις καταστάσεις γραμμικής πόλωσης των φωτονίων, τις x και y δηλαδή καταστάσεις πόλωσης και ένα φωτόνιο βρίσκεται στην κατάσταση κυκλικής πόλωσης R, η τελευταία θα παριστάνεται από μία στήλη, που στην πρώτη γραμμή θα έχει —χρησιμοποιώντας τα πλάτη πιθανότητας του Παραδείγματος 1.2— τον αριθμό $1/\sqrt{2}$ και στην δεύτερη γραμμή τον αριθμό $i/\sqrt{2}$. Αντίστοιχα για την κατάσταση πόλωσης L οι δύο αριθμοί θα είναι $1/\sqrt{2}$ και $-i/\sqrt{2}$ ενώ για να αναδειχθεί η διαφορά φάσης που χαρακτηρίζει τους δύο τρόπους κυκλικής πόλωσης οι δύο στήλες γράφονται ως

$$|R\rangle = \frac{1}{\sqrt{2}} \begin{vmatrix} 1 \\ e^{i\pi/2} \end{vmatrix} \text{ και } |L\rangle = \frac{1}{\sqrt{2}} \begin{vmatrix} 1 \\ e^{-i\pi/2} \end{vmatrix}$$

Αν τώρα $|u\rangle$ είναι ένα διάνυσμα βάσης, σε μία διδιάστατη βάση, όπου

$$|u\rangle = \begin{pmatrix} \alpha_1 \\ \alpha_2 \end{pmatrix} \text{ και } \langle u| = (\alpha_1{}^* \; \alpha_2{}^*)$$

τότε ο προβολικός τελεστής θα είναι

$$|u\rangle\langle u| = \begin{vmatrix} \alpha_1\, \alpha_1{}^* & \alpha_1\, \alpha_2{}^* \\ \alpha_2\, \alpha_1{}^* & \alpha_2\, \alpha_2{}^* \end{vmatrix}$$

Παρατηρούμε ότι το άθροισμα των διαγώνιων στοιχείων του πίνακα είναι ίσο με το εσωτερικό γινόμενο $\langle u|u\rangle$. Αλλά αυτή είναι μια γενική σχέση μεταξύ των δύο εκφράσεων καθώς

$$\mathrm{Tr}(|u\rangle\langle v|) = \sum_n A_{nn}$$
$$= \sum_n \langle n|u\rangle\langle u|n\rangle = \sum_n \langle v|n\rangle\langle n|u\rangle = \langle v|u\rangle$$

όπου A_{mn} το στοιχείο του αντίστοιχου πίνακα.

Η απεικόνιση του διανύσματος με την μορφή στήλης προσφέρει μία παραστατική απεικόνιση των σχέσεων των διανυσμάτων και είναι ιδιαίτερα εύχρηστη στις περιπτώσεις διανυσματικών χώρων με πεπερασμένο ή έστω αριθμήσιμο αριθμό διαστάσεων. Η απεικόνιση με την μορφή της στήλης προσφέρει επίσης, στην περίπτωση της μελέτης του φυσικού μεγέθους του spin, μία αναντικατάστατη αναπαράσταση καθώς το spin ενός σωματιδίου είναι ανεξάρτητο από την θέση και την ορμή του τελευταίου ώστε να μην είναι δυνατή η ανάλυσή του ως προς τα συνεχή φάσματα της θέσης ή της ορμής.

Από την άλλη, για να έχει φυσικό νόημα το εσωτερικό γινόμενο δύο στηλών σε φάσμα συνιστωσών με άπειρους διακριτούς όρους ή στο συνεχές φάσμα, το άθροισμα που προκύπτει από τους επιμέρους πολλαπλασιασμούς οφείλει να συγκλίνει.

2.6. *x* και *p* απεικόνιση

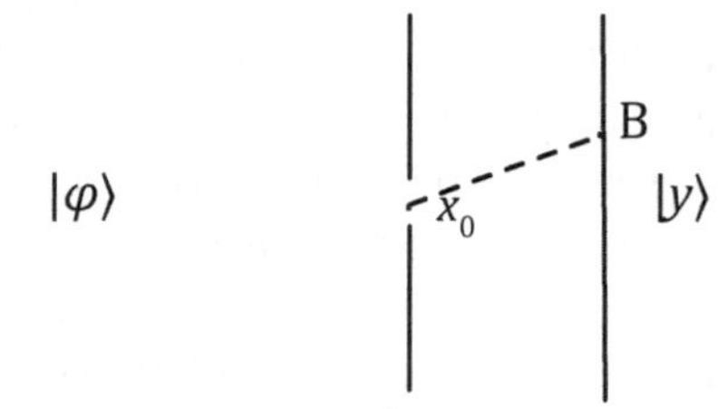

Σχήμα 2.1

Θεωρούμε την διάταξη όπου ηλεκτρόνια κατευθύνονται προς μία σχισμή για να καταλήξουν, διερχόμενα από την τελευταία, σε μια οθόνη. Έστω x ο άξονας πάνω στον οποίο βρίσκεται η σχισμή και x_0 ένα σημείο του ενώ $|\varphi\rangle$ είναι η αρχική κατάσταση—διάνυσμα και $|y\rangle$ μια τελική κατάσταση, που σχετίζεται με την άφιξη των ηλεκτρονίων στην οθόνη στο σημείο B.

Για να προσδιορίσουμε τους δυνατούς δρόμους, τις πιθανές δηλαδή τροχιές για την πορεία του ηλεκτρονίου προς την οθόνη, χρησιμοποιούμε ως σημεία αναφοράς τα σημεία της σχισμής. Αν η τροχιά, για παράδειγμα, περνάει από το σημείο x_0, το αντίστοιχο πλάτος πιθανότητας για την άφιξη στο σημείο B θα είναι $\langle y|x_0\rangle\langle x_0|\varphi\rangle$ κ.ο.κ.

Η αρχική και η τελική κατάσταση μπορούν να απεικονιστούν με την μορφή στηλών, δηλαδή

$$\begin{vmatrix} \langle x_1|\varphi\rangle \\ \langle x_2|\varphi\rangle \\ \vdots \\ \langle x_n|\varphi\rangle \\ \vdots \end{vmatrix} \qquad \begin{vmatrix} \langle x_1|\psi\rangle \\ \langle x_2|\psi\rangle \\ \vdots \\ \langle x_n|\psi\rangle \\ \vdots \end{vmatrix}$$

Το φυσικό μέγεθος της θέσης προσφέρει λοιπόν τις συνεχείς τιμές του στον άξονα x για να σχηματιστούν τα διανύσματα βάσης. Το διάνυσμα βάσης $|x_i\rangle$ αντιστοιχεί στην διέλευση του ηλεκτρονίου από το σημείο i του άξονα ενώ τα εσωτερικά γινόμενα $\langle y|x\rangle$ και $\langle\varphi|x\rangle$ είναι τα αντίστοιχα πλάτη πιθανότητας. Τα πλάτη πιθανότητας είναι μιγαδικοί αριθμοί, οι οποίοι αντιστοιχούν στις τιμές της μεταβλητής x, είναι δηλαδή μιγαδικές συναρτήσεις $\varphi(x)$ και $y(x)$ αντίστοιχα, με ανεξάρτητη μεταβλητή την μεταβλητή της θέσης και πεδίο ορισμού το εύρος της σχισμής. Η στήλη, στο συνεχές φάσμα, μετατρέπεται σε μιγαδική συνάρτηση.

Αυτή η μετατροπή βρίσκεται στην αφετηρία της σύνδεσης δύο διαφορετικών κλάδων των μαθηματικών: της θεωρίας για τους διανυσματικούς χώρους με τον απειροστικό λογισμό, καθώς οι τιμές της ανεξάρτητης μεταβλητής αντιστοιχούν στα διανύσματα βάσης του διανυσματικού χώρου. Η συνάρτηση αποκτά την μορφή ενός διανύσματος με άπειρες συνιστώσες και οι αριθμητικές τιμές της γίνονται οι αριθμητικές τιμές των συνιστωσών του διανύσματος.

Η αλληλοσύνδεση των δύο μαθηματικών κλάδων εκδηλώνεται με τον πιο παραστατικό τρόπο στον υπολογισμό του συνολικού πλάτους πιθανότητας, όπου το εσωτερικό γινόμενο δύο διανυσμάτων παίρνει την μορφή του ολοκληρώματος του γινομένου των δύο αντίστοιχων συναρτήσεων. Το συνολικό πλάτος πιθανότητας η $|\varphi\rangle$ κατάσταση να δημιουργήσει την κατάσταση $|y\rangle$ θα είναι προφανώς το «συνεχές άθροισμα» των μερικών πλατών πιθανότητας, δηλαδή

$$\langle y|\varphi\rangle = \int dx\, \langle y|x\rangle\langle x|\varphi\rangle = \int dx\, y^*(x)\varphi(x)$$

Οι συνιστώσες του διανύσματος $|\psi\rangle$ έχουν την μορφή $|x\rangle\langle x|\psi\rangle$ ενώ η διαδικασία μετάβασης από την γενική μορφή του διανύσματος $|\psi\rangle$ στην ειδική μορφή της μιγαδικής συνάρτησης $\psi(x)$ αποδίδεται από έναν προβολικό τελεστή, του οποίου η ανάλυση της μονάδας σε σχέση με τα διανύσματα βάσης της θέσης έχει την μορφή

$$I = \hat{P} = \int dx\, |x\rangle\langle x|$$

Ο προβολικός τελεστής που συνδέεται με την θέση, δρώντας πάνω σε ένα τυχαίο διάνυσμα, ξαναγράφει το τελευταίο ως γραμμικό συνδυασμό διανυσμάτων βάσης της θέσης:

$$\hat{P}|y\rangle = \int dx\, |x\rangle\langle x|y\rangle$$

Η δράση του προβολικού τελεστή προσδιορίζει τις αριθμητικές τιμές των συνιστωσών του διανύσματος ή, διαφορετικά, τις τιμές της μιγαδικής συνάρτησης, ο προβολικός τελεστής, δηλαδή, δημιουργεί ουσιαστικά την ίδια την συνάρτηση. Ένα μέγεθος της γραμμικής άλγεβρας δημιουργεί ένα στοιχείο της ανάλυσης ενώ το τελευταίο αποκτά όλες τις ιδιότητες που έχουν τα στοιχεία των διανυσματικών χώρων.

Σε ό,τι αφορά ωστόσο την φυσική ερμηνεία του πλάτους πιθανότητας επειδή η πιθανότητα να συμβεί ένα ξεχωριστό γεγονός είναι γενικά ένας λόγος που αφορά το ποσοστό πραγματοποίησης του ατομικού γεγονότος σε σχέση με τις υπόλοιπες δυνατότητες του συστήματος, αν το σύνολο των δυνατοτήτων έχει άπειρα στοιχεία, η πιθανότητα για κάθε επιμέρους γεγονός μηδενίζεται. Ως συνέπεια, το τετράγωνο του πλάτους πιθανότητας στο σημείο x_0, δηλαδή η πιθανότητα να εντοπιστεί το σωματίδιο σε ένα σημείο x_0, πρέπει να είναι μηδέν αφού υπάρχουν άπειρα τέτοια σημεία.

Όταν ο δείκτης αρίθμησης λοιπόν των διανυσμάτων βάσης εμφανίζει συνεχές φάσμα είμαστε υποχρεωμένοι να τροποποιήσουμε την φυσική σημασία για το τετράγωνο του πλάτους πιθανότητας, καταφεύγοντας στην βοήθεια των γειτονικών σημείων και θεωρώντας προσεγγιστικά ότι η —πραγματική— συνάρτηση του τετραγώνου του μέτρου του διανύσματος, για σημεία πολύ κοντά στο x_0, παραμένει σταθερή. Η πιθανότητα να βρεθεί το σωματίδιο σε αυτή την μικρή περιοχή είναι τότε ανάλογη της τιμής της συνάρτησης στο σημείο x_0, δηλαδή

$$P(x_0, x + \Delta x) = |y(x_0)|^2\, \Delta x$$

όπου το Δx είναι πολύ μικρό. Η ερμηνεία είναι πλέον φανερή: το τετράγωνο του μέτρου του πλάτους πιθανότητας εκφράζει την σχετική πιθανότητα να βρεθεί το σωματίδιο στην περιοχή του σημείου x_0 ενώ αποκτά την ονομασία πυκνότητα πιθανότητας.

Ταυτόχρονα, η απαίτηση να είναι η συνολική πιθανότητα ίση με την μονάδα επιβάλλει στο ολοκλήρωμα $\int dx\, \langle x|\psi\rangle^2$ να συγκλίνει. Οι συναρτήσεις που έχουν αυτή την ιδιότητα ονομάζονται τετραγωνικά ολοκληρώσιμες και μπορεί να αποδειχθεί ότι ο διανυσματικός χώρος που συγκροτούν είναι πράγματι ένας χώρος Hilbert.

Ανάλογα βέβαια συμπεράσματα προκύπτουν αν θεωρήσουμε ως διανύσματα βάσης τα διανύσματα βάσης της ορμής, όταν τα τελευταία αντιστοιχούν σε συνεχές φάσμα τιμών. Στην απεικόνιση p, αν $|\psi\rangle$ είναι ένα τυχαίο διάνυσμα το πλάτος πιθανότητας να μετρηθεί τιμή για την ορμή p_0 είναι $\langle p_0|\psi\rangle$. Αναλύοντας το πλάτος πιθανότητας $\langle p|\psi\rangle$, στην απεικόνιση x,

$$\langle p|\psi\rangle = \frac{1}{\sqrt{2\pi\hbar}} \int \langle p|x\rangle\langle x|\psi\rangle\, dx = \frac{1}{\sqrt{2\pi\hbar}} \int e^{-ipx/\hbar} \psi(x)\, dx$$

καθώς $\langle x|p\rangle = e^{ipx/\hbar}$

Η συνάρτηση $\langle p|\psi\rangle$ είναι η αντίστροφη μετασχηματισμένη κατά Fourier της συνάρτησης $\psi(x)$. Σε ό,τι αφορά τους συντελεστές των ολοκληρωμάτων, είναι γνωστός από την ανάλυση Fourier ο περιορισμός ότι το γινόμενο των συντελεστών στις δύο απεικονίσεις πρέπει να είναι ίσο με $2\pi\hbar$, γεγονός που επιτρέπει ελευθερία επιλογής για τον επιμέρους συντελεστή.

Όταν λοιπόν χρησιμοποιούμε τις απεικονίσεις x ή p προσδιορίζουμε την κατανομή στον χώρο ή την κατανομή της ορμής με την οποία συνδέεται μια κατάσταση—διάνυσμα. Σε κάθε απεικόνιση όμως έχει ιδιαίτερη σημασία ο συγκεκριμένος προσδιορισμός των διανυσμάτων βάσης της θέσης και της ορμής.

2.7. Μορφή των διανυσμάτων βάσης θέσης και ορμής

Έστω ότι μια κατάσταση $|y\rangle$ αναλύεται σε γραμμικό συνδυασμό διανυσμάτων βάσης της θέσης

$$|y\rangle = \int dx\, |x\rangle\langle x|y\rangle$$

Το πλάτος πιθανότητας για την —υποθετική— περίπτωση να εντοπιστεί το σωματίδιο ακριβώς στην θέση x_0 είναι

$$\langle x_0|y\rangle = \int dx\, \langle x_0|x\rangle\langle x|y\rangle$$

Είναι φανερό ότι αποτέλεσμα της ολοκλήρωσης είναι η επιλογή μίας τιμής της συνάρτησης $y(x)$ και μάλιστα της τιμής της στο x_0. Η συνάρτηση, λοιπόν, $\langle x_0|x\rangle$ έχει την ικανότητα να μηδενίζει όλες τις συνεισφορές των υπόλοιπων τιμών της $y(x)$ στο ολοκλήρωμα εκτός από εκείνη της $y(x_0)$. Αλλά καθώς το διάστημα δx με το οποίο πολλαπλασιάζεται η τιμή της συνάρτησης $y(x_0)$ τείνει στο μηδέν, αν η τιμή της συνάρτησης $\langle x_0|x\rangle$ είναι πεπερασμένη, τότε και αυτή η μεμονωμένη συνεισφορά θα είναι μηδέν. Το πλάτος πιθανότητας λοιπόν $\langle x_0|x\rangle$, για τιμές πολύ κοντά στο x_0, παρουσιάζει μια ιδιαίτερη συμπεριφορά: Οι τιμές της αναφερόμενης συνάρτησης οφείλουν να τείνουν στο άπειρο όσο πλησιάζουμε στο σημείο x_0 και μάλιστα με τέτοιον τρόπο ώστε το γινόμενο $dx\, \langle x_0|x\rangle\, y(x_0)$ να είναι ίσο με $y(x_0)$. Συναρτήσεις, όπως η προηγούμενη, οι οποίες είναι παντού μηδέν εκτός από ένα συγκεκριμένο σημείο x_0, όπου οι τιμές τους τείνουν με συγκεκριμένο τρόπο στο άπειρο, ονομάζονται συναρτήσεις δ ή συναρτήσεις Dirac και συμβολίζονται $\delta(x-x_0)$, όπου x_0 το σημείο γύρω από το οποίο δεν μηδενίζονται.

Οι συναρτήσεις δ δεν είναι συναρτήσεις, σύμφωνα με τον κλασικό ορισμό της συνάρτησης της ένα προς ένα αντιστοιχίας μεταξύ των τιμών της ανεξάρτητης και της εξαρτημένης μεταβλητής, καθώς δεν ορίζονται στο σημείο αναφοράς τους. Η συνάρτηση δ είναι ουσιαστικά μία ακολουθία τιμών γύρω από ένα σημείο x_0 της ανεξάρτητης μεταβλητής, οι οποίες μεταβάλλονται με τέτοιο τρόπο ώστε να εκμηδενίζουν την κίνηση, κατά την διαδικασία της ολοκλήρωσης, της περιοχής δx γύρω από το σημείο x_0 προς το μηδέν.

Παράδειγμα 2.5

Έστω η συνάρτηση θ:

$$\begin{aligned} &1 \;\; x > x_0 \\ &0 \;\; x < x_0 \end{aligned}$$

και το ολοκλήρωμα

$$\int dx\, y(x) d\theta / dx = y(x)\; d\theta$$

όπου $y(x)$ μια τυχαία συνάρτηση.

Το συγκεκριμένο ολοκλήρωμα αποτελείται από συνεισφορές, οι οποίες καταρχήν αντιστοιχούν σε όλα τα σημεία του άξονα. Η απειροστή μεταβολή όμως της θ σε κάθε σημείο του άξονα, εκτός από το σημείο μηδέν, είναι μηδέν ενώ έχει απομείνει μόνο η συνεισφορά από την θέση $x = 0$, το γινόμενο δηλαδή $y(0)d\theta_0$. Στο συγκεκριμένο σημείο, λόγω της ασυνέχειας της συνάρτησης θ, η απειροστή μεταβολή της τελευταίας είναι πεπερασμένη και προφανώς ίση με 1. Το όριο δηλαδή των τιμών της μεταβολής της θ, όταν πλησιάζουμε από δεξιά και από αριστερά την θέση x_0, είναι το 1. Ως αποτέλεσμα η τελική τιμή της ολοκλήρωσης είναι η τιμή $y(0)$ της συνάρτησης.

Η άμεση συνέπεια σε ό,τι αφορά την παράγωγο της θ είναι ότι η τελευταία απειρίζεται σε αυτό το σημείο (αφού ο παρανομαστής τείνει στο μηδέν) αλλά απειρίζεται με τέτοιο τρόπο ώστε να επιλέγεται ως τιμή του ολοκληρώματος η τιμή της συνάρτησης $y(x)$ στο σημείο 0, η κατανομή, δηλαδή, των τιμών της παραγώγου της συνάρτησης θ συμπεριφέρεται στο σημείο 0 με τον τρόπο που συμπεριφέρονται οι συναρτήσεις δ στο σημείο αναφοράς τους.

Αντίστροφα, ένα ολοκλήρωμα της συνάρτησης δ δημιουργεί την συνάρτηση θ:

$$\begin{aligned} \int_{-\infty}^{x} dx\, \delta(x-x_0) &= 0 \;\; x < x_0 \\ &= 1 \;\; x > x_0 \\ &\equiv \theta(x-x_0) \end{aligned}$$

Παράδειγμα 2.6

Οι τιμές του ολοκληρώματος $1/2\pi\int dk e^{ik(x-x_0)}$ εκδηλώνουν γύρω από το σημείο x_0 την συμπεριφορά της ακολουθίας των τιμών της συνάρτησης δ ενώ οπουδήποτε αλλού οι τιμές του ολοκληρώματος είναι μηδέν. Το συγκεκριμένο ολοκλήρωμα είναι γραμμικός συνδυασμός μιγαδικών εκθετικών με αντιστοιχία ένα προς ένα με τα σημεία του άξονα k κάθε ένα εκ των οποίων αντιστοιχεί σε ένα αρμονικό κύμα (συνημιτονοειδές στον πραγματικό και ημιτονοειδές στον φανταστικό άξονα) με αντίστοιχο κυματαριθμό k.

Ο υπολογισμός του ολοκληρώματος απαιτεί οι τιμές του τελευταίου να τείνουν στο μηδέν όταν η ανεξάρτητη μεταβλητή k τείνει στο άπειρο. Ωστόσο, στην πράξη, το μέτρο για κάθε μιγαδικό εκθετικό είναι ίσο με ένα ώστε να μην είναι δυνατή η άμεση ολοκλήρωση. Αλλά, αν πολλαπλασιάσουμε κάθε μιγαδικό όρο με το όριο του πραγματικού εκθετικού $e^{-|k|\varepsilon}$, όταν το ε τείνει στο μηδέν, το αποτέλεσμα της ολοκλήρωσης παραμένει αμετάβλητο καθώς το συγκεκριμένα όριο έχει τιμή ίση με την μονάδα. Αν τώρα προηγηθεί η ολοκλήρωση και ακολουθήσει το όριο, όπως επιτρέπεται στην συγκεκριμένη περίπτωση, δηλαδή

$$\frac{1}{2\pi}\int_{-\infty}^{+\infty} dk\, e^{ik(x-x_0)} \lim_{\varepsilon\to 0} e^{-|k|\varepsilon} = \frac{1}{2\pi}\lim_{\varepsilon\to 0}\int_{-\infty}^{+\infty} dk\, e^{ik(x-x_0)} e^{-|k|\varepsilon}$$

η συνεισφορά από τους όρους που βρίσκονται αρκετά μακριά από το x_0 ουσιαστικά μηδενίζεται καθώς οι τελευταίοι έχουν πολλαπλασιαστεί με έναν πραγματικό εκθετικό παράγοντα $e^{\pm k\varepsilon}$, πρακτικά ίσο με το μηδέν στο $\mp\infty$ αντίστοιχα.

Από μια άλλη σκοπιά, είναι σαν να προστίθεται μια μικρή μιγαδική συνεισφορά στην φάση και να υπολογίζεται η οριακή τιμή του ολοκληρώματος όταν αυτή η μεταβολή τείνει στο μηδέν ώστε, δίχως να μεταβληθούν οι αριθμητικές σχέσεις του προβλήματος, ένα ολοκλήρωμα που δεν συγκλίνει να έχει μετατραπεί σε μία έκφραση, η οποία στο άπειρο φθίνει στο μηδέν. Συγκεκριμένα

$$\frac{1}{2\pi}\int_{-\infty}^{0} dk\, e^{ik(x-x_0-i\varepsilon)} + \frac{1}{2\pi}\int_{0}^{+\infty} dk\, e^{ik(x-x_0+i\varepsilon)}$$

$$= \frac{1}{2\pi}\frac{1}{i(x-x_0-i\varepsilon)} - \frac{1}{2\pi}\frac{1}{i(x-x_0+i\varepsilon)} = \frac{\varepsilon}{\pi(x-x_0)^2+\varepsilon^2}$$

Η τιμή λοιπόν του ολοκληρώματος, για κάθε τιμή της ανεξάρτητης μεταβλητής x που δεν είναι πολύ κοντά στην τιμή x_0, είναι μηδέν

$$\lim_{\varepsilon\to 0}\int \frac{\varepsilon}{\pi(x-x_0)^2+\varepsilon^2} = \lim_{\varepsilon\to 0}\int \frac{\varepsilon}{(x-x_0)^2}dx = 0$$

ενώ για τιμές του x πολύ κοντά στο x_0, ο παρονομαστής τείνει στο μηδέν και μάλιστα πιο γρήγορα απ' ότι ο αριθμητής αφού οι μικρές ποσότητες είναι υψωμένες στο τετράγωνο. Η τιμή τότε του κλάσματος τείνει στο άπειρο ώστε πολλαπλασιάζοντας με μία τυχαία συνάρτηση $y(x)$ έχουμε

$$\lim_{\varepsilon\to 0}\frac{1}{\pi}\int \frac{\varepsilon}{(x-x_0)^2+\varepsilon^2}\,y(x)dx$$

και χρησιμοποιώντας την αλλαγή μεταβλητής $x-x_0=\varepsilon t$ προκύπτει

$$\lim_{\varepsilon\to 0}\frac{1}{\pi}\int_{-\infty}^{+\infty}\frac{\varepsilon^2}{(\varepsilon t)^2+\varepsilon^2}y(x_0+\varepsilon t)\,dt = \frac{1}{\pi}\int_{-\infty}^{+\infty}\frac{dt}{t^2+1}\,y(x_0)=y(x_0)$$

Το συγκεκριμένο όριο συμπεριφέρεται λοιπόν ως συνάρτηση δ.

Παράδειγμα 2.7

Θα υπολογίσουμε ένα ολοκλήρωμα, στο οποίο συμμετέχει η πρώτη παράγωγος της συνάρτησης δέλτα:

$$\int_{-\varepsilon}^{+\varepsilon} dx\, f(x)\frac{d}{dx}\delta(x)$$

Χρησιμοποιώντας την μέθοδο της ολοκλήρωσης κατά παράγοντες το ολοκλήρωμα μετατρέπεται στην έκφραση

$$\int_{-\varepsilon}^{+\varepsilon} dx\frac{d}{dx}[f(x)\delta(x)] - \int_{-\varepsilon}^{+\varepsilon} dx\,\frac{df(x)}{dx}\,\delta(x) = -\left.\frac{df(x)}{dx}\right|_{x=0}$$

Η παράγωγος της συνάρτησης δ οδηγεί, με μία αλλαγή προσήμου, στην παραγώγιση της συνάρτησης με την οποία πολλαπλασιάζεται, μέσα στην διαδικασία της ολοκλήρωσης.

Σε ό,τι αφορά την ορθογωνιότητα των συναρτήσεων δ αν λ_1 και λ_2 είναι τα αντίστοιχα κέντρα για δύο συναρτήσεις δ το εσωτερικό τους γινόμενο είναι προφανώς μηδέν όταν το λ_1 διαφέρει από το λ_2 ενώ τείνει στο άπειρο όταν το λ_1 τείνει στο λ_2, δηλαδή

$$\int dx\,\delta(x-\lambda_1)\delta(x-\lambda_2)=\delta(\lambda_1-\lambda_2)$$

Το εσωτερικό γινόμενο είναι ξανά μία δ συνάρτηση της διαφοράς των δύο σημείων στον άξονα x. Η παραπάνω συνθήκη είναι η συνθήκη κανονικοποίησης για τις συναρτήσεις δ αλλά γενικότερα για το συνεχές φάσμα. Η συνέχεια στις τιμές του φάσματος εκδηλώνεται ακριβώς στην κανονικοποίηση των διανυσμάτων βάσης μέσω συναρτήσεων δ.

Αν f οι συνεχείς τιμές ενός φυσικού μεγέθους και τα αντίστοιχα διανύσματα—καταστάσεις σχηματίζουν ορθοκανονική βάση, μια τυχαία κατάσταση $|y\rangle$ μπορεί να αναλυθεί ως γραμμικός συνδυασμός των $|f'\rangle$ καταστάσεων, δηλαδή

$$|y\rangle = \int df' |f'\rangle\langle f'|y\rangle$$

Το πλάτος πιθανότητας $\langle f|y\rangle$ είναι ίσο με

$$\langle f|y\rangle = \int df' \langle f|f'\rangle\langle f'|y\rangle$$

με αποτέλεσμα να επιβάλλεται

$$\langle f|f'\rangle = \delta(f-f')$$

Η ορθογωνιότητα του διανύσματος βάσης $|f\rangle$ με όλα τα υπόλοιπα μηδενίζει όλες τις συνεισφορές στο ολοκλήρωμα για τις οποίες $f \neq f'$. Από την άλλη, η απειρία του αριθμού των διανυσμάτων βάσης στην περιοχή του μόνου σημείου, του οποίου η συνεισφορά στο ολοκλήρωμα δεν μηδενίζεται, επιβάλλει την κίνηση των τιμών της συνάρτησης $\langle f|f'\rangle$ προς το άπειρο. Είναι φανερό τέλος ότι οι συναρτήσεις δέλτα αποτελούν το ανάλογο των στηλών της κανονικής βάσης για το διακριτό φάσμα καθώς είναι αναπόφευκτο προϊόν της προσπάθειας να αποκτήσουν συγκεκριμένη μορφή τα διανύσματα βάσης ενός φυσικού μεγέθους, μέσω της χρησιμοποίησης αυτών των ίδιων ως διανυσματική βάση αναφοράς.

Στην υποθετική τώρα κατάσταση, όπου το σωματίδιο έχει ορμή ακριβώς p_0, το πλάτος πιθανότητας να βρεθεί στην θέση x είναι

$$\langle x|p_0\rangle = e^{ip_0x/\hbar}$$

Παρατηρούμε ότι το τετράγωνο αυτής της συνάρτησης είναι για κάθε τιμή της μεταβλητής x ίσο με την μονάδα, είναι δηλαδή ανεξάρτητο από την θέση του σωματιδίου. Αυτό σημαίνει ότι αν γνωρίζουμε με απόλυτη ακρίβεια την ορμή του σωματιδίου τότε η θέση του είναι εντελώς απρόβλεπτη, καθώς όλα τα σημεία του άξονα x έχουν την ίδια πιθανότητα να φιλοξενούν το σωματίδιο, ένα συμπέρασμα προφανώς σύμφωνο με την αρχή της αβεβαιότητας. Όταν η προσέγγιση για την τιμή της ορμής τείνει στο μηδέν η προσέγγιση για την τιμή της θέσης τείνει στο άπειρο, που εξηγεί γιατί δεν αρκεί η χρησιμοποίηση του πραγματικού μέρους του μιγαδικού εκθετικού, όπως συμβαίνει στους υπολογισμούς για τα πραγματικά κύματα: τα σημεία του χώρου θα έπαυαν να είναι ισοπίθανα. Από την άλλη, το συγκεκριμένο μιγαδικό εκθετικό αποδεικνύεται χρήσιμο για την περιοδικότητα που παρουσιάζει καθώς, όπως άλλωστε και στα πραγματικά κύματα, η δημιουργία ή η ανάλυση περιορισμένων ως προς τον χώρο κατανομών εξαρτάται από την συγκεκριμένη υπέρθεση συναρτήσεων αυτής της μορφής.

Σε ό,τι αφορά την κανονικοποίηση των μιγαδικών εκθετικών είναι φανερή η απαίτηση του πολλαπλασιασμού του διανύσματος βάσης της ορμής με τον συντελεστή «κανονικοποίησης» $1/\sqrt{2\pi\hbar}$ καθώς

$$\int e^{ipx/\hbar}e^{-ip'x/\hbar}\,dx = 2\pi\hbar\,\delta(p-p')$$

Στην απεικόνιση x, λοιπόν, τα διανύσματα βάσης της θέσης είναι μία κατανομή από τιμές που είναι μη μηδενικές μόνο πολύ κοντά στα συγκεκριμένα σημεία του άξονα x. Αντίθετα, τα πραγματικά και φανταστικά μέρη των αντίστοιχων συναρτήσεων για τα διανύσματα βάσης της ορμής, ακολουθώντας κάθε φορά μια συγκεκριμένη περιοδικότητα, εκτείνονται σε ολόκληρο τον πραγματικό και φανταστικό αντίστοιχα άξονα ενώ η ορθογωνιότητα μεταξύ των τελευταίων, αποκλινόντων συναρτήσεων εκδηλώνεται μέσω μιας, εντοπισμένης σε ένα σημείο, συνάρτησης δ.

Στην απεικόνιση p το διάνυσμα βάσης της ορμής $|p_0\rangle$ αποκτά την μορφή $\delta(p-p_0)$ ενώ το κανονικοποιημένο διάνυσμα βάσης της θέσης $|x_0\rangle$ αποκτά ανάλογα την μορφή

$$1/\sqrt{2\pi\hbar}\; e^{-ipx_0/\hbar}$$

Είναι φανερή η συμμετρία των εκφράσεων για τα διανύσματα βάσης της θέσης και της ορμής στις δύο απεικονίσεις, εκφράσεις οι οποίες εξάγονται άμεσα από τον μετασχηματισμό Fourier, που συνδέει τις αντίστοιχες συναρτήσεις στις δύο απεικονίσεις. Στην πραγματικότητα η αναφερόμενη σύνδεση οφείλεται, όπως θα αναλυθεί στη συνέχεια, σε καταστάσεις συμμετρίας του συστήματος ως προς την μετατόπιση.

2.8. Προβολικοί τελεστές για την θέση και την ορμή

Οι προβολικοί τελεστές για την θέση και την ορμή, στην x και p απεικόνιση, εμφανίζονται με την μορφή του ολοκληρωτικού πυρήνα, δηλαδή μιας συνάρτησης $K(x, x')$ για την οποία ισχύει

$$\varphi(x) = \int dx'\; K(x, x')y(x')$$

Ο ολοκληρωτικός πυρήνας μετασχηματίζει σημείο προς σημείο όλες τις τιμές της συνάρτησης $y(x')$ και απεικονίζει σε ένα άλλο σημείο x τον γραμμικό συνδυασμό των αποτελεσμάτων, δηλαδή την τιμή του ολοκληρώματος. Σε κάθε δηλαδή τιμή της μεταβλητής που δεν ολοκληρώνεται αντιστοιχεί η τιμή της ολοκλήρωσης, όπου έχει χρησιμοποιηθεί η άλλη μεταβλητή. Με την επανάληψη της διαδικασίας της ολοκλήρωσης δημιουργείται η συνάρτηση για την οποία ανεξάρτητη μεταβλητή είναι η x.

Η διάκριση μεταξύ της μεταβλητής που συμμετέχει στην ολοκλήρωση και της άλλης που δεν συμμετέχει καθιστά απαραίτητη την χρησιμοποίηση του συμβολισμού x και x'. Οι δύο μεταβλητές μπορεί να διατρέχουν τον ίδιο άξονα αλλά δεν παίρνουν υποχρεωτικά ταυτόχρονα την ίδια τιμή καθώς αντιστοιχούν σε διαφορετικές λειτουργίες.

Θα προσδιορίσουμε τώρα την μορφή του προβολικού τελεστή για την θέση, στην απεικόνιση x, σε σχέση με τα διανύσματα βάσης της θέσης. Έστω $\hat{P}_n$ ο προβολικός τελεστής που αντιστοιχεί στο διάνυσμα $|n\rangle$ και $\hat{P}_n|\psi\rangle$ το διάνυσμα που προκύπτει από την δράση του τελεστή $\hat{P}_n$ σε ένα τυχαίο διάνυσμα $|\psi\rangle$. Στην απεικόνιση x

$$\langle x|\hat{P}_n\psi\rangle = \langle x|e_n\rangle\langle e_n|\psi\rangle$$

$$= \int \langle x|e_n\rangle\langle e_n|x'\rangle\langle x'|\psi\rangle\, dx' = \int e_n(x)e_n{}^*(x')\psi(x')\, dx'$$

όπου έχει παρεμβληθεί ο προβολικός τελεστής για την θέση

$$I = \int dx\, |x\rangle\langle x|$$

Σε ό,τι αφορά την θέση, σε κάθε διάνυσμα βάσης $|\lambda\rangle$, όπως και στο συζυγές διάνυσμα $\langle\lambda|$, στην απεικόνιση x αντιστοιχεί η κατανομή $\delta(x-\lambda)$ καθώς η συνάρτηση δ ταυτίζεται με την συζυγή της. Ως αποτέλεσμα, στον αντίστοιχο τελεστή αντιστοιχεί ο ολοκληρωτικός πυρήνας

$$\langle x|\lambda\rangle\langle\lambda|x'\rangle = \delta(x-\lambda)\delta(x'-\lambda)$$

όπου λ μία συγκεκριμένη θέση στον άξονα x.

Παρατηρούμε ότι η δράση του προβολικού τελεστή, που αντιστοιχεί στο διάνυσμα βάσης $|\lambda\rangle$, πάνω στην συνάρτηση $y(x')$ είναι

$$\int dx'\, \delta(x'-\lambda)\delta(x-\lambda)y(x') = \delta(x-\lambda)y(\lambda)$$

Η δράση του προβολικού τελεστή δημιούργησε την συνιστώσα του διανύσματος $y(x)$ στην διεύθυνση του διανύσματος βάσης $\delta(x-\lambda)$. Τα δύο στοιχεία της διπλής έκφρασης $\delta(x-\lambda)\delta(x'-\lambda)$, για την θέση λ, υποδηλώνουν την διπλή λειτουργία του προβολικού τελεστή: η μια συνάρτηση δέλτα, η εκτός ολοκληρώματος, εκπροσωπεί το ίδιο το διάνυσμα βάσης για την θέση στην απεικόνιση x ενώ η δεύτερη συνάρτηση δέλτα δημιουργεί την τιμή της προβολής του διανύσματος βάσης, συμμετέχοντας στο ολοκλήρωμα. Το κέντρο της δεύτερης συνάρτησης δ

επιλέγει την τιμή $y(\lambda)$, η οποία είναι πράγματι ο ζητούμενος συντελεστής. Τέλος, αφού οι συνιστώσες του διανύσματος $y(x)$ είναι της μορφής $y(\lambda)\delta(x-\lambda)$ είναι προφανές ότι η σχέση

$$y(x) = \int d\lambda\, y(\lambda)\delta(x-\lambda)$$

δείχνει ότι η συνάρτηση $y(x)$ έχει αναλυθεί σε γραμμικό συνδυασμό των διανυσμάτων βάσης· ένα γνώριμο αποτέλεσμα ιδωμένο από μια διαφορετική οπτική γωνία.

Η ανάλυση λοιπόν της μονάδας του προβολικού τελεστή της θέσης στην απεικόνιση x πραγματοποιείται μέσω του ολοκληρώματος

$$I = \int d\lambda\, \delta(x'-\lambda)\delta(x-\lambda) = \delta(x-x')$$

Από την άλλη, η ανάλυση της μονάδας του προβολικού τελεστή της ορμής, στην απεικόνιση x, αποκτά την μορφή

$$\frac{1}{2\pi\hbar}\int dp\; e^{ipx/\hbar}e^{-ipx'/\hbar} = \delta(x-x')$$

Παράδειγμα 2.8

Ένα διάνυσμα $|\psi\rangle$, το οποίο στην απεικόνιση p προσδιορίζεται από την έκφραση

$$f(p) = \int dx\; e^{-ipx/\hbar}\psi(x)$$

στην απεικόνιση x προσδιορίζεται από την σχέση

$$\psi(x) = \frac{1}{2\pi\hbar}\int dp\; e^{ipx/\hbar}f(p)$$

Πράγματι, γράφοντας

$$\int dp\; e^{ipx/\hbar}f(p) = \int dp\; \langle x|p\rangle\langle p|\psi\rangle$$

και παρεμβάλλοντας τον προβολικό τελεστή για την θέση $I = \int dx|x\rangle x|$ έχουμε

$$\frac{1}{2\pi\hbar}\int dp\; \langle x|p\rangle\langle p|\hat{I}|\psi\rangle = \frac{1}{2\pi\hbar}\int dp\; \langle x|p\rangle\int dx'\langle p|x'\rangle\langle x'|\psi\rangle$$

όπου η μεταβλητή x' χρησιμοποιείται για να παραστήσει την διάκριση σε σχέση με την μεταβλητή x, η οποία δεν συμμετέχει στο δεύτερο ολοκλήρωμα, με αποτέλεσμα

$$\frac{1}{2\pi\hbar}\int dp\int dx'\langle x|p\rangle\langle p|x'\rangle\langle x'|\psi\rangle = \int dx'\langle x|x'\rangle\langle x'|\psi\rangle$$

$$= \int dx'\,\delta(x-x')\langle x'|\psi\rangle = \psi(x)$$

Συνοψίζοντας

Μια κατάσταση είναι υποχρεωμένη, για να μπορέσει να προσδιοριστεί ως προς τα αποτελέσματά της, να αναλυθεί σε σχέση με τις τιμές ενός φυσικού μεγέθους, ως προς την δυνατότητα δηλαδή πραγματοποίησης αυτών των τιμών. Προϋπόθεση για την ανάλυση αποτελεί τόσο η πληρότητα των δυνατών αποτελεσμάτων όσο και ο αλληλοαποκλεισμός τους, όπως επίσης και η μη περαιτέρω ανάλυση του ενός ως προς το άλλο.

Ο τρόπος σχηματισμού του πλάτους πιθανότητας παρουσιάζει εμφανή αναλογία με τον τρόπο σχηματισμού του εσωτερικού γινομένου διανυσμάτων. Οι τιμές του μεγέθους που λειτουργούν ως ενδιάμεση βάση αναφοράς αντιστοιχούν στα μοναδιαία διανύσματα βάσης. Ο αριθμός των διανυσμάτων βάσης, ο πεπερασμένος, άπειρος ή συνεχής χαρακτήρας τους, οδηγεί στην αντίστοιχη χρησιμοποίηση, πεπερασμένων ή άπειρων, στηλών ή συναρτήσεων για την απεικόνιση των διανυσμάτων. Επιλέγοντας ως διανύσματα βάσης τα διανύσματα βάσης μιας συγκεκριμένης απεικόνισης, η κατάσταση συγκεκριμενοποιείται ως προς την απεικόνιση, αποκτά την εύχρηστη μορφή της στήλης ή της συνάρτησης και ταυτόχρονα μας πληροφορεί για τις κατανομές σε σχέση με μεγέθη όπως η θέση ή η ορμή. Οι εκφράσεις για την πιθανότητα μετατρέπονται σε πεπερασμένα αθροίσματα, άπειρες σειρές που οφείλουν να συγκλίνουν ή ολοκληρώματα.

Ιδιαίτερο ενδιαφέρον παρουσιάζουν τα διανύσματα βάσης της θέσης ή της ορμής στην απεικόνιση x ή p. Τέτοιες μορφές —όπως οι συναρτήσεις δέλτα ή τα μιγαδικά εκθετικά— δεν ικανοποιούν τις προϋποθέσεις για να χαρακτηριστούν διανύσματα του χώρου Hilbert. Άλλωστε, εξαιτίας της αρχής της αβεβαιότητας, αντιστοιχούν σε πειραματικά απραγματοποίητες καταστάσεις. Ωστόσο, αποδεικνύεται ότι ως σύνολο αποτελούν ορθοκανονική βάση, ως προς την οποία μπορεί να αναλυθεί μια τυχαία κατάσταση.

Τέλος, η διαδικασία προβολής, που περιέχει το εσωτερικό γινόμενο δύο καταστάσεων—διανυσμάτων, αποδίδεται από ένα ιδιαίτερο είδος τελεστή, τον προβολικό, μέσω του οποίου πραγματοποιείται η σύνδεση μιας συγκεκριμένης διεύθυνσης, στον χώρο Hilbert, με μια διαδικασία μετασχηματισμού, η οποία έχει την χαρακτηριστική ιδιότητα να αφήνει αναλλοίωτα στην δράση της μόνο τα διανύσματα που βρίσκονται στην αναφερόμενη διεύθυνση.

Η διπλή λειτουργία των τελεστών στην κβαντική θεωρία

3.1. Ο μετασχηματισμός της αρχικής κατάστασης

Ας υποθέσουμε ότι ένα σωματίδιο που βρίσκεται στην αρχική κατάσταση $|\psi\rangle$, η οποία συγκροτείται μέσω της αναφοράς σε δύο δυνατές καταστάσεις $|1\rangle$ και $|2\rangle$, διέρχεται από ένα συγκεκριμένο υλικό ή συσκευή. Η διέλευση του σωματιδίου τροποποιεί τον αρχικό αριθμό των δύο δυνατών δρόμων μετάβασης από την αρχική σε μία τελική κατάσταση $|\varphi\rangle$, δημιουργώντας πρόσθετους δυνατούς τρόπους μετάβασης. Αν, για παράδειγμα, υποθέσουμε ότι το σωματίδιο φθάνει στο υλικό ενώ βρίσκεται στην κατάσταση $|1\rangle$, όταν εξέρχεται από αυτό, είτε έχει παραμείνει στην κατάσταση $|1\rangle$ είτε έχει μεταβεί στην κατάσταση $|2\rangle$. Ως αποτέλεσμα, τα πλάτη πιθανότητας που σχετίζονται με αυτές τις δύο δυνατότητες είναι

$$\langle\varphi|1\rangle\langle1|\hat{A}|1\rangle\langle1|\psi\rangle \text{ και } \langle\varphi|2\rangle\langle2|\hat{A}|1\rangle\langle1|\psi\rangle$$

όπου $\langle1|\hat{A}|1\rangle$ και $\langle2|\hat{A}|1\rangle$ είναι τα πλάτη πιθανότητας, που συνδέονται με το πέρασμα από το υλικό ή την συσκευή. Ανάλογα, θεωρώντας ότι το σωματίδιο φθάνει στην συσκευή ενώ βρίσκεται στην κατάσταση $|2\rangle$, τα δύο πλάτη πιθανότητας είναι

$$\langle\varphi|1\rangle\langle1|\hat{A}|2\rangle\langle2|\psi\rangle \text{ και } \langle\varphi|2\rangle\langle2|\hat{A}|2\rangle\langle2|\psi\rangle$$

ενώ το συνολικό πλάτος μετάβασης από την κατάσταση $|\varphi\rangle$ στην κατάσταση $|y\rangle$ αποτελείται από το άθροισμα των προηγούμενων τεσσάρων όρων, ένα άθροισμα το οποίο μπορεί να αποκτήσει την μορφή γινομένου πινάκων και που μπορεί να ιδωθεί ως γινόμενο δύο καταστάσεων: της κατάστασης, η οποία προκύπτει από την επίδραση του υλικού πάνω στην αρχική

$$\begin{vmatrix} \langle 1|\hat{A}|1\rangle & \langle 2|\hat{A}|1\rangle \\ \langle 1|\hat{A}|2\rangle & \langle 2|\hat{A}|2\rangle \end{vmatrix} \begin{pmatrix} \langle 1|\psi\rangle \\ \langle 2|\psi\rangle \end{pmatrix}$$

επί την συζυγή απεικόνιση της τελικής κατάστασης

$$(\langle 1|\varphi^*\rangle \;\; \langle 2|\varphi^*\rangle)$$

Η επίδραση, δηλαδή, του υλικού στην συμπεριφορά των σωματιδίων αποδίδεται μέσω των στοιχείων ενός πίνακα $n\mathrm{x}n$, όπου n ο αριθμός των διανυσμάτων βάσης του μεγέθους αναφοράς ενώ η αριθμητική τιμή των στοιχείων του εξαρτάται από την συγκεκριμένη βάση αναφοράς. Όταν το φάσμα των τιμών μετατρέπεται σε συνεχές, ο πίνακας μετασχηματισμού αποκτά την μορφή ολοκληρωτικού πυρήνα.

Παράδειγμα 3.1

Δύο τελεστές είναι ίσοι, με αυθαιρεσία έναν παράγοντα φάσης

$$\hat{A} = \hat{B}e^{i\alpha}$$

όταν για κάθε δύο γραμμικά ανεξάρτητα διανύσματα $|u\rangle$ και $|\upsilon\rangle$ ισχύει

$$|\langle u|\hat{A}|\upsilon\rangle| = |\langle u|\hat{B}|\upsilon\rangle|$$

Αν δύο τελεστές είναι ίσοι τότε τα μέτρα των στοιχείων των πινάκων τους, στην ίδια απεικόνιση, είναι ίσα, διαφέρουν δηλαδή κατά έναν παράγοντα φάσης:

$$|A_{ij}| = |B_{ij}| \text{ ή } A_{ij} = e^{i\alpha}B_{ij}$$

Για να δειχθεί ότι αυτός ο παράγοντας φάσης είναι ανεξάρτητος από την θέση της στήλης και της γραμμής των στοιχείων των δύο πινάκων και με σκοπό να σχηματιστούν τα κατάλληλα γινόμενα θέτουμε

$$\langle u| = \langle i| \text{ και } |\upsilon\rangle = c_j|j\rangle + c_m|m\rangle$$

όπου c_j και c_m τυχαίοι μιγαδικοί αριθμοί, ώστε

$$|\langle i|c_j\hat{A}|j\rangle + \langle i|c_m\hat{A}|m\rangle| = |\langle i|c_j\hat{B}|j\rangle + \langle i|c_m\hat{B}|m\rangle|$$

$$|c_jA_{ij} + c_mA_{im}| = |c_jB_{ij} + c_mB_{im}|$$

και υψώνοντας στο τετράγωνο τελικά προκύπτει

$$\mathrm{Re}[c_jc_m^*(A_{ij}A_{im}^*)] = \mathrm{Re}[c_jc_m^*(B_{ij}B_{im}^*)]$$

Συνεπώς –καθώς η ισότητα ισχύει για κάθε c_j, c_m– $A_{ij}A_{im}^* = B_{ij}B_{im}^*$ και θέτοντας $A_{ij}/B_{ij} = B_{ij}^*/A_{ij}^*$ προκύπτει

$$A_{ij}/B_{ij} = A_{im}/B_{im}$$

Ο λόγος, δηλαδή, των στοιχείων που αντιστοιχούν σε στοιχεία της ίδιας σειράς αλλά σε διαφορετικές στήλες είναι ανεξάρτητος από την θέση της στήλης. Με ανάλογο τρόπο μπορούμε να δείξουμε ότι ο παραπάνω λόγος είναι ανεξάρτητος και από την συγκεκριμένη σειρά των δύο στοιχείων ενώ είναι προφανές ότι ισχύει και το αντίστροφο ώστε η αναφερόμενη σχέση να αποτελεί αναγκαία και ικανή συνθήκη για την ισότητα δύο τελεστών.

Παράδειγμα 3.2

Να προσδιοριστούν οι πίνακες των τελεστών

$$\hat{A} = d/dx + \alpha \text{ και } \hat{B} = x\, d/dx$$

ως προς το πλήρες σύνολο των ορθοκανονικών συναρτήσεων

$$y_n(x) = \frac{1}{\sqrt{2L}} e^{in\pi x/L},\ n = 0, \pm 1, \pm 2, \dots$$

με πεδίο ορισμού την περιοχή $-L \leq x \leq L$.

α) Τα στοιχεία του πίνακα A έχουν την μορφή

$$\alpha_{\kappa n} = \langle y_\kappa | \hat{A} y_n \rangle = \frac{1}{2L}\int_{-L}^{L} e^{-i\kappa\pi x/L}\left[\frac{d}{dx} + \alpha\right] e^{in\pi x/L}\, dx$$

$$= (i\frac{n\pi}{L} + \alpha)\frac{1}{2L}\int_{-L}^{L} e^{i(n-\kappa)\pi x/L}\, dx$$

Για $\kappa \neq n$

$$\alpha_{\kappa n} = (\frac{n\pi}{L}i + \alpha)\,\frac{\sin{(n-\kappa)\pi}}{(n-\kappa)\pi} = 0$$

ενώ για $\kappa = n$

$$\alpha_{nn} = (\frac{n\pi}{L}i + \alpha)$$

δηλαδή, τελικά,

$$\alpha_{\kappa n} = (\frac{n\pi}{L}i + \alpha)\delta_{\kappa n}$$

όπου $n = 0, \pm 1, \pm 2, \dots$. Ο πίνακας είναι διαγώνιος.

β) Τα στοιχεία του πίνακα B έχουν την μορφή

$$b_{\kappa n} = \langle y_\kappa | \hat{B} y_n \rangle = \frac{1}{2L}\int_{-L}^{L} e^{-i\kappa\pi x/L} x \frac{d}{dx}\left[e^{in\pi x/L}\right] dx$$

$$= in\pi/2L^2 \int_{-L}^{L} x e^{i(n-\kappa)\pi x/L}\, dx$$

Για $\kappa = n$, $b_{nn} = 0$ ενώ για $\kappa \neq n$

$$b_{\kappa n} = in\pi/2L^2\left[\int_{-L}^{L} x\cos\frac{(n-\kappa)\pi x}{L}\, dx + i\int_{-L}^{L} x\sin\frac{(n-\kappa)\pi x}{L}\, dx\right]$$

Το πρώτο ολοκλήρωμα μηδενίζεται καθώς η ολοκληρωτέα συνάρτηση είναι περιττή σε συμμετρικά όρια ολοκλήρωσης ενώ για τον υπολογισμό του δεύτερου χρησιμοποιούμε την μέθοδο της κατά παράγοντες ολοκλήρωσης.

Επιλέγοντας $u = x$ και $dv = \sin \frac{(n-\kappa)\pi x}{L} dx$ προκύπτει

$$b_{\kappa n} = \frac{n}{n-k} \cos (n-\kappa)\pi - \frac{2L\sin (n-\kappa)\pi}{(n-\kappa)\pi}$$

Ο δεύτερος όρος της τελευταίας έκφρασης μηδενίζεται και ο πίνακας B προφανώς δεν είναι διαγώνιος.

Παράδειγμα 3.3

Ας θεωρήσουμε φωτόνια που ενώ κινούνται στην διεύθυνση του άξονα z συναντούν στο επίπεδο x, y ένα λεπτό πλακίδιο από ασβεστίτη, το οποίο διαπερνούν δίχως να απορροφηθούν από αυτό. Όταν η ακτίνα του φωτός συναντήσει το πλακίδιο δημιουργούνται δύο, διερχόμενες από το πλακίδιο, ακτίνες: η κανονική για την οποία το επίπεδο πόλωσης του φωτονίου είναι κάθετο προς μία συγκεκριμένη διεύθυνση του ασβεστίτη, η οποία ονομάζεται οπτικός άξονας, και εκείνη για την οποία το επίπεδο πόλωσης είναι παράλληλο προς τον οπτικό άξονα, η έκτακτη. Σε κάθε άξονα αντιστοιχεί διαφορετικός δείκτης διάθλασης, με αποτέλεσμα κάθε ακτίνα να διέρχεται με διαφορετική ταχύτητα από το πλακίδιο.

Ως αποτέλεσμα, κατά την διέλευση από το υλικό οι σχετικές φάσεις των ηλεκτρικών συνιστωσών του φωτονίου μεταβάλλονται, με αντίστοιχες μεταβολές στις φάσεις για τα πλάτη πιθανότητας. Αν το φωτόνιο είναι πολωμένο αρχικά σε μία διεύθυνση που σχηματίζει γωνία θ με τον οπτικό άξονα θα βρίσκεται σε μία κατάσταση που αποτελεί γραμμικό συνδυασμό των δύο διανυσμάτων βάσης: της κατάστασης $|1\rangle$ που αντιστοιχεί σε γραμμική πόλωση παράλληλη προς την διεύθυνση του οπτικού άξονα και της κατάστασης $|2\rangle$ που αντιστοιχεί στην κάθετη διεύθυνση, δηλαδή

$$|\psi\rangle = |1\rangle\langle 1|\psi\rangle + |2\rangle\langle 2|\psi\rangle = \cos\theta|1\rangle + \sin\theta|2\rangle$$

Αν, για λόγους απλοποίησης, επιλέξουμε ως αρχική κατάσταση το επίπεδο της γραμμικής πόλωσης να σχηματίζει γωνία 45° με τον οπτικό άξονα καθώς οι ηλεκτρικές συνιστώσες μεταβάλλονται ως μιγαδικά εκθετικά της μορφής

$$E_i e^{i(kx-\omega t)}$$

και η συχνότητα είναι η ίδια και για τις δύο ακτίνες, το πλάτος της ταλάντωσης είναι επίσης το ίδιο. Τότε, στην έξοδο από το πλακίδιο έχει επέλθει μεταβολή μόνο στην διαφορά φάσης μεταξύ των ηλεκτρικών συνιστωσών, δηλαδή θα είναι

$$|u\rangle = \frac{1}{\sqrt{2}} e^{ik_1 z}|1\rangle + \frac{1}{\sqrt{2}} e^{ik_2 z})|2\rangle$$

όπου $k_1 = \omega n_1/c$ και $k_2 = \omega n_2/c$ ενώ n_1 και n_2 είναι οι αντίστοιχοι δείκτες διάθλασης για τις δύο καταστάσεις πόλωσης.

Ο τελεστής $\hat{U}_z$, ο οποίος αποδίδει το είδος της μεταβολής που προκαλεί ο ασβεστίτης στις καταστάσεις—διανύσματα, είναι

$$\hat{U}_z = e^{ik_1 z}|1\rangle\langle 1| + e^{ik_2 z}|2\rangle\langle 2|$$

ενώ ο αντίστοιχος πίνακας έχει την μορφή

$$U_z = \begin{vmatrix} e^{ik_1 z} & 0 \\ 0 & e^{ik_2 z} \end{vmatrix}$$

Η δράση, λοιπόν, του υλικού περιστρέφει τους δύο μιγαδικούς αριθμούς των μερικών πλατών πιθανότητας της αρχικής κατάστασης με διαφορετικές γωνιακές ταχύτητες, τροποποιώντας τελικά τις κατανομές που είναι σε θέση να πραγματοποιήσει η τελευταία. Για να είναι, για δοσμένη συχνότητα ω, η τελική κατάσταση —πάντα με διαφορά ενός παράγοντα φάσης— η ίδια με την αρχική, θα πρέπει ο τελεστής $\hat{U}_z$ να είναι ίσος με την μονάδα:

$$\hat{U}_z = e^{ik_1 z}[|1\rangle\langle 1| + e^{i(k_2-k_1)z}|2\rangle\langle 2|]$$

δηλαδή $z = 2\pi n/(k_2 - k_1)$, όπου n ακέραιος.

Τέλος, το μέτρο της μετασχηματισμένης κατάστασης είναι το ίδιο με εκείνο της αρχικής καθώς η διατήρηση του μέτρου είναι εκδήλωση της διατήρησης του αριθμού των σωματιδίων. Αν χάνονταν στην πορεία ορισμένα σωματίδια η έκφραση για την τελική πιθανότητα θα έδινε αποτέλεσμα μικρότερο από την μονάδα, καθώς ένα τμήμα της συνολικής πιθανότητας θα έπρεπε να εκφράσει αυτή την δυνατότητα της απώλειας των σωματιδίων.

Ιδιαίτερο ενδιαφέρον παρουσιάζει ο προσδιορισμός του τελεστή, που συνδέεται με την μεταβολή της αρχικής κατάστασης στην απειροστή μετατόπιση του φωτονίου μέσα στο υλικό. Καταρχάς, ο τελεστής μετασχηματισμού εξαρτάται από την απόσταση z,

$$e^{i\kappa_i(z+\alpha)} = e^{i\kappa_i z}e^{ik_i\alpha} \text{ δηλαδή } \hat{U}_{z+\alpha} = \hat{U}_z\hat{U}_\alpha$$

Αν θεωρήσουμε μια αρκετά μικρή απόσταση α στον άξονα z, τότε στον τελεστή μετασχηματισμού $\hat{U}_\alpha$ αντιστοιχεί ο πίνακας

$$U_\alpha = \begin{vmatrix} 1+i\kappa_1\alpha & 0 \\ 0 & 1+i\kappa_2\alpha \end{vmatrix}$$

Αν ορίσουμε τον τελεστή $\hat{K} = \kappa_1|1\rangle\langle 1| + \kappa_2|2\rangle\langle 2|$, ο οποίος αντιστοιχεί στον πίνακα

$$K = \begin{vmatrix} \kappa_1 & 0 \\ 0 & \kappa_2 \end{vmatrix}$$

όπου ξανά έχουμε θεωρήσει ως διανύσματα βάσης τα διανύσματα $|1\rangle$ και $|2\rangle$ είναι φανερό ότι οι τελεστές $\hat{U}_\alpha$ και $\hat{K}$ συνδέονται με την σχέση

$$\hat{U}_\alpha = 1 + i\alpha\hat{K}$$

Αν τώρα η αρχική κατάσταση είναι

$$|\psi\rangle = c_1|1\rangle + c_2|2\rangle$$

η απειροστή μεταβολή $d|\psi\rangle$ που αντιστοιχεί στην απόσταση α είναι

$$d|\psi\rangle = i\alpha(\kappa_1 c_1|1\rangle + \kappa_2 c_2|2\rangle)$$

Στο όριο, όπου το α τείνει στο μηδέν, η παράγωγος της μεταβολής του διανύσματος της αρχικής κατάστασης ως προς το βάθος διείσδυσης είναι

$$\frac{d|\psi_z\rangle}{dz} = i\hat{K}|\psi_z\rangle$$

Ο τελεστής $\hat{K}$ λοιπόν αποδίδει αυτή την πρώτη παράγωγο του διανύσματος ως προς την μεταβλητή z.

Για να εξετάσουμε τις γενικές σχέσεις που συνδέουν τα στοιχεία του πίνακα K θα χρησιμοποιήσουμε ως διανύσματα βάσης τις x και y καταστάσεις πόλωσης. Σε ό,τι αφορά την μεταβολή των πλατών πιθανότητας, ισχύει:

$$\langle x|\psi_{z+\alpha}\rangle - \langle x|\psi_z\rangle = i\alpha\langle x|\hat{K}|x\rangle\langle x|\psi_z\rangle + i\alpha\langle x|\hat{K}|y\rangle\langle y|\psi_z\rangle$$

$$\langle y|\psi_{z+\alpha}\rangle - \langle y|\psi_z\rangle = i\alpha\langle y|\hat{K}|x\rangle\langle x|\psi_z\rangle + i\alpha\langle y|\hat{K}|y\rangle\langle y|\psi_z\rangle$$

Η μεταβολή της συνιστώσας x του διανύσματος $|\psi_z\rangle$ είναι γραμμικός συνδυασμός της συνιστώσας x και της συνιστώσας y του ίδιου διανύσματος. Ανάλογα ισχύουν για την συνιστώσα y.

Αν το διάνυσμα $|\psi_z\rangle$ έχει μέτρο 1, τότε πρέπει και το διάνυσμα $|\psi_{z+\alpha}\rangle$ να είναι ίσο με την μονάδα διότι έχει τεθεί ως προϋπόθεση ότι δεν χάνονται σωματίδια στο διάστημα z. Ως συνέπεια,

$$\langle\psi_{z+\alpha}|\psi_{z+\alpha}\rangle = 1 = |\langle x|\psi_{z+\alpha}\rangle|^2 + |\langle y|\psi_{z+\alpha}\rangle|^2 = |\langle x|\psi_z\rangle|^2 + |\langle y|\psi_z\rangle|^2$$
$$+ i\alpha(\langle x|\hat{K}|x\rangle - \langle x|\hat{K}|x\rangle^*)|\langle x|\psi_z\rangle|^2 + i\alpha(\langle y|\hat{K}|y\rangle - \langle y|\hat{K}|y\rangle^*)|\langle y|\psi_z\rangle|^2$$

$$+ i\alpha(\langle x|\hat{R}|y\rangle - \langle y|\hat{R}|x\rangle^*)\langle y|\psi_z\rangle\langle x|\psi_z\rangle^*$$
$$+ i\alpha(\langle y\hat{R}|x\,\rangle - \langle x|\hat{R}|y\rangle^*)\langle x|\psi_z\rangle\langle y|\psi_z\rangle^*$$
$$= \langle\psi_z|\psi_z\rangle = |\langle x|\psi_z\rangle|^2 + |\langle y|\psi_z\rangle|^2$$

Επειδή οι τέσσερις τελευταίοι όροι του αθροίσματος πρέπει να μηδενίζονται για τυχαία πλάτη πιθανότητας, είναι φανερό ότι πρέπει να ισχύουν οι επόμενες σχέσεις:

$$\langle x|\hat{R}|x\rangle = \langle x|\hat{R}|x^*\rangle \quad \langle x|\hat{R}|y\rangle = \langle x|\hat{R}|y\rangle^*$$
$$\langle y|\hat{R}|x\rangle = \langle y|\hat{R}|x\rangle^* \quad \langle y|\hat{R}|y\rangle = \langle y|\hat{R}|y^*\rangle$$

Οι πίνακες των οποίων τα στοιχεία συνδέονται με τις ανωτέρω σχέσεις ονομάζονται Ερμιτιανοί.

3.2. Με ποιο τρόπο ένας τελεστής συνδέεται με ένα φυσικό μέγεθος

Το βασικό ερώτημα σε κάθε επιστημονική θεωρία αφορά το ζήτημα της πρόβλεψης. Πρόβλεψη, στην κβαντική θεωρία, σημαίνει γνώση των πιθανοτήτων των τιμών των φυσικών μεγεθών, των ενδείξεων δηλαδή των συσκευών. Απαραίτητη προϋπόθεση για τον υπολογισμό αναδεικνύεται η ανάλυση τόσο της αρχικής όσο και της τελικής κατάστασης σε συγκεκριμένο γραμμικό συνδυασμό των διανυσμάτων βάσης. Ακόμη όμως δεν διαθέτουμε μία πραγματική μέθοδο υπολογισμού, η οποία να συνδέεται με τα ιδιαίτερα χαρακτηριστικά του εκάστοτε φυσικού συστήματος. Για να προσδιορίσουμε τα συγκεκριμένα διανύσματα βάσης πρέπει να γνωρίζουμε τις δυνατές τιμές, καθώς τα διανύσματα βάσης είναι ακριβώς οι τιμές σε μια άλλη λειτουργία τους. Το ένα παραπέμπει στο άλλο. Για να προσδιορίσουμε λοιπόν δύο διαφορετικά μαθηματικά μεγέθη —αριθμούς από τη μία και διανύσματα βάσης από την άλλη— χρειαζόμαστε ένα τρίτο μέγεθος, διαφορετικό από αυτά, το οποίο να αποδίδει την ιδιαίτερη κάθε φορά σχέση τους. Αυτό το τρίτο μέγεθος είναι ο τελεστής.

Συγκεκριμένα, ας υποθέσουμε ότι

$$\hat{P}_n = |n\rangle\langle n|$$

είναι ο προβολικός τελεστής, όπου $|n\rangle$ είναι ένα μοναδιαίο διάνυσμα του χώρου Hilbert, η δράση του οποίου αφήνει αναλλοίωτα μόνο τα διανύσματα της συγκεκριμένης διεύθυνσης. Αν σχηματίσουμε τον τελεστή

$$\hat{A}_n = \lambda_n|n\rangle\langle n|$$

η διεύθυνση του μοναδιαίου διανύσματος $|n\rangle$ θα παραμένει αναλλοίωτη ως προς την δράση του $\hat{A}_n$. Το διάνυσμα $|n\rangle$ ονομάζεται ιδιοδιάνυσμα του τελεστή $\hat{A}_n$ και ο αριθμός λ_n ιδιοτιμή του. Κατασκευάζουμε τώρα έναν τελεστή για τον οποίο αν $|1\rangle, |2\rangle, \dots |n\rangle$ είναι τα διανύσματα βάσης ενός φυσικού μεγέθους, τα αναφερόμενα διανύσματα θα είναι υποχρεωμένα να αναφέρονται σ' αυτόν ως ιδιοδιανύσματά του. Ταυτόχρονα, αν $\lambda_1, \lambda_2, \dots, \lambda_n$ είναι οι αντίστοιχες πειραματικές τιμές του φυσικού μεγέθους, οι ίδιες τιμές πρέπει να αποτελούν τις αντίστοιχες ιδιοτιμές. Η γενική μορφή ενός τέτοιου τελεστή δεν είναι παρά το άθροισμα

$$\lambda_1|1\rangle\langle 1| + \lambda_2|2\rangle\langle 2| + \lambda_n|n\rangle\langle n| = \sum_{i=1}^{n} \lambda_i|i\rangle\langle i| = \hat{A}$$

ή αλλιώς

$$\hat{A} = \sum_i \lambda_i \hat{P}_i$$

Οι δυνατές πειραματικές τιμές και τα αντίστοιχα διανύσματα βάσης του φυσικού μεγέθους A, σε ένα φυσικό σύστημα, προσδιορίζονται από την λύση της εξίσωσης ιδιοτιμών

$$\hat{A}|\psi\rangle = \lambda|\psi\rangle$$

Οι ιδιαίτερες συνθήκες κάθε προβλήματος είναι ωστόσο εκείνες οι οποίες επιλέγουν το κατάλληλο κάθε φορά ιδιοδιάνυσμα. Για παράδειγμα, σε ό,τι αφορά τα ιδιοδιανύσματα της ορμής, γράφουμε

$$-i\frac{d}{dx}\psi(x) = k\psi(x) \Rightarrow \psi(x) = e^{ikx}$$

Σε ό,τι αφορά τις ιδιοτιμές, η έλλειψη περιοριστικών συνθηκών καθιστά το φάσμα τους συνεχές. Αν ωστόσο υπάρχει περιορισμός, όπως αν θεωρήσουμε ότι το σωματίδιο είναι περιορισμένο σε κύκλο, η μορφή των λύσεων της διαφορικής εξίσωσης αλλάζει ριζικά. Οι συνοριακές συνθήκες επιβάλλουν τότε στις λύσεις την συνθήκη

$$\psi(x) = \psi(x + \alpha)$$

με αποτέλεσμα

$$e^{ikx} = e^{ik(x+\alpha)}e^{ik\alpha} = 1$$

Η ικανοποίηση της παραπάνω σχέσης επιβάλλει στις ιδιοτιμές την ικανοποίηση της συνθήκης

$$k\alpha = 2n\pi, \text{ όπου } n = 0, \pm 1, \pm 2, \dots$$

Το συνεχές φάσμα μετατράπηκε σε διακριτό με άπειρα στοιχεία, ενώ η μορφή των λύσεων παρέμεινε το μιγαδικό εκθετικό.

Επιπλέον, όταν περνάμε σε συγκεκριμένες απεικονίσεις, προκύπτει ένας αυθαίρετος παράγοντας φάσης στην μορφή των διανυσμάτων βάσης. Αν δηλαδή το διάνυσμα $|n\rangle$ είναι ιδιοδιάνυσμα του τελεστή $\hat{A}$ με μέτρο ίσο με την μονάδα τότε και το διάνυσμα βάσης $e^{i\varphi}|n\rangle$, όπου φ τυχαίος πραγματικός αριθμός, είναι επίσης ιδιοδιάνυσμά του. Όταν θεωρούμε το διάνυσμα απομονωμένο από τα υπόλοιπα, ο αναφερόμενος παράγοντας στην φάση είναι ασήμαντος, καθώς τόσο το μέτρο όσο και η διεύθυνση του διανύσματος είναι ανεξάρτητα από την επιλογή του. Στους γραμμικούς συνδυασμούς όμως των διανυσμάτων είναι απαραίτητο να διευκρινιστεί η σύμβαση που χρησιμοποιούμε σε ό,τι αφορά τις σχέσεις των φάσεων των διανυσμάτων βάσης.

Θα εξετάσουμε τώρα τις γενικές προϋποθέσεις που πρέπει να ικανοποιεί ένας τελεστής για να έχει την δυνατότητα να εκπροσωπεί ένα φυσικό μέγεθος.

3.3. Γραμμικοί τελεστές

Η χρησιμοποίηση των πλατών πιθανότητας και όχι των ίδιων απ' ευθείας των πιθανοτήτων έφερε στο φως τις γραμμικές σχέσεις, που υφίστανται στα φαινόμενα συμβολής, καθώς

"Ένα «σύστημα» με είσοδο (διέγερση) $f(t)$ και έξοδο (απόκριση) $x(t)$ είναι γραμμικό, αν έχει την ακόλουθη ιδιότητα: αν η είσοδος f_1 προκαλεί έξοδο x_1 και η είσοδος f_2 προκαλεί έξοδο x_2, τότε η είσοδος $\lambda f_1 + \lambda f_2$ προκαλεί έξοδο $\lambda x_1 + \lambda x_2$.

Με άλλα λόγια, οι είσοδοι f_1 και f_2 δρουν ανεξάρτητα, δεν επηρεάζουν η μία την έξοδο που προκαλεί η άλλη. Η ιδιότητα αυτή των γραμμικών συστημάτων επιτρέπει την μελέτη της απόκρισης του συστήματος σε μια «περίπλοκη» είσοδο $f(t) = f_1(t) + f_2(t) + \ldots + f_n(t)$ σαν υπέρθεση (άθροισμα) των αποκρίσεων του συστήματος στις απλές εισόδους $f_i(t)$. ... Η γραμμικότητα των συστημάτων αυτών (και κατά συνέπεια η γραμμικότητα των Δ.Ε. που αποτελούν μαθηματικά πρότυπα για τέτοια συστήματα) δεν είναι ένα φαινόμενο τυχαίο. Αποτελεί έκφραση ενός φυσικού νόμου που χαρακτηρίζει μια μεγάλη κατηγορία φαινομένων: πρόκειται για την αρχή της υπέρθεσης."[7]

Ένας τελεστής $\hat{A}$ χαρακτηρίζεται ως γραμμικός όταν ισχύει

$$\hat{A}(|1\rangle + |2\rangle) = \hat{A}|1\rangle + \hat{A}|2\rangle$$

$$\hat{A}(\lambda|1\rangle) = \lambda\hat{A}|1\rangle$$

όπου $|1\rangle$ και $|2\rangle$ δύο τυχαία διανύσματα.

7. Π. Στράντζαλος—Α. Κατάβολος, *Εισαγωγή στη θεωρία των διαφορικών εξισώσεων*, σελίδες 82—83.

Ένας γραμμικός τελεστής έχει την δυνατότητα να μεταφέρει την δράση του στους όρους ενός αθροίσματος διανυσμάτων και ακόμη να εναλλαγεί με την δράση ενός αριθμού πάνω στο διάνυσμα, δίχως να αλλοιώσει το αποτέλεσμα. Άλλωστε, αν

$$\hat{A} = \sum_{i=1}^{n} \lambda_i |i\rangle\langle i| \text{ και } |y\rangle = \sum_{i=1}^{n} \lambda_i c_i |i\rangle$$

η δράση του τελεστή $\hat{A}$ στο διάνυσμα $|y\rangle$ έχει ως αποτέλεσμα

$$\hat{A}|y\rangle = \sum_{i=1}^{n} \lambda_i c_i |i\rangle = \sum_{i=1}^{n} c_i \lambda_i |i\rangle = \sum_{i=1}^{n} c_i \hat{A} |i\rangle$$

Η δράση του γραμμικού συνδυασμού των προβολικών τελεστών πάνω σε ένα διάνυσμα οδηγεί αρχικά στην δημιουργία ενός νέου γραμμικού συνδυασμού των ίδιων διανυσμάτων βάσης, όπου σε κάθε συνιστώσα η δράση του τελεστή έχει αντικατασταθεί με τον πολλαπλασιασμό επί την αντίστοιχη ιδιοτιμή. Η μεταθετικότητα μεταξύ των αριθμών οδηγεί τελικά στην μεταφορά της δράσης του τελεστή απευθείας στα διανύσματα βάσης του γραμμικού συνδυασμού στον οποίο αναλύεται το διάνυσμα $|y\rangle$.

Στην απεικόνιση x διαπιστώνουμε πρακτικά την γραμμικότητα ή όχι ενός τελεστή $\hat{A}_i$ διερευνώντας αν ισχύει η ισότητα

$$\hat{A}_i[c_1\psi_1(x) + c_2\psi_2(x)] = c_1\hat{A}_i\psi_1(x) + c_2\hat{A}_i\psi_2(x)$$

Παράδειγμα 3.4

1. $\hat{A}_1\psi(x) = \frac{d}{dx}\psi(x) + \alpha$

$$\hat{A}_1[c_1\psi_1(x) + c_2\psi_2(x)] = \frac{d}{dx}[c_1\psi_1(x) + c_2\psi_2(x)] + \alpha$$

Ο τελεστής δεν είναι γραμμικός, καθώς

$$c_1\hat{A}_1\psi_1(x) + c_2\hat{A}_1\psi_2(x) = c_1\frac{d}{dx}\psi_1(x) + c_2\frac{d}{dx}\psi_2(x) + 2\alpha$$

2. $\hat{A}_2\psi(x) = \frac{d}{dx}\psi(x) + \psi^2(x)$

$$\hat{A}_2[c_1\psi_1(x) + c_2\psi_2(x)] = c_1\frac{d}{dx}\psi_1(x) + c_2\frac{d}{dx}\psi_2(x)$$
$$+ [c_1\psi_1(x) + c_2\psi_2(x)]^2 \neq c_1\hat{A}_2\psi_1(x) + c_2\hat{A}_2\psi_2(x)$$

Η δημιουργία του τετραγώνου της συνάρτησης καταστρέφει την γραμμικότητα στην δράση του τελεστή.

3. $\hat{A}_3\psi(x) = \lambda\psi^*(x)$

$$\hat{A}_3[c_1\psi_1(x) + c_2\psi_2(x)] = \lambda c_1^*\psi_1^*(x) + \lambda c_2^*\psi_2^*(x)$$
$$\neq \lambda[c_1\psi_1^*(x) + c_2\psi_2^*(x)] = c_1\hat{A}_3\psi_1(x) + c_2\hat{A}_3\psi_2(x)$$

Εδώ η γραμμικότητα καταστρέφεται επειδή οι συντελεστές c_1, c_2 είναι μιγαδικοί.

4. $\hat{A}_4\psi(x) = e^{\psi(x)}$

$$\hat{A}_4[c_1\psi_1(x) + c_2\psi_2(x)] = e^{[c_1\psi_1(x) + c_2\psi_2(x)]}$$
$$= e^{c_1\psi_1(x)}e^{c_2\psi_2(x)} \neq c_1e^{c_1\psi_1(x)} + c_2e^{c_2\psi_2(x)}$$
$$= c_1\hat{A}_4\psi_1(x) + c_2\hat{A}_4\psi_2(x)$$

5. Ο επόμενος τελεστής είναι γραμμικός.

$$\hat{A}_5\psi(x) = \int_{-\infty}^{x} dx'\psi(x')x'$$

$$\hat{A}_8[c_1\psi_1(x) + c_2\psi_2(x)] = \int_{-\infty}^{x} dx'[c_1\psi_1(x') + c_2\psi_2(x')]x'$$

$$= \int_{-\infty}^{x} dx'c_1\psi_1(x')x' + \int_{-\infty}^{x} dx'c_2\psi_2(x')x' = c_1\hat{A}_8\psi_1(x) + c_2\hat{A}_8\psi_2(x)$$

6. Τέλος, ο τελεστής που αντιστοιχεί στον μετασχηματισμό Laplace είναι επίσης γραμμικός.

$$\hat{L}f(x) = \int_0^{+\infty} f(x)e^{-px}dx$$

$$\hat{L}[c_1f_1(x) + c_2f_2(x)] = \int_0^{+\infty} [c_1f_1(x) + c_2f_2(x)]e^{-px}dx$$

$$= c_1\int_0^{+\infty} f_1(x)e^{-px}dx + c_2\int_0^{+\infty} f_2(x)e^{-px}dx = c_1\hat{L}f_1 + c_2\hat{L}f_2$$

3.4. Ερμιτιανοί τελεστές

Οι τελεστές που αντιστοιχούν στα φυσικά μεγέθη εκφράζονται ως γραμμικοί συνδυασμοί προβολικών τελεστών. Αλλά τόσο οι προβολικοί τελεστές όσο και οι συντελεστές τους, οι οποίοι είναι προφανώς πραγματικοί αριθμοί έχουν την δυνατότητα εναλλαγής στους όρους των εσωτερικών γινομένων των διανυσμάτων. Οι τελεστές που έχουν αυτή την δυνατότητα εναλλαγής ονομάζονται Ερμιτιανοί. Στην απεικόνιση x, για παράδειγμα, ο Ερμιτιανός τελεστής, μετατρεπόμενος στον μιγαδικό συζυγή του, μεταφέρει την δράση του από το ένα στο άλλο διάνυσμα του εσωτερικού γινομένου δίχως να αλλοιώνει το αποτέλεσμα της ολοκλήρωσης:

$$\int [\hat{A}\psi(x)]^*\psi(x)dx = \int \psi^*(x)[\hat{A}\psi(x)]dx$$

Εναλλακτικά, ένας τελεστής είναι Ερμιτιανός όταν είναι ίσος με τον Ερμιτιανό συζυγή του $\hat{A}^+$, ο οποίος προσδιορίζεται ακριβώς από την σχέση

$$\langle\psi|\hat{A}\psi\rangle = \langle\hat{A}^+\psi|\psi\rangle$$

Η ισότητα ενός τελεστή με τον Ερμιτιανό συζυγή του εξασφαλίζει τις επιθυμητές ιδιότητες για τους τελεστές των φυσικών μεγεθών, δηλαδή πραγματικές ιδιοτιμές και αντίστοιχα αμοιβαία ορθογώνια ιδιοδιανύσματα.

Παράδειγμα 3.5

Έστω $\hat{A}$ ένας τελεστής γραμμικός αλλά μη Ερμιτιανός με μη εκφυλισμένες ιδιοτιμές α_n και αντίστοιχες ιδιοσυναρτήσεις ψ_n. Οι ιδιοτιμές και οι ιδιοσυναρτήσεις του τελεστή $\hat{A}^+$ είναι α_n^+ και ψ_n^+ αντίστοιχα. Τότε

α) $\alpha_n^+ = \alpha_n^*$

β) Οι ιδιοσυναρτήσεις ψ_n^+ και ψ_m που αντιστοιχούν σε διαφορετικές ιδιοτιμές του τελεστή $\hat{A}^+$ είναι ορθογώνιες μεταξύ τους.

Η δράση του κάθε τελεστή πάνω στα αντίστοιχα ιδιοδιανύσματά του δίνεται από τις σχέσεις:

$$\hat{A}^+\psi_n^+ = \alpha_n^+\psi_n^+$$
$$\hat{A}^*\psi_n^* = \alpha_n^*\psi_n^*$$

α) Τα πρώτα μέλη των δύο σχέσεων συνδέονται μέσω της ισότητας με την οποία ορίζεται ο Ερμιτιανός συζυγής, δηλαδή

$$\int \psi_n^* \, [\hat{A}^+\psi_n^+] \, dx = \int [\hat{A}^*\psi_n^*]\psi_n^+ \, dx$$

Αντικαθιστώντας

$$\int \psi_n^*\alpha_n^+\psi_n^+ \, dx = \int \alpha_n^*\psi_n^*\psi_n^+ \, dx$$

δηλαδή

$$\alpha_n^+ = \alpha_n^*$$

Όταν ο τελεστής είναι Ερμιτιανός, δηλαδή $\hat{A}^{+} = \hat{A}$ και $\alpha_n^{+} = \alpha_n$, συνεπάγεται ότι $\alpha_n = \alpha_n^{*}$ δηλαδή κάθε ιδιοτιμή α_n είναι πραγματική.

β) Χρησιμοποιώντας ξανά τον ορισμό του Ερμιτιανού συζυγή έχουμε διαδοχικά:

$$\int [\hat{A}^{*}\psi_m^{*}]\,\psi_n^{+}\,dx = \int \psi_m^{*}\,[\hat{A}^{+}\psi_n^{+}]\,dx$$

$$\int \alpha_m^{*}\psi_m^{*}\psi_n^{+}\,dx = \int \psi_m^{*}\alpha_n^{+}\psi_n^{+}\,dx$$

$$(\alpha_m^{*} - \alpha_n^{+})\int \psi_m^{*}\,\psi_n^{+}\,dx = 0$$

Αλλά $\quad \alpha_m^{+} = \alpha_m^{*} \Rightarrow \alpha_n^{+} \neq \alpha_m^{+}$, αν $\int \psi_m^{*}\psi_n^{+}\,dx = 0$

Η ιδιοσυνάρτηση $\psi_n^{+}(x)$ του τελεστή $\hat{A}^{+}$ και η ιδιοσυνάρτηση $\psi_m(x)$ του τελεστή $\hat{A}$, η οποία αναλογεί στην ιδιοτιμή α_m^{+} του $\hat{A}^{+}$, είναι αμοιβαία ορθογώνιες. Αν ο τελεστής $\hat{A}$ είναι Ερμιτιανός, είναι φανερό ότι σε διαφορετικές ιδιοτιμές αντιστοιχούν αμοιβαία κάθετες ιδιοσυναρτήσεις. Πράγματι, το αρχικό ζευγάρι των σχέσεων γράφεται τώρα

$$\hat{A}\psi_1(x) = \alpha_1\psi_1(x)$$

$$\hat{A}^{*}\psi_2^{*}(x) = \alpha_2\psi_2^{*}(x)$$

και ακολουθώντας την ίδια πορεία,

$$(\alpha_1 - \alpha_2)\int dx\,\psi_2^{*}\psi_1 = 0$$

Παράδειγμα 3.6

Θα αποδείξουμε ότι αν ένας τελεστής $\hat{A}$ μετατίθεται στο εσωτερικό γινόμενο ενός τυχαίου διανύσματος επί το συζυγές του, η δυνατότητα εναλλαγής διατηρείται για κάθε εσωτερικό γινόμενο δύο διανυσμάτων. Η μέθοδος που θα ακολουθήσουμε είναι ήδη γνωστή: δημιουργούμε την επιθυμητή έκφραση χρησιμοποιώντας το εσωτερικό γινόμενο ενός γραμμικού συνδυασμού διανυσμάτων, δηλαδή αν

$$\psi(x) = \psi_1(x) + \lambda\psi_2(x)$$

τότε

$$\int dx\,[\psi_1 + \lambda\psi_2]^{*}\hat{A}[\psi_1 + \lambda\psi_2] = \int dx\,[\hat{A}\psi_1 + \lambda\hat{A}\psi_2]^{*}[\psi_1 + \lambda\psi_2]$$

Χρησιμοποιώντας την ιδιότητα

$$\int dx\,\psi_i^{*}(\hat{A}\psi_i) = \int dx\,\psi_i(\hat{A}\psi_i)^{*}$$

απλοποιούμε αυτές τις εκφράσεις ώστε

$$\lambda^*\int dx\, \psi_2^*(\hat{A}\psi_1) + \lambda\int dx\, \psi_1^*(\hat{A}\psi_2) = \lambda\int dx\, \psi_2(\hat{A}\psi_1)^* + \lambda^*\int dx\, \psi_1(\hat{A}\psi_2)^*$$

Επειδή το λ είναι τυχαίος μιγαδικός αριθμός, οι συντελεστές του λ και του λ^* πρέπει να είναι ίσοι. Άρα

$$\int dx\, \psi_2^*(\hat{A}\psi_1) = \int dx\, \psi_2(\hat{A}\psi_1)^*$$

Παράδειγμα 3.7

1. $\hat{A}_1 = \frac{d}{dx}$

Αν η συνάρτηση $\psi(x)$ είναι τετραγωνικά ολοκληρώσιμη, ισχύει

$$\int[\hat{A}_1\psi(x)]^*\psi(x)dx = \int\left[\frac{d}{dx}\psi(x)\right]^*\psi(x)\, dx$$

$$= \int\frac{d}{dx}[\psi^*(x)\psi(x)]dx - \int\psi^*(x)\frac{d}{dx}\psi(x)\, dx$$

$$= \int\psi^*(x)^{-1}\frac{d}{dx}\psi(x)\, dx$$

Άρα $$\hat{A}_1^+ = -\frac{d}{dx}$$

δηλαδή ο τελεστής που αποδίδει την πράξη της παραγώγισης δεν είναι Ερμιτιανός ενώ ο τελεστής id/dx είναι.

2. $\hat{A}_3 = \frac{d^2}{dx^2} - \alpha e^{ix}$

Ο Ερμιτιανός συζυγής είναι ίσος με

$$\frac{d^2}{dx^2} - \alpha^* e^{-ix}$$

καθώς ο τελεστής που αποδίδει την δεύτερη παράγωγο είναι Ερμιτιανός ενώ οι Ερμιτιανοί συζυγείς αριθμών ή συναρτήσεων είναι οι μιγαδικοί συζυγείς αριθμοί και συναρτήσεις, αντίστοιχα. Πράγματι,

$$\int[\varphi\psi(x)]^*\, \psi(x)dx = \int\psi^*(x)[\varphi^*\psi(x)]dx$$

όπου φ τυχαίος μιγαδικός αριθμός.

3. $\hat{A} = \alpha x + b\frac{d}{dx}$

Προφανώς ο Ερμιτιανός συζυγής του πρώτου όρου του αθροίσματος είναι ίσος με $\alpha^* x$ ενώ του δεύτερου με $-b^* d/dx$. Ο Ερμιτιανός συζυγής του τελεστή $\hat{A}$ είναι ίσος με τον τελεστή $\hat{A}$ όταν ο αριθμός α είναι πραγματικός και ο αριθμός b είναι της μορφής ib', όπου b' πραγματικός.

4. Έστω ο πίνακας $\begin{vmatrix} \alpha_{11} & \alpha_{12} \\ \alpha_{21} & \alpha_{22} \end{vmatrix}$ και ένα διάνυσμα $|u\rangle = \begin{pmatrix} c_1 \\ c_2 \end{pmatrix}$

Αν η μορφή του πίνακα A^+ είναι $\begin{vmatrix} b_{11} & b_{12} \\ b_{21} & b_{22} \end{vmatrix}$ τότε

$$\langle uA^+|u\rangle = b_{11}|c_1|^2 + b_{12}c_1^*c_2 + b_{21}c_1c_2^* + b_{22}|c_2|^2$$

Αλλά

$$\langle u\hat{A}|u\rangle = \alpha_{11}^*|c_1|^2 + \alpha_{12}^*c_1c_2^* + \alpha_{21}^*c_1^*c_2 + \alpha_{22}^*|c_2|^2$$

Για να ικανοποιείται η ισότητα

$$\langle u|\hat{A}^+u\rangle = \langle u\hat{A}|u\rangle$$

θα πρέπει να ισχύει

$$b_{11} = \alpha_{11}^* \quad b_{12} = \alpha_{21}^*$$
$$b_{21} = \alpha_{12}^* \quad b_{22} = \alpha_{22}^*$$

Παράδειγμα 3.8

Θεωρούμε τον χώρο F των συναρτήσεων, οι οποίες είναι ορισμένες στο διάστημα $[0, \infty]$ με τις ιδιότητες:

$$\lim_{x\to 0} \psi(x) = 0 \text{ και } \lim_{x\to\infty} [x\psi(x)] = 0$$

Αν ορίσουμε το εσωτερικό γινόμενο δύο συναρτήσεων ως

$$\langle\psi|\varphi\rangle = \int_0^{+\infty} \psi^*\varphi\, dx$$

τότε ο τελεστής, ο οποίος στην απεικόνιση x έχει την μορφή

$$\hat{A} = -i(x + x^2\frac{d}{dx})$$

είναι Ερμιτιανός.

Για το πρώτο μέλος της ισότητας ισχύει

$$\langle\psi|\hat{A}\varphi\rangle = \int_0^{+\infty} \psi^*[-i(x + x^2\frac{d}{dx})\varphi\, dx]$$

$$= -i\int_0^{+\infty} \psi^*x\varphi\, dx - i\int_0^{+\infty} \psi^*x^2 d\varphi$$

Για τον υπολογισμό του δεύτερου ολοκληρώματος χρησιμοποιούμε την κατά παράγοντες ολοκλήρωση, όπου $u = \psi^*x^2$ και $dv = d\varphi$:

$$\langle\psi|\hat{A}\varphi\rangle = -i\int_0^{+\infty}\psi^* x\varphi\,dx - i\big[\psi^* x^2\varphi\big|_0^{+\infty} + i\int_0^{+\infty}\varphi d(x^2\psi^*)$$

$$= \int_0^{+\infty}[-i(x + x^2\frac{d}{dx})\psi]^*\varphi\,dx = \langle\hat{A}\psi|\varphi\rangle$$

Παράδειγμα 3.9

Έστω ο τελεστής $\hat{K} = |\varphi\rangle\langle\psi|$, όπου $|\varphi\rangle$ και $|\psi\rangle$ δύο διανύσματα από ένα σύνολο αμοιβαία ορθογώνιων διανυσμάτων του χώρου Hilbert.

α) Έστω $|\alpha\rangle$ και $|b\rangle$ δύο τυχαία διανύσματα. Τότε

$$\langle\alpha|\hat{K}b\rangle = \langle\alpha|\varphi\rangle\langle\psi|b\rangle$$

Για να είναι ο τελεστής $\hat{K}$ Ερμιτιανός πρέπει

$$\langle\alpha|\hat{K}^+b\rangle = \langle\hat{K}\alpha|b\rangle = \langle b|\hat{K}\alpha\rangle^*$$

Αλλά

$$\langle b|\hat{K}\alpha\rangle^* = (\langle b|\varphi\rangle\langle\psi|\alpha\rangle)^* = \langle\alpha|\psi\rangle\langle\varphi|b\rangle$$

με αποτέλεσμα

$$\langle\alpha|\psi\rangle = \langle\alpha|\varphi\rangle$$
$$\langle b|\psi\rangle = \langle b|\varphi\rangle$$

για κάθε $|\alpha\rangle$ και $|b\rangle$.

β) Για να είναι ο τελεστής $\hat{K}$ προβολικός πρέπει να ικανοποιείται η σχέση

$$\hat{K}^2 = \hat{K} = |\varphi\rangle\langle\psi|\varphi\rangle\langle\psi|$$

δηλαδή

$$|\varphi\rangle = |\psi\rangle \text{ και } \langle\varphi|\varphi\rangle = 1$$

γ) Ο τελεστής $\hat{K}$ μπορεί να γραφτεί ως $\hat{K} = \lambda\hat{P}_1\hat{P}_2$, όπου λ σταθερά και $\hat{P}_1$, $\hat{P}_2$ προβολικοί τελεστές, όπου $|\varphi\rangle$ και $|\psi\rangle$ τυχαία διανύσματα του χώρου.

Πράγματι, πολλαπλασιάζουμε και διαιρούμε με το πλάτος πιθανότητας $\langle\varphi|\psi\rangle$ την έκφραση $\hat{K} = |\varphi\rangle\langle\psi|$ ώστε να σχηματιστεί στον αριθμητή του κλάσματος το γινόμενο των δύο προβολικών τελεστών

$$\hat{K} = \frac{|\varphi\rangle\langle\varphi|\psi\rangle\langle\psi|}{\langle\varphi|\psi\rangle}$$

Αν τα δύο διανύσματα δεν είναι κανονικοποιημένα χρειάζεται επιπλέον ο πολλαπλασιασμός και η διαίρεση της παραπάνω έκφρασης με το γινόμενο των μέτρων τους.

Χρησιμοποιώντας τα μοναδιαία διανύσματα

$$|\varphi'\rangle = |\varphi\rangle/\sqrt{\langle u|v\rangle} \text{ και } |\psi'\rangle = |\psi\rangle/\sqrt{\langle u|v\rangle}$$

ο τελεστής $\hat{K}$ γράφεται πράγματι

$$\hat{K} = \lambda\langle\varphi'|\varphi'\rangle\langle\psi'|\psi'\rangle$$

όπου $\lambda = \dfrac{\langle\varphi|\varphi\rangle\langle\psi\rangle|\psi\rangle}{\langle\varphi|\psi\rangle}$

3.5. Συγκεκριμένα παραδείγματα της σχέσης ιδιοτιμών–ιδιοδιανυσμάτων

Θα εξετάσουμε μία σειρά από παραδείγματα όπου η ιδιαίτερη κάθε φορά μορφή του τελεστή επιβάλλει και μία ιδιαίτερη σχέση μεταξύ των ιδιοτιμών και των ιδιοδιανυσμάτων του.

Παράδειγμα 3.10

Έστω δύο καταστάσεις κανονικοποιημένες και ορθογώνιες μεταξύ τους, που αποτελούν πλήρες σύστημα και έστω ο τελεστής

$$\hat{A} = |1\rangle\langle 1| + |2\rangle\langle 2| - |1\rangle\langle 2| - |2\rangle\langle 1|$$

Έστω $|\psi\rangle$ ένα ιδιοδιάνυσμα του $\hat{A}$

$$|\psi\rangle = c_1|1\rangle + c_2|2\rangle$$

Θα είναι $\hat{A}|\psi\rangle = \lambda|\psi\rangle$, όπου λ γενικά μιγαδικός αριθμός, δηλαδή

$$c_1|1\rangle + c_2|2\rangle - c_2|1\rangle - c_1|2\rangle = \lambda c_1|1\rangle + \lambda c_2|2\rangle$$

Εξισώνοντας τους συντελεστές των αντίστοιχων διανυσμάτων

$$c_1 - c_2 = \lambda c_1$$
$$-c_1 + c_2 = \lambda c_2$$

Το σύστημα είναι ομογενές με άγνωστες μεταβλητές τους συντελεστές c_1, c_2 ενώ υπάρχει μη τετριμμένη λύση ($c_1 = c_2 = 0$) αν η ορίζουσα είναι ίση με μηδέν:

$$\lambda_1 = 0, \lambda_2 = 2$$

Σε ό,τι αφορά τις ιδιοκαταστάσεις, στην τιμή $\lambda_1 = 0$ αντιστοιχεί, κανονικοποιώντας, το ιδιοδιάνυσμα

$$|\psi_0\rangle = \frac{1}{\sqrt{2}}|1\rangle + \frac{1}{\sqrt{2}}|2\rangle$$

ενώ στην ιδιοτιμή $\lambda_2 = 2$ το ιδιοδιάνυσμα

$$|\psi_2\rangle = \frac{1}{\sqrt{2}}|1\rangle - \frac{1}{\sqrt{2}}|2\rangle$$

Όταν ο τελεστής έχει την μορφή τετραγωνικού πίνακα, η πιο συνηθισμένη μέθοδος για τον προσδιορισμό των ιδιοδιανυσμάτων και των ιδιοτιμών απαιτεί την επίλυση ενός γραμμικού συστήματος καθώς η εξίσωση ιδιοτιμών

$$\hat{A}|c\rangle = \lambda|c\rangle$$

μετατρέπεται στην εξίσωση

$$\sum_m \alpha_{nm} c_m = \lambda c_n \text{ ή } \sum_m (\alpha_{nm} - \lambda\delta_{nm}) c_m = 0$$

όπου $\delta_{nm} = 0$ για $m \neq n$ και ίσο με 1 όταν $m = n$ ενώ οι μη μηδενικές λύσεις αυτού του ομογενούς συστήματος προκύπτουν μέσω του μηδενισμού της ορίζουσάς του

$$\det|\alpha_{nm} - \lambda\delta_{nm}| = 0$$

Παράδειγμα 3.11

Έστω ο πίνακας

$$H = \begin{vmatrix} 0 & i & 0 \\ -i & 0 & 1 \\ 0 & 1 & 0 \end{vmatrix}$$

Παρατηρώντας ότι ο πίνακας είναι Ερμιτιανός, προσδιορίζουμε τις πραγματικές ιδιοτιμές του:

$$\det(H - \lambda I) = 0 \text{ και } \lambda_1 = 0, \lambda_2 = \sqrt{2}, \lambda_3 = -\sqrt{2}$$

Στην ιδιοτιμή $\lambda_2 = \sqrt{2}$ αντιστοιχεί το ιδιοδιάνυσμα u_2, για το οποίο

$$\begin{vmatrix} -\sqrt{2} & i & 0 \\ -i & -\sqrt{2} & 1 \\ 0 & 1 & -\sqrt{2} \end{vmatrix} \begin{pmatrix} u_2'' \\ u_2' \\ u_2 \end{pmatrix} = \begin{pmatrix} 0 \\ 0 \\ 0 \end{pmatrix}$$

Η μία από τις τρεις εξισώσεις του συστήματος είναι γραμμικά εξαρτημένη από τις άλλες δύο. Άρα $u_2' = \sqrt{2}\, u_2$, $u_2'' = i u_2$ και

$$\mathbf{u}_2 = u_2 \begin{pmatrix} i \\ \sqrt{2} \\ 1 \end{pmatrix}$$

ενώ, για την κανονικοποίηση, επιλέγουμε $u_2 = 1/2$. Επαναλαμβάνοντας την ίδια διαδικασία για τις ιδιοτιμές λ_1 και λ_3, προκύπτει

$$\mathbf{u}_3 = 1/2 \begin{pmatrix} 1 \\ i\sqrt{2} \\ -i \end{pmatrix} \text{ και } \mathbf{u}_1 = 1/\sqrt{2} \begin{pmatrix} 1 \\ 0 \\ i \end{pmatrix}$$

Παράδειγμα 3.12

Έστω ο πίνακας

$$A = i\begin{vmatrix} 0 & -c & b \\ c & 0 & -\alpha \\ -b & \alpha & 0 \end{vmatrix}$$

όπου $\alpha^2 + b^2 + c^2 = 1$ και α, b, c πραγματικοί.

α) Ο πίνακας A είναι Ερμιτιανός γιατί τα διαγώνια στοιχεία του είναι πραγματικά

$$\alpha_{11} = \alpha_{22} = \alpha_{33} = 0$$

ενώ τα υπόλοιπα στοιχεία του συνδέονται με τις σχέσεις

$$\alpha_{12} = \alpha_{21}^*$$
$$\alpha_{13} = \alpha_{31}^*$$
$$\alpha_{32} = \alpha_{23}^*$$

β) Για τον υπολογισμό των ιδιοτιμών σχηματίζουμε την εξίσωση

$$\det\begin{vmatrix} -\lambda & -ic & ib \\ ic & -\lambda & -i\alpha \\ -ib & i\alpha & -\lambda \end{vmatrix} = 0$$

$\lambda[\lambda^2 - (\alpha^2 + b^2 + c^2)] = 0$ και $\lambda_1 = 0, \lambda_2 = 1, \lambda_3 = -1$

Στην ιδιοτιμή $\lambda_2 = 1$ αντιστοιχεί το ιδιοδιάνυσμα

$$\begin{vmatrix} -1 & -ic & ib \\ ic & -1 & -i\alpha \\ -ib & i\alpha & -1 \end{vmatrix} \begin{pmatrix} u_2'' \\ u_2' \\ u_2 \end{pmatrix} = \begin{pmatrix} 0 \\ 0 \\ 0 \end{pmatrix}$$

με αποτέλεσμα $\mathbf{u}_2 = \dfrac{1}{\alpha^2 - 1} u_2'' \begin{pmatrix} \alpha^2 - 1 \\ \alpha b - ic \\ \alpha c + ib \end{pmatrix}$

Ακολουθώντας ανάλογη διαδικασία για τις ιδιοτιμές $\lambda_3 = -1$ και $\lambda_1 = 0$, προσδιορίζουμε

$$\mathbf{u}_3 = \frac{1}{\alpha^2 - 1} u_2'' \begin{pmatrix} \alpha^2 - 1 \\ \alpha b + ic \\ \alpha c - ib \end{pmatrix} \quad \text{και} \quad \mathbf{u}_1 = \begin{pmatrix} a \\ b \\ c \end{pmatrix}$$

Παράδειγμα 3.13

Έστω ο πίνακας

$$A = \begin{vmatrix} 0 & 0 & 0 & 1 \\ 0 & 0 & 1 & 0 \\ 0 & 1 & 0 & 0 \\ 1 & 0 & 0 & 0 \end{vmatrix}$$

Για τον προσδιορισμό των ιδιοδιανυσμάτων θα χρησιμοποιήσουμε μια διαφορετική μέθοδο, ιδιαίτερα απλή σε σύγκριση με την επίλυση πολύπλοκων γραμμικών συστημάτων. Ως πρώτο βήμα σχηματίζουμε την συνάρτηση

$$f(\lambda, \mu) = \frac{g(\lambda)-g(\mu)}{\lambda-\mu}$$

όπου $g(\lambda)$ η ορίζουσα του πίνακα $[\lambda I, A]$. Πραγματοποιώντας τις αντικαταστάσεις $\lambda \to \lambda I$ και $\mu \to A$ προκύπτει

$$[\lambda I-A]\ C(\lambda I, A) = g(\lambda I)-g(A) = g(\lambda)I$$

καθώς, σύμφωνα με το θεώρημα Cayley—Hamilton, η εξίσωση ιδιοτιμών του πίνακα ικανοποιείται και από τον ίδιο τον πίνακα. Αν τώρα λ_i είναι μία ιδιοτιμή με πολλαπλότητα 1 του πίνακα A, ισχύει

$$[\lambda_i I- A]C(\lambda_i) = 0$$

καθώς $g(\lambda_i) = 0$. Το περιεχόμενο της εξίσωσης προσδιορισμού των ιδιοδιανυσμάτων έχει αποδοθεί με μία εξίσωση πινάκων ενώ οι στήλες του πίνακα $C(\lambda_i)$ αποτελούν ιδιοδιανύσματα του πίνακα A, τα οποία αντιστοιχούν στην ιδιοτιμή λ_i. Επίσης, αποδεικνύεται ότι αν ο αριθμός των ανεξάρτητων στηλών είναι μικρότερος από τον εκφυλισμό της συγκεκριμένης ιδιοτιμής, μπορούμε να συνεχίσουμε την αναζήτηση των ιδιοδιανυσμάτων σχηματίζοντας τον πίνακα $C'(\lambda)$. Συγκεκριμένα,

$$\det \begin{vmatrix} -\lambda & 0 & 0 & 1 \\ 0 & -\lambda & 1 & 0 \\ 0 & 1 & -\lambda & 0 \\ 1 & 0 & 0 & -\lambda \end{vmatrix} = 0$$

και $$(\lambda^2-1)^2 = 0 \Rightarrow \begin{cases} \lambda_1 = 1, & \tau_1 = 2 \\ \lambda_2 = -1, & \tau_2 = 2 \end{cases}$$

όπου τ η πολλαπλότητα της κάθε ιδιοτιμής. Τότε

$$f(\lambda, \mu) = \frac{(\lambda^2-1)^2-(\mu^2-1)^2}{\lambda-\mu} = (\lambda + \mu)(\lambda^2 + \mu^2-2)$$

και $$C(\lambda, A) = (\lambda I + A)(\lambda^2 I + A^2 - 2)$$

Εφαρμόζοντας το θεώρημα Cayley–Hamilton για τον πίνακα A, έχουμε

$$(A^2-1)^2 = 0 \Rightarrow A^2 = I$$

και επομένως

$$C(\lambda) = (\lambda^3-\lambda)I + (\lambda^2-1)A = (\lambda^2-1)\begin{vmatrix} \lambda & 0 & 0 & 1 \\ 0 & \lambda & 1 & 0 \\ 0 & 1 & \lambda & 0 \\ 1 & 0 & 0 & \lambda \end{vmatrix}$$

Τα ιδιοδιανύσματα που αντιστοιχούν στην ιδιοτιμή λ είναι οι γραμμικά ανεξάρτητες στήλες του πίνακα $C(\lambda)$ όταν αντικαταστήσουμε σε κάθε στοιχείο του πίνακα την συγκεκριμένη ιδιοτιμή. Επειδή, για την ιδιοτιμή $\lambda_1 = 1$, ο πίνακας έχει παντού μηδενικά στοιχεία και προκύπτει «τετριμμένο» ιδιοδιάνυσμα, συνεχίζουμε την διαδικασία σχηματίζοντας τον πίνακα

$$C'(\lambda) = \begin{vmatrix} 3\lambda^2-1 & 0 & 0 & 2\lambda \\ 0 & 3\lambda^2-1 & 2\lambda & 0 \\ 0 & 2\lambda & 3\lambda^2-1 & 0 \\ 2\lambda & 0 & 0 & 3\lambda^2-1 \end{vmatrix}$$

απ' όπου παίρνουμε τα δύο γραμμικά ανεξάρτητα ιδιοδιανύσματα:

$$\begin{pmatrix} 1 \\ 0 \\ 0 \\ 1 \end{pmatrix} \quad \text{και} \quad \begin{pmatrix} 0 \\ 1 \\ 1 \\ 0 \end{pmatrix}$$

Για την ιδιοτιμή $\lambda_2 = -1$ είναι $C(\lambda_2) = C(-1) = 0$ και σχηματίζοντας τον πίνακα $C'(\lambda_2)$ προσδιορίζουμε τα αντίστοιχα ιδιοδιανύσματα

$$\begin{pmatrix} 0 \\ -1 \\ 1 \\ 0 \end{pmatrix} \quad \text{και} \quad \begin{pmatrix} -1 \\ 0 \\ 0 \\ 1 \end{pmatrix}$$

Θα εξετάσουμε τώρα ένα διαφορετικό παράδειγμα, όπου η δράση του τελεστή περιέχει την διαδικασία της ολοκλήρωσης.

Παράδειγμα 3.14

Ποιες είναι οι ιδιοσυναρτήσεις του τελεστή $\hat{A}_8$, όπου

$$\hat{A}_8\psi(x) = \int_{-\infty}^{x} dx'\ \psi(x')x'$$

Η ανεξάρτητη μεταβλητή της συνάρτησης $\psi(x)$ δεν είναι η μεταβλητή ολοκλήρωσης αλλά το πάνω όριο του ολοκληρώματος, δηλαδή, μεταβάλλοντας τον συμβολισμό στην μεταβλητή ολοκλήρωσης,

$$\hat{A}_8\psi(x) = \int_{-\infty}^{x} dt\ \psi(t)t$$

Η εξίσωση ιδιοτιμών είναι

$$\int_{-\infty}^{x} dt\ \psi(t)t = \lambda\psi(x)$$

Παραγωγίζοντας και τις δύο πλευρές της ως προς t αποκτάμε την απλούστερη εξίσωση

$$d/dt \int_{-\infty}^{x} dt\ \psi(t)t = \lambda\frac{d\psi(x)}{dt}$$

Στη συνέχεια υπολογίζουμε την διαφορά μεταξύ δύο τιμών του ορισμένου ολοκληρώματος, οι οποίες αντιστοιχούν στις τιμές x και $x+\Delta x$:

$$\int_{-\infty}^{x+\Delta x} dt\ \psi(t)t - \int_{-\infty}^{x} dt\ \psi(t)t = \int_{x}^{x+\Delta x} dt\ \psi(t)t$$

Καθώς $$\int_{x}^{x+\Delta x} dt\ \psi(t)\,t = \psi(x_0)x_0\,\Delta x$$

όπου $x < x_0 < x + \Delta x$, η παράγωγος είναι τελικά

$$\lim_{\Delta x\to 0}\frac{\Delta K(x)}{\Delta x} = x\psi(x)$$

όπου $K(x)$ η τιμή του ολοκληρώματος. Έχουμε λοιπόν

$$x\psi(x) = \lambda\frac{d\psi(x)}{\psi(x)} = xdx$$

και, ολοκληρώνοντας, προκύπτει

$$\ln\psi(x) = x^2/2\lambda \quad \text{και} \quad \psi(x) = ce^{x^2/2\lambda}$$

ενώ για να είναι οι ιδιοσυναρτήσεις του τελεστή τετραγωνικά ολοκληρώσιμες θα πρέπει $\lambda < 0$.

3.6. Οι τελεστές που προσδιορίζουν τα φυσικά μεγέθη της θέσης και της ορμής

Στην απεικόνιση x τα διανύσματα βάσης της ορμής αποκτούν την μορφή

$$\langle x|p\rangle = e^{ipx/\hbar}$$

Αν $\hat{p}$ ο τελεστής για τον οποίο ισχύει

$$\hat{p}|p_0\rangle = p_0|p_0\rangle$$

στην απεικόνιση x θα είναι

$$\langle x|\hat{p}|p_0\rangle = \langle x|p_0|p_0\rangle = p_0\langle x|p_0\rangle$$

$$= p_0 e^{ip_0x/\hbar} = -i\hbar\frac{\partial}{\partial x}(e^{ip_0x/\hbar})$$

Ο τελεστής $\hat{p}$, λοιπόν, αντιστοιχεί στον μετασχηματισμό

$$\hat{p} = -i\hbar\,\frac{\partial}{\partial x}$$

ο οποίος είναι ένας Ερμιτιανός τελεστής.

Σε ό,τι αφορά τον τελεστή της θέσης, η αντίστοιχη εξίσωση ιδιοτιμών είναι

$$\hat{x}|x'\rangle = \lambda|x'\rangle$$

και στην απεικόνιση x

$$\langle x|\hat{x}|\psi\rangle = \int dx'\langle x|\hat{x}|x'\rangle\langle x'|\psi\rangle$$

$$= \int dx'x\delta(x-x')\langle x'|\psi\rangle = \langle x|x\psi\rangle$$

Η δράση του τελεστή της θέσης δηλαδή, στην απεικόνιση x, πολλαπλασιάζει κάθε τιμή της συνάρτησης με την αντίστοιχη τιμή της θέσης στο ίδιο σημείο ενώ και ο τελεστής $\hat{x}$ είναι Ερμιτιανός, καθώς

$$\langle x\varphi|\psi\rangle = \int[\hat{x}\varphi(x)]^*\psi(x)\,dx = \int\varphi^*(x)x\psi(x)\,dx = \langle\varphi|\hat{x}\psi\rangle$$

Στην απεικόνιση p, κατ' αναλογία με τον προσδιορισμό του τελεστή της ορμής στην απεικόνιση x, συμπεραίνουμε ότι

$$\hat{x} = i\hbar\,\frac{d}{dp}$$

Ο τελεστής της θέσης μπορεί να εμφανιστεί τόσο με την μορφή πίνακα όσο και με την μορφή ολοκληρωτικού πυρήνα. Στην περίπτωση του πίνακα, η τιμή των στοιχείων που τον αποτελούν εξαρτάται από τα συγκεκριμένα διανύσματα βάσης που έχουν επιλεγεί.

Παράδειγμα 3.15

Ποια είναι η μορφή του πίνακα για τον τελεστή της θέσης αν θεωρήσουμε ως ορθοκανονική βάση τις συναρτήσεις

$$\psi_n(x) = \sqrt{\frac{2}{\alpha}} \sin \frac{n\pi x}{\alpha}, \text{ όπου } n = 1, 2, \ldots$$

ορισμένες στο διάστημα $[0, \alpha]$;

Τα στοιχεία του πίνακα αποκτούν την μορφή

$$\langle n|\hat{x}|m\rangle = \frac{2}{\alpha}\int_0^\alpha \sin \frac{n\pi x}{\alpha} x \sin \frac{m\pi x}{\alpha}\, dx$$

$$= \frac{1}{\alpha}\int_0^\alpha x\cos \frac{\pi(n-m)x}{\alpha}\, dx - \frac{1}{\alpha}\int_0^\alpha x\cos \frac{\pi(n+m)x}{\alpha}\, dx$$

Χρησιμοποιώντας την μέθοδο της ολοκλήρωσης κατά παράγοντες, όπου $u = x$ και $dv = \cos[\pi(n\pm m)/\alpha]x\, dx$, προκύπτει

$$\int_0^\alpha x \cos \frac{\pi x(n\pm m)}{\alpha}\, dx = x \frac{\alpha}{(n\pm m)} \sin \frac{\pi x(n\pm m)}{\alpha}\Big|_0^\alpha + \frac{\alpha^2}{(n\pm m)^2} \cos \frac{\pi x(n\pm m)}{\alpha}\Big|_0^\alpha$$

Τα διαγώνια λοιπόν στοιχεία του πίνακα, $n = m$, αποκτούν την τιμή $\alpha/2$. Τα υπόλοιπα στοιχεία του πίνακα, όταν n, m είναι ζευγάρι άρτιων ή περιττών αριθμών αποκτούν την τιμή 0 ενώ όταν συνιστούν συνδυασμό άρτιου και περιττού ο πρώτος όρος του αθροίσματος είναι ξανά μηδέν αλλά ο δεύτερος αποκτά την τιμή $-2\alpha^2/(n\pm m)^2$ και τελικά, σε αυτή την περίπτωση,

$$\langle n|\hat{x}|m\rangle = -2\alpha/(n+m)^2 - 2\alpha/(n-m)^2$$

Σε ό,τι αφορά την μορφή των τελεστών ως ολοκληρωτικών πυρήνων, όταν ένας τελεστής $\hat{K}$ είναι Ερμιτιανός, για τον αντίστοιχο ολοκληρωτικό πυρήνα $K(x, x')$, ισχύει η σχέση

$$K(x', x) = K(x, x')$$

Πραγματοποιώντας τις αναφερόμενες αντιστοιχίες, ο τελεστής της θέσης στην απεικόνιση x αποκτά την μορφή ολοκληρωτικού πυρήνα

$$\hat{x} = \int \lambda\delta(x-\lambda)\delta(x'-\lambda)d\lambda$$

καθώς η δράση αυτού του ολοκληρωτικού πυρήνα πάνω σε μια συνάρτηση $\psi(x)$ έχει ως αποτέλεσμα:

$$\hat{x}\psi(x) = \int\Big[\int \lambda\delta(x-\lambda)\delta(x'-\lambda)\,d\lambda\Big]\psi(x')\,dx'$$
$$= \int \lambda\delta(x-\lambda)\,d\lambda \int \delta(x'-\lambda)\psi(x')\,dx'$$
$$= \int \lambda\delta(x-\lambda)\psi(\lambda)\,d\lambda = x\psi(x)$$

Σε ό,τι αφορά τον τελεστή της ορμής, στην απεικόνιση x, αποκτά την μορφή του ολοκληρωτικού πυρήνα

$$\hat{p} = \frac{1}{2\pi}\int d\kappa\, \kappa e^{i\kappa x} e^{-i\kappa x'}$$

ώστε

$$\hat{p}\psi(x) = \frac{1}{2\pi}\int dx'\psi(x')\int d\kappa\, \kappa e^{i\kappa x} e^{-i\kappa x'}$$

$$= \frac{1}{2\pi}\int d\kappa\, \kappa e^{i\kappa x}\int dx'\psi(x')e^{-i\kappa x'} = \frac{1}{2\pi}\int dk\, \kappa e^{i\kappa x} f(k)$$

όπου $f(k) = \int dx'\psi(x')e^{-i\kappa x'}$

Χρησιμοποιώντας τον μετασχηματισμό Fourier για την τελευταία έκφραση –μετασχηματίζοντας δηλαδή την μορφή της δράσης του τελεστή $\hat{p}$ στην απεικόνιση p– προκύπτει

$$\frac{1}{2\pi}\int dx\, e^{-ipx}\int dk\, ke^{ikx} f(k) = \frac{1}{2\pi}\int dx\, e^{i(k-p)x}\int dk\, kf(k)$$
$$= \int dk\, kf(k)\delta(k-p) = pf(p)$$

Στην απεικόνιση p, δηλαδή, η δράση του τελεστή της ορμής συνίσταται στον απλό πολλαπλασιασμό της τιμής της ανεξάρτητης μεταβλητής p επί την τιμή της συνάρτησης $f(p)$, στο ίδιο σημείο.

Τέλος, ο τελεστής της ορμής στην απεικόνιση x είναι ισοδύναμος με τον ολοκληρωτικό πυρήνα

$$\hat{p} \to i\hbar\delta'(x-x')$$

καθώς, σύμφωνα με την δράση της παραγώγου της συνάρτησης δ,

$$\hat{p}|\psi\rangle \to \int i\hbar\delta'(x-x')\psi(x)\,dx = -i\hbar\,\partial\psi'(x)/\partial x$$

Συνοψίζοντας

Οι τελεστές, ως διαδικασίες μετασχηματισμού, αποδίδουν τον ιδιαίτερο χαρακτήρα των πραγματικών αλλαγών που συμβαίνουν στις καταστάσεις–διανύσματα. Η μορφή των τελεστών εξαρτάται, όπως άλλωστε και η μορφή των διανυσμάτων, τόσο από τις διαστάσεις του συγκεκριμένου χώρου Hilbert όσο και από την απεικόνιση που χρησιμοποιούμε. Στο διακριτό φάσμα αντιστοιχούν τετραγωνικοί πίνακες πεπερασμένων ή άπειρων διαστάσεων ενώ στο συνεχές οι τελεστές αποκτούν την μορφή ολοκληρωτικών πυρήνων.

Ιδιαίτερο ενδιαφέρον αποκτούν οι μεταβολές όπου διατηρείται ο συνολικός αριθμός των σωματιδίων, που συμμετέχουν στο πείραμα. Η διατήρηση αυτή επιβάλλει περιορισμούς στους τελεστές που αποδίδουν τέτοιους μετασχηματισμούς. Αν η αλλαγή της φάσης που αντιστοιχεί σε κάθε διάνυσμα βάσης είναι γραμμική, υπάρχει πάντα ένας Ερμιτιανός τελεστής που συνδέεται με την απειροστή μεταβολή του διανύσματος και, για την ακρίβεια, αποδίδει τον ρυθμό μεταβολής.

Από την άλλη, γνωρίζουμε ότι σε κάθε συγκεκριμένο πρόβλημα τα διανύσματα βάσης αντιστοιχούν, με έναν καθορισμένο τρόπο, στις πειραματικές τιμές του μεγέθους. Ο γενικός τρόπος σχηματισμού της σχέσης μεταξύ των πειραματικών τιμών και των διανυσμάτων βάσης αποδίδεται από έναν Ερμιτιανό τελεστή. Στην αφετηρία της αναφερόμενης σύνδεσης βρίσκεται η έννοια του προβολικού τελεστή.

Κάθε φυσικό μέγεθος εμφανίζεται βέβαια πάντα μέσα από τις πειραματικές του τιμές, οι οποίες εδώ εμφανίζουν αυτή την διπλή υπόσταση: ως σχέση των σωματιδίων με τις συσκευές είναι αριθμοί, στην λειτουργία τους ως βάση αναφοράς είναι διανύσματα. Στα πλαίσια της δεύτερης λειτουργίας του, ο τελεστής, εμφανίζεται ως η σχέση αυτών των δύο διακριτών εννοιών ενώ, με την εμφάνιση του τελεστή, ακόμη και ο τρόπος εμφάνισης των δύο πλευρών ως ανεξάρτητων έχει χαθεί, καθώς οι τελευταίες έχουν πλέον μεταμορφωθεί σε ιδιοδιανύσματα και ιδιοτιμές, αντίστοιχα. Η σχέση επαναπροσδιορίζει τους όρους της.

Από μια άλλη σκοπιά βέβαια, οι ίδιοι οι τελεστές είναι διανύσματα. Το σύνολο για παράδειγμα όλων των πραγματικών $n \times n$ πινάκων σχηματίζουν έναν πραγματικό διανυσματικό χώρο, διάστασης n^2, με εσωτερική πρόσθεση την γνωστή πρόσθεση μεταξύ πινάκων και βαθμωτό πολλαπλασιασμό τον πολλαπλασιασμό με τους πραγματικούς αριθμούς. Η σχέση λοιπόν, ο τελεστής, από αυτή την οπτική γωνία, ταυτίζεται με τη μία πλευρά της.

Τέλος, οι λύσεις των προβλημάτων έδειξαν ότι δεν υπάρχει πάντοτε αμφιμονοσήμαντη αντιστοιχία μεταξύ της ιδιοτιμής και της αντίστοιχης ιδιοκατάστασης, γεγονός που κάνει φανερή και την πρακτική απαίτηση της διάκρισης μεταξύ μετρήσιμων τιμών και διανυσμάτων βάσης, η οποία αρχικά εμφανίστηκε μόνο ως θεωρητική απαίτηση, ενώ η κατανόηση αυτού του «εκφυλισμού» βρίσκεται στις σχέσεις μεταξύ των φυσικών μεγεθών, όπως θα διαπιστώσουμε στη συνέχεια.

Άλγεβρα τελεστών

4.1. Σχέσεις μεταξύ των φυσικών μεγεθών

Η ανάπτυξη της θεωρίας έχει ήδη προσδιορίσει τον τρόπο με τον οποίο προσδιορίζονται οι δυνατές τιμές ενός φυσικού μεγέθους. Αλλά καθώς συχνά μια κατάσταση χαρακτηρίζεται από περισσότερες της μίας τιμές διαφορετικών φυσικών μεγεθών αναδύεται το ερώτημα για το σύνολο των φυσικών μεγεθών, των οποίων οι πειραματικές τιμές είναι δυνατόν να μετρηθούν ταυτόχρονα.

Ας υποθέσουμε λοιπόν ότι A και B είναι δύο φυσικά μεγέθη, για τα οποία είναι δυνατή η ταυτόχρονη μέτρηση των τιμών τους. Τότε, αν $|n\rangle$ είναι ένα διάνυσμα βάσης το οποίο αντιστοιχεί σε ένα ζευγάρι ταυτόχρονα μετρήσιμων τιμών, είναι δηλαδή ιδιοδιάνυσμα τόσο του τελεστή $\hat{A}$ όσο και του τελεστή $\hat{B}$, θα ισχύει

$$\hat{A}|n\rangle = \alpha_n|n\rangle \text{ και } \hat{B}|n\rangle = b_n|n\rangle$$

Επομένως

$$\hat{A}\hat{B}|n\rangle = \hat{A}b_n|n\rangle = b_n\hat{A}|n\rangle$$
$$= b_n\alpha_n|n\rangle = b_n[\hat{A}|n\rangle] = \hat{B}\hat{A}|n\rangle$$

δηλαδή

$$\hat{A}\hat{B} = \hat{B}\hat{A}$$

σε ό,τι αφορά τα κοινά ιδιοδιανύσματα των $\hat{A}$ και $\hat{B}$. Η μεταθετικότητα των δύο Ερμιτιανών τελεστών απέναντι στα κοινά ιδιοδιανύσματά τους συνεπάγεται βέβαια την μεταθετικότητα απέναντι σε κάθε διάνυσμα του χώρου Hilbert καθώς κάθε τέτοιο διάνυσμα $|\psi\rangle$ μπορεί πάντα να αναλυθεί σε γραμμικό συνδυασμό των ιδιοδιανυσμάτων $|n\rangle$.

Αντίστροφα, αν υποθέσουμε ότι η δράση των τελεστών $\hat{A}$ και $\hat{B}$ εναλλάσεται ως προς ένα τυχαίο διάνυσμα $|\psi\rangle$ τότε, αν $|n\rangle$ είναι ένα ιδιοδιάνυσμα του $\hat{A}$, έχουμε διαδοχικά

$$\hat{A}[\hat{B}|n\rangle] = \hat{B}\hat{A}|n\rangle = \hat{B}\alpha_n|n\rangle = \alpha_n[\hat{B}|n\rangle]$$

Αν υποθέσουμε ότι σε κάθε ιδιοτιμή αντιστοιχεί ένα μόνο ιδιοδιάνυσμα, δεν υπάρχει δηλαδή «εκφυλισμός», η κατάσταση $\hat{B}|n\rangle$ εκπροσωπεί την ίδια διεύθυνση με το $|n\rangle$, η δράση δηλαδή του τελεστή $\hat{B}$ αφήνει αναλλοίωτη την διεύθυνση ενός τυχαίου ιδιοδιανύσματος του τελεστή $\hat{A}$, που αποτελεί και δικό του ιδιοδιάνυσμα.

Ας υποθέσουμε τώρα ότι στην ιδιοτιμή α αντιστοιχούν δύο ιδιοδιανύσματα $|u_{1\alpha}\rangle$ και $|u_{2\alpha}\rangle$, δηλαδή

$$\hat{A}|u_{1\alpha}\rangle = \alpha|u_{1\alpha}\rangle$$

$$\hat{A}|u_{2\alpha}\rangle = \alpha|u_{2\alpha}\rangle$$

τότε, αν υπάρχει ένας τελεστής $\hat{B}$ ο οποίος μετατίθεται με τον τελεστή $\hat{A}$, το διάνυσμα $\hat{B}|n\rangle$ οφείλει να αναλύεται σε γραμμικό συνδυασμό αυτών των δύο ιδιοδιανυσμάτων, η δράση δηλαδή του τελεστή $\hat{B}$ επάνω στα διανύσματα $|u_{1\alpha}\rangle$ και $|u_{2\alpha}\rangle$ πρέπει να δίνει έναν κάθε φορά διαφορετικό γραμμικό συνδυασμό τους:

$$\hat{B}|u_{1\alpha}\rangle = b_{11}|u_{1\alpha}\rangle + b_{12}|u_{2\alpha}\rangle$$

$$\hat{B}|u_{2\alpha}\rangle = b_{21}|u_{1\alpha}\rangle + b_{22}|u_{2\alpha}\rangle$$

Ταυτόχρονα, ωστόσο, υπάρχει πάντα η δυνατότητα να επιλέξουμε έναν συγκεκριμένο γραμμικό συνδυασμό των $|u_{1\alpha}\rangle$ και $|u_{2\alpha}\rangle$ με τέτοιον τρόπο ώστε να δημιουργηθούν δύο ιδιοδιανύσματα $|\upsilon_{1\alpha}\rangle$ και $|\upsilon_{2\alpha}\rangle$ του τελεστή $\hat{B}$, δηλαδή

$$\hat{B}|\upsilon_{1\alpha}\rangle = b^{+}|\upsilon_{1\alpha}\rangle$$

$$\hat{B}|\upsilon_{2\alpha}\rangle = b^{-}|\upsilon_{2\alpha}\rangle$$

Πράγματι, αν γράψουμε

$$\hat{B}(|u_{1\alpha} + \lambda|u_{2\alpha}\rangle = (b_{11} + \lambda b_{21})|u_{1\alpha}\rangle + (b_{12} + \lambda b_{22})|u_{2\alpha}\rangle$$

και επιλέγοντας

$$b_{12} + b_{22} = \lambda(b_{11} + \lambda b_{21})$$

προκύπτει

$$\hat{B}(|u_{1\alpha}\rangle + \lambda|u_{2\alpha}\rangle) = b_{\pm}(|u_{1\alpha}\rangle + \lambda|u_{2\alpha}\rangle)$$

Τα δύο διανύσματα που προκύπτουν ως προς την μεταβλητή λ είναι ορθογώνια μεταξύ τους καθώς αντιστοιχούν σε διαφορετικές ιδιοτιμές του Ερμιτιανού τελεστή $\hat{B}$. Στον υπόχωρο επομένως που αντιστοιχεί σε μία εκφυλισμένη ιδιοτιμή είναι δυνατό να δημιουργηθούν αμοιβαία ορθογώνια διανύσματα ίσου πλήθους με τον βαθμό εκφυλισμού. Η διαδικασία είναι υποχρεωμένη να συνεχιστεί έως την εξάντληση του αριθμού των εκφυλισμένων ιδιοδιανυσμάτων. Στο πέρας της όλα τα όμοια ως προς τις ιδιοτιμές του τελεστή $\hat{A}$ ιδιοδιανύσματα έχουν διακριθεί και προσδιοριστεί σε σχέση με τις τιμές των άλλων φυσικών μεγεθών, το δε προκύπτον σύνολο των αμοιβαία μετατιθέμενων τελεστών ονομάζεται πλήρες σύνολο.

Έτσι, ενώ ο τελεστής ανακαλύπτει από μόνος του όλα τα διανύσματα μιας συγκεκριμένης βάσης του χώρου, δεν είναι ωστόσο σε θέση, μέσα στην απομόνωσή του, να δώσει την σωστή εξήγηση για το πλήθος τους. Από την άλλη, κάθε διάνυσμα—βάσης αποδίδει τώρα την μέγιστη πληροφορία σχετικά με τον αριθμό των ταυτόχρονα μετρήσιμων τιμών. Αν είναι n το πλήθος των μετατιθέμενων τελεστών τότε το ιδιοδιάνυσμα προσδιορίζεται από n ταυτόχρονα μετρήσιμες τιμές. Οι τελευταίες, με την χρησιμοποίηση του συμβολισμού Dirac και ακολουθώντας συγκεκριμένη διάταξη, τοποθετούνται η μία μετά την άλλη μέσα στο αντίστοιχο σύμβολο. Αν δηλαδή μία κατάσταση προσδιορίζεται από τους τρεις αριθμούς n, l, m, ο αντίστοιχος συμβολισμός είναι $|n, l, m\rangle$.

Ωστόσο, τα φυσικά μεγέθη που είναι απαραίτητα για τον πλήρη προσδιορισμό των διανυσμάτων βάσης καθορίζονται καταρχήν από φυσικά και κατόπιν από μαθηματικά επιχειρήματα. Οι δυνατές καταστάσεις ενός συστήματος καθορίζονται πρώτα απ' όλα από το αδιαίρετο ή μη του συστήματος ή την δυνατότητα να βρεθεί ένα φυσικό σύστημα σε διεγερμένη κατάσταση, όπως συμβαίνει με τις ενεργειακές καταστάσεις των πυρήνων. Από την άλλη, το ποια μεγέθη θεωρούνται θεμελιώδη στον προσδιορισμό καταστάσεων εξαρτάται από το ίδιο το επίπεδο της ανάπτυξης των γνώσεών μας για την συμπεριφορά των σωματιδίων. Χαρακτηριστικά, η ύπαρξη του spin ως μη κλασικού μεγέθους επιβάλλει μία διαφορετική προσέγγιση, μία προσέγγιση που οδηγεί στην επανασυγκρότηση του ίδιου του διανυσματικού χώρου των καταστάσεων: Σε κάθε σημείο του προηγούμενου "κλασικού" χώρου αντιστοιχούν τώρα δύο καταστάσεις, ο νέος διανυσματικός χώρος δηλαδή συνιστά ένα «ευθύ γινόμενο» των δύο χώρων, όπως ονομάζεται μια τέτοια διαδικασία, στην γλώσσα των μαθηματικών.

4.2. Μεταθέτης

Ο πρακτικός έλεγχος της μεταθετικότητας, σε ό,τι αφορά την δράση δύο τελεστών $\hat{A}$ και $\hat{B}$, απαιτεί τον υπολογισμό της έκφρασης

$$[\hat{A}, \hat{B}] = \hat{A}\hat{B} - \hat{B}\hat{A}$$

Σε ό,τι αφορά τις γενικές ιδιότητες του μεταθέτη είναι εύκολο να διαπιστώσουμε ότι ισχύει

$$[\hat{A}, \hat{B}] = -[\hat{B}, \hat{A}]$$

$$[\hat{A}, \lambda\hat{B} + \kappa\hat{C}] = \lambda[\hat{A}, \hat{B}] + \kappa[\hat{A}, \hat{C}]$$

ενώ αν $\hat{A}$, $\hat{B}$, $\hat{C}$ είναι τρεις τελεστές, τότε ισχύει

$$[\hat{A}\hat{B}, \hat{C}] = [\hat{A}, \hat{B}]\hat{C} + [\hat{A}, \hat{C}]\hat{B}$$

Παράδειγμα 4.1

Για να προσδιορίσουμε την έκφραση

$$[\hat{A}\hat{B}, \hat{C}\hat{D}]$$

σχηματίζουμε όλους τους δυνατούς συνδυασμούς μεταξύ των τελεστών των δύο γινομένων, δηλαδή

$$[\hat{A}, \hat{C}]\ [\hat{A}, \hat{D}]\ [\hat{B}, \hat{C}]\ [\hat{B}, \hat{D}]$$

Παρατηρώντας, στη συνέχεια, ότι κάθε τελεστής "χωρίζει" τους τελεστές που πολλαπλασιάζονται με αυτόν σε δεξιούς και σε αριστερούς σε σχέση με τον ίδιο, οι απλούστεροι μεταθέτες πολλαπλασιάζονται από δεξιά με τους αντίστοιχους "δεξιούς" τελεστές και από αριστερά με τους "αριστερούς" τελεστές:

$$[\hat{A}, \hat{C}]B\hat{D},\ \hat{C}[\hat{A}, \hat{D}]\hat{B},\ \hat{A}[\hat{B}, \hat{C}]\hat{D},\ \hat{A}\hat{C}[\hat{B}, \hat{D}]$$

Ο ζητούμενος μεταθέτης τότε σχηματίζεται από ένα άθροισμα τεσσάρων όρων

$$[\hat{A}\hat{B}, \hat{C}\hat{D}] = [\hat{A}, \hat{C}]\hat{B}\hat{D} + \hat{C}[\hat{A}, \hat{D}]\hat{B} + \hat{A}[\hat{B}, \hat{C}]\hat{D} + \hat{A}\hat{C}[\hat{B}, \hat{D}]$$

Τέλος, είναι εύκολο να αποδειχθεί ότι ισχύει η σχέση:

$$[\hat{A}, [\hat{B}, \hat{C}]] + [\hat{B}, [\hat{C}, \hat{A}]] + [\hat{C}, [\hat{A}, \hat{B}]] = 0$$

Παράδειγμα 4.2

Όταν οι τελεστές έχουν την μορφή τετραγωνικού πίνακα ο υπολογισμός του μεταθέτη απαιτεί την χρησιμοποίηση της γνωστής διαδικασίας πολλαπλασιασμού μεταξύ πινάκων, δηλαδή —συμβολίζοντας τα στοιχεία της γραμμής n του πίνακα A με $\alpha_{n\kappa}$ και τα στοιχεία της στήλης m του πίνακα B με $b_{\kappa m}$ — το στοιχείο ω_{nm} του πίνακα AB θα είναι

$$\omega_{nm} = \sum_{\kappa} \alpha_{n\kappa} b_{\kappa m}$$

αφού κάθε στοιχείο ω_{nm} του νέου πίνακα προκύπτει από τον πολλαπλασιασμό της n γραμμής του πρώτου επί την m στήλη του δεύτερου πίνακα. Ο τρόπος υπολογισμού του γινομένου καθιστά φανερή την εξάρτηση του αποτελέσματος από τη σειρά με την οποία πολλαπλασιάζονται οι δύο πίνακες.

Ωστόσο, στην ειδική περίπτωση του πολλαπλασιασμού μεταξύ τετραγωνικών πινάκων υπάρχει μία ποσότητα η οποία, παρά την μη μεταθετικότητα σε ό,τι αφορά το αποτέλεσμα, είναι ανεξάρτητη από την διάταξη στον πολλαπλασιασμό. Η εν λόγω ποσότητα είναι το ίχνος, το άθροισμα δηλαδή των διαγώνιων στοιχείων του νέου πίνακα. Πράγματι

$$\mathrm{Tr}(AB) = \sum_n \sum_\kappa b_{n\kappa}\alpha_{\kappa n} = \sum_\kappa \sum_n \alpha_{\kappa n} b_{n\kappa} = \mathrm{Tr}(BA)$$

Ακολουθώντας ανάλογη διαδικασία, προκύπτει

$$\mathrm{Tr}(ABC) = \mathrm{Tr}(CAB) = \mathrm{Tr}(BCA)$$

Παράδειγμα 4.3

Έστω οι τελεστές

$$\hat{A}_2\psi(x) = x\frac{d}{dx}\psi(x) \text{ και } \hat{A}_8\psi(x) = \int_{-\infty}^{x} dx'\psi(x')x'$$

$$\hat{A}_8\hat{A}_2\,\psi(x) = \int_{-\infty}^{x} dx'\,[x'\frac{d}{dx'}\psi(x')]x' = \int_{-\infty}^{x} x'^2 d\psi(x')$$

και χρησιμοποιώντας την κατά παράγοντες ολοκλήρωση

$$\hat{A}_8\hat{A}_2 = x^2\psi(x)\Big|_{-\infty}^{x} - 2\int_{-\infty}^{x} dx'\psi(x')x'$$

Από την άλλη, έχουμε

$$\hat{A}_2\,\hat{A}_8 = x\frac{d}{dx}\int_{-\infty}^{x} dx'\psi(x')x' = x^2\psi(x)\Big|_{-\infty}^{x}$$

και τελικά

$$[\hat{A}_2, \hat{A}_8]\psi(x) = 2\int_{-\infty}^{x} dx'\psi(x')\,x' = 2\hat{A}_8$$

Ιδιαίτερη σημασία έχει η ανάλυση των μεταθετικών σχέσεων μεταξύ των τελεστών της θέσης και της ορμής. Συγκεκριμένα

$$\hat{x}\hat{p}\,\psi(x) = -i\hbar\frac{d\psi(x)}{dx} \quad \text{ενώ} \quad \hat{p}\hat{x}\,\psi(x) = -i\hbar\,\frac{d[x\psi(x)]}{dx}$$

Επομένως

$$[\hat{x}, \hat{p}] = i\hbar$$

Η δημιουργία του μεταθέτη ωστόσο προσομοιάζει με την γνωστή πράξη της παραγώγισης.

Παράδειγμα 4.4

$$[\hat{x}^n, \hat{p}] = n\hat{x}^{n-1}[\hat{x}, \hat{p}]$$

Για την απόδειξη χρησιμοποιούμε την επαγωγική μέδοδο. Για $n = 1$, η σχέση είναι προφανής. Υποθέτουμε ότι η ισότητα ισχύει για έναν ακέραιο αριθμό n, δηλαδή

$$\hat{x}^n\hat{p} - \hat{p}\hat{x}^n = n\hat{x}^{n-1}i\hbar$$

Με σκοπό να δημιουργήσουμε το δεύτερο μέλος της ζητούμενης σχέσης, πολλαπλασιάζουμε από δεξιά επί $\hat{x}$ και στη συνέχεια προσθέτουμε και στα δύο μέλη τον όρο $\hat{x}^n i\hbar$:

$$\hat{x}^n\hat{p}\hat{x} - \hat{p}\hat{x}^{n+1} + \hat{x}^n i\hbar = (n+1)\hat{x}^n i\hbar$$

$$\hat{x}^n(\hat{p}\hat{x} + i\hbar) - \hat{p}\hat{x}^{n+1} = (n+1)\hat{x}^n i\hbar$$

Χρησιμοποιώντας την μεταθετική σχέση μεταξύ $\hat{x}$ και $\hat{p}$, προκύπτει

$$\hat{x}^{n+1}\hat{p} - \hat{p}\hat{x}^{n+1} = (n+1)\hat{x}^n i\hbar$$

Παρατηρούμε ότι η δράση του μεταθέτη έχει ως αποτέλεσμα την παραγώγιση του αναπτύγματος $\hat{x}^n$. Από την άλλη, επειδή κάθε συνάρτηση $\hat{A}(x)$ μπορεί να αναπτυχθεί σε μία δυναμοσειρά ως προς x, είναι προφανές ότι

$$[\hat{A}(x), \hat{p}] = -i\hbar\frac{d\hat{A}(x)}{dx}$$

Παράδειγμα 4.5

Αν $\hat{A}$ και $\hat{B}$ είναι δύο τυχαίοι τελεστές θα αποδείξουμε ότι

$$[\hat{A}^m, \hat{B}] = m\hat{A}^m[\hat{A}, \hat{B}]$$

αν ισχύει η σχέση

$$[[\hat{A}, \hat{B}], \hat{A}] = 0$$

Χρησιμοποιώντας ξανά την επαγωγική μέθοδο είναι προφανές ότι η σχέση ισχύει για $m = 1$ ενώ αν η σχέση ισχύει για τυχαίο m, δηλαδή

$$\hat{A}^m\hat{B} - \hat{B}\hat{A}^m = m\hat{A}^{m-1}(\hat{A}\hat{B} - \hat{B}\hat{A})$$

και ακολουθώντας ανάλογη διαδικασία με προηγουμένως θα είναι

$$\hat{A}^{m+1}\hat{B} - \hat{A}\hat{B}\hat{A}^m + \hat{A}^m(\hat{A}\hat{B} - \hat{B}\hat{A}) = (m+1)\hat{A}^m(\hat{A}\hat{B} - \hat{B}\hat{A})$$

Επειδή ο μεταθέτης $[\hat{A}, \hat{B}]$ μετατίθεται με τον τελεστή $\hat{A}$ και κατά συνέπεια με τον τελεστή $\hat{A}^m$ έχουμε

$$\hat{A}^{m+1}\hat{B} - \hat{A}\hat{B}\hat{A}^m + (\hat{A}\hat{B} - \hat{B}\hat{A})\hat{A}^m = (m+1)\hat{A}^m(\hat{A}\hat{B} - \hat{B}\hat{A})$$

$$[\hat{A}^{m+1}, \hat{B}] = (m+1)\hat{A}^m[\hat{A}, \hat{B}]$$

Ιδιαίτερο ενδιαφέρον παρουσιάζει επίσης η επόμενη αναδρομική σχέση για τον μεταθέτη τελεστών υψωμένων σε κάποια δύναμη.

Παράδειγμα 4.6

$$[\hat{A},\hat{B}^n]=\sum_{\kappa=0}^{n-1}\hat{B}^{\kappa}[\hat{A},\hat{B}]\hat{B}^{n-1-\kappa}$$

Για $n=2$ ισχύει

$$[\hat{A},\hat{B}^2]=[\hat{A},\hat{B}]\hat{B}+\hat{B}[\hat{A},\hat{B}]$$

ενώ για τυχαίο n

$$\hat{A}\hat{B}^n-\hat{B}^n\hat{A}=\sum_{\kappa=0}^{n-1}\hat{B}^{\kappa}[\hat{A},\hat{B}]\hat{B}^{n-\kappa-1}$$

Πολλαπλασιάζουμε επί $\hat{B}$ από δεξιά και προσθέτουμε τον όρο

$$\hat{B}^n[\hat{A},\hat{B}]\hat{B}^{n-n}=\hat{B}^n[\hat{A},\hat{B}]$$

για να σχηματιστεί, ως αποτέλεσμα, στο δεξιό μέρος ο όρος που αντιστοιχεί στο $\kappa=n$.

$$\hat{A}\hat{B}^{n+1}-\hat{B}^n\hat{A}\hat{B}+\hat{B}^n\hat{A}\hat{B}-\hat{B}^n\hat{B}\hat{A}=\sum_{\kappa=0}^{n-1}\hat{B}^{\kappa}[\hat{A},\hat{B}]\hat{B}^{n-\kappa}$$

$$\Rightarrow[\hat{A},\hat{B}^{n+1}]=\sum_{\kappa=0}^{n-1}B^{\kappa}[\hat{A},\hat{B}]\hat{B}^{n-\kappa}$$

Σε ό,τι αφορά την Ερμιτιανότητα του μεταθέτη παρατηρούμε, για παράδειγμα, ότι η έκφραση

$$\frac{1}{2}(\hat{x}\hat{p}+\hat{p}\hat{x})$$

είναι Ερμιτιανός τελεστής ενώ τα ξεχωριστά απλά γινόμενα $\hat{x}\hat{p}$ και $\hat{p}\hat{x}$ δεν είναι. Σε ένα άλλο παράδειγμα, το γινόμενο $\hat{x}^2\hat{p}$ αντιστοιχεί στο άθροισμα

$$\frac{1}{4}(\hat{x}^2\hat{p}+2\hat{x}\hat{p}\hat{x}+\hat{p}\hat{x}^2)$$

Ο Ερμιτιανός ή μη χαρακτήρας των προηγούμενων εκφράσεων αναδεικνύεται εύκολα χρησιμοποιώντας την ιδιότητα για τον Ερμιτιανό συζυγή του γινομένου δύο τελεστών

$$(\hat{A}\hat{B})^+=\hat{B}^+\hat{A}^+$$

καθώς

$$\langle\psi|(\hat{A}\hat{B})^+\varphi\rangle=\langle\varphi|\Big\{\hat{A}\Big(\sum_n|i\rangle\langle i|\Big)\hat{B}\Big\}\psi\rangle^*$$

$$=\sum_n\langle i|\hat{B}\psi\rangle^*\langle\varphi|\hat{A}i\rangle^*=\sum_n\langle\psi|\hat{B}^+i\rangle^*\langle i|\hat{A}^+\varphi\rangle=\langle\psi|\hat{B}^+\hat{A}^+\varphi\rangle$$

4.3. Άλγεβρα τελεστών

Ανάλογα με τον διαδοχικό μετασχηματισμό ενός διανύσματος, τον «πολλαπλασιασμό» δηλαδή μεταξύ δύο τελεστών $\hat{A}$ και $\hat{B}$, ορίζουμε και την πράξη της πρόσθεσης:

$$(\hat{A}+\hat{B})|\psi\rangle = \hat{A}|\psi\rangle + \hat{B}|\psi\rangle$$

Δύο τελεστές, λοιπόν, προστίθενται ή πολλαπλασιάζονται μεταξύ τους θυμίζοντάς μας τους συνηθισμένους αριθμούς. Αλλά τι κοινό μπορεί να υπάρχει ανάμεσα στην περιστροφή ενός διανύσματος και στην γνωστή μας προπαίδεια; Σε μια πιο προσεκτική εξέταση, ο αριθμός, καταρχήν, είναι μία ποσότητα η οποία προϋποθέτει για τον προσδιορισμό της την αναφορά σε κάποια συγκεκριμένη μονάδα, αποτελεί δηλαδή άμεσα έναν πολλαπλασιασμό. Ο αριθμός 5 σημαίνει ότι αποτελείται από ένα πλήθος ακριβώς πέντε μονάδων ή αλλιώς μας λέει πόσες φορές πρέπει να προσθέσουμε τον αριθμό 1 για να μπορέσει να σχηματιστεί. Άρα, κάθε απλός αριθμός ορίζεται ως ένας απλός μετασχηματισμός σε σχέση με την μονάδα.

Ως επακόλουθο, όταν εκτελούμε έναν πολλαπλασιασμό μεταξύ δύο αριθμών ουσιαστικά εκτελούμε δύο διαδικασίες μετασχηματισμού διαδοχικά. Ο πολλαπλασιασμός, για παράδειγμα,

$$3\times 5$$

αναλύεται στις διαδικασίες

$$3\times(5\times 1)$$

Ο μετασχηματισμός εδώ αφορά την δημιουργία ενός συγκεκριμένου κάθε φορά πλήθους μονάδων. Ο πρώτος μετασχηματισμός δημιουργεί $5\times 1 = 5$ μονάδες ενώ ο δεύτερος δρα πάνω στο αποτέλεσμα του πρώτου, χρησιμοποιώντας το τελευταίο ως μονάδα. Είναι φανερό ότι, αν ακολουθήσουμε την αντίστροφη διαδικασία, δηλαδή την διαδικασία

$$5\times(3\times 1)$$

έχουμε ακολουθήσει εντελώς διαφορετικά λογικά βήματα. Για τους αριθμούς όμως το τελικό αποτέλεσμα είναι το ίδιο και στις δύο περιπτώσεις.

Ο πολλαπλασιασμός, λοιπόν, μεταξύ δύο αριθμών αποτελεί απλή ειδική περίπτωση της γενικής περίπτωσης του πολλαπλασιασμού δύο τελεστών. Η λειτουργία άλλωστε της μονάδας ως μετασχηματιζόμενου διανύσματος δεν είναι κάτι που συναντάμε πρώτη φορά, καθώς οι μιγαδικοί αριθμοί αποτελούν την πιο απλή περίπτωση διανυσματικού χώρου Hilbert. Στους αριθμούς, όμως, το είδος του μετασχηματισμού αφορά τον απλό σχηματισμό πλήθους μονάδων και χαρακτηρίζει την δυνατότητα εναλλαγής των δύο πράξεων δίχως αλλοίωση του αποτελέσματος.

Ανάλογα, η πρόσθεση μεταξύ δύο αριθμών αναλύεται σε διαδικασίες αθροίσματος της δράσης δύο μετασχηματισμών. Για παράδειγμα,

$$5+3 = 5\times 1 + 3\times 1$$

Ξανά η πρόσθεση αριθμών αποτελεί την απλή ειδική περίπτωση της πρόσθεσης δύο μετασχηματισμένων διανυσμάτων.

Οι αριθμοί, λοιπόν, λειτουργούν μέσα στις ίδιες τους τις πράξεις ως τελεστές. Ο τελεστής αποτελεί γενίκευση του αριθμού αποδίδοντας την πιο γενική έννοια του μετασχηματισμού: μετασχηματίζει όχι μόνο τους απλούς αριθμούς αλλά και την γενίκευσή τους, τα διανύσματα. Η γενική περίπτωση διακρίνεται τυπικά από την ειδική στην μη αναγκαία μεταθετικότητα σε ό,τι αφορά την πράξη του πολλαπλασιασμού. Όταν η διάκριση της μη μεταθετικότητας παύει να υφίσταται, η γενική περίπτωση μετατρέπεται στην ειδική της: οι τελεστές μετατρέπονται σε αριθμούς. Οι τελεστές, λοιπόν, συμπυκνώνουν το σύνολο των εσωτερικών τους σχέσεων σε μια μαθηματική δομή ανάλογη με εκείνη των αριθμών, συγκροτούν δηλαδή μία άλγεβρα όπου ο ιδιαίτερος τρόπος σχηματισμού του μεταθέτη παίζει το ρόλο εσωτερικής πράξης.

Πράγματι, ένας διανυσματικός χώρος μετατρέπεται σε άλγεβρα όταν οριστεί κατάλληλα ένας διανυσματικός πολλαπλασιασμός (ο). Ως παράδειγμα γνωρίζουμε ότι το σύνολο των πραγματικών $n\times n$ πινάκων συγκροτούν έναν πραγματικό διανυσματικό χώρο. Ο ίδιος χώρος, μέσω του ορισμού μιας πρόσθετης εσωτερικής πράξης, του γνωστού πολλαπλασιασμού πινάκων, μετατρέπεται σε άλγεβρα. Στην άλγεβρα των τελεστών ο διανυσματικός πολλαπλασιασμός ορίζεται από τον τρόπο με τον οποίο σχηματίζεται ο μεταθέτης, δηλαδή

$$\hat{A}\text{o}\hat{B} = \hat{A}\hat{B} - \hat{B}\hat{A}$$

Είναι αλήθεια ότι οι ιδιότητες των τελεστών αντανακλώνται στις ιδιότητες των ιδιοτιμών τους. Η ιδιότητα της ισότητας ενός τελεστή με τον Ερμιτιανό του αντανακλάται στην αναγκαιότητα της ιδιοτιμής του να είναι ίση με την συζυγή της, δηλαδή να είναι πραγματική. Αντίστοιχα, η ιδιότητα του μοναδιαίου τελεστή να δίνει γινόμενο μονάδα όταν πολλαπλασιάζεται με τον συζυγή του, αντανακλάται, με τη σειρά της, στο μοναδιαίο μέτρο της ιδιοτιμής του. Η ιδιοτιμή είναι ο τελεστής όταν ο τελευταίος στέκεται αντιμέτωπος προς το ιδιοδιάνυσμά του.

Από την άλλη, σχέσεις που αφορούν δυνάμεις τελεστών υποχρεώνουν σε περιορισμούς και τις αντίστοιχες ιδιοτιμές.

Παράδειγμα 4.7

Αν $\hat{H}^4 = 1$, τότε η δράση του τελεστή $\hat{H}$ επάνω σε ένα τυχαίο διάνυσμα έχει ως αποτέλεσμα

$$\hat{H}^4|\psi\rangle = \lambda^4|\psi\rangle = 1|\psi\rangle$$

και για τις ιδιοτιμές έχουμε

$$\lambda^4 - 1 = 0 \quad \Longrightarrow \quad \lambda_1 = 1,\ \lambda_2 = -1,\ \lambda_3 = i,\ \lambda_4 = -i$$

ενώ αν ο τελεστής είναι Ερμιτιανός οι ιδιοτιμές του περιορίζονται στις δύο πρώτες.

Αντίστροφα, περιορισμοί στις ιδιοτιμές επιβάλλουν περιορισμούς στον ίδιο τον τελεστή. Ιδιαίτερη περίπτωση αποτελεί το γνωστό θεώρημα Cayley—Hamilton.

Παράδειγμα 4.8

Αν οι ιδιοτιμές του τελεστή $\hat{A}$ ικανοποιούν την εξίσωση $f(\lambda) = 0$, τότε και ο τελεστής ικανοποιεί την εξίσωση

$$f(\hat{A})|\psi\rangle = 0$$

καθώς αν $|\psi\rangle$ είναι ένα τυχαίο διάνυσμα, τότε αυτό μπορεί να αναπτυχθεί σε γραμμικό συνδυασμό των ιδιοδιανυσμάτων $|n\rangle$ του τελεστή $\hat{A}$.

$$|\psi\rangle = \sum_n c_n|\psi\rangle \implies f(\hat{A})|\psi\rangle = \sum_n c_n f(\lambda_n)|\psi\rangle = 0$$

Είναι φανερό ότι ως εφαρμογή έχουμε το θεώρημα ότι κάθε πίνακας ικανοποιεί την εξίσωση ιδιοτιμών του.

Αλλά η σχέση ιδιοτιμών και τελεστών αποκτά αποφασιστική σημασία στην συγκρότηση νέων τελεστών. Αν οι τιμές δύο φυσικών μεγεθών συνδέονται με μία συναρτησιακή σχέση, τότε οι αντίστοιχοι μετατιθέμενοι τελεστές συνδέονται με την ίδια συναρτησιακή σχέση που συνδέει τις ιδιοτιμές τους.

Παράδειγμα 4.9

Να βρεθεί ο πίνακας $f(L)$ όπου

$$L = \frac{1}{\sqrt{2}}\begin{vmatrix} 0 & 1 & 0 \\ 1 & 0 & 1 \\ 0 & 1 & 0 \end{vmatrix}$$

και f η συνάρτηση μεταξύ των αντίστοιχων ιδιοτιμών:

$$f(t) = \begin{matrix} 1 & t < -1/2 \\ 2 & t > -1/2 \end{matrix}$$

Επειδή οι δύο τελεστές μετατίθενται, θα προσδιορίσουμε τα ιδιοδιανύσματα του πίνακα L. Η εξίσωση ιδιοτιμών δίνει

$$\lambda_1 = 0, \lambda_2 = 1, \lambda_3 = -1$$

Εύκολα προσδιορίζουμε τα αντίστοιχα ιδιοδιανύσματα

$$\mathbf{u}_1 = \frac{1}{\sqrt{2}}\begin{pmatrix} 1 \\ 0 \\ -1 \end{pmatrix}, \mathbf{u}_2 = \frac{1}{2}\begin{pmatrix} 1 \\ \sqrt{2} \\ 1 \end{pmatrix}, \mathbf{u}_3 = \frac{1}{2}\begin{pmatrix} 1 \\ -\sqrt{2} \\ 1 \end{pmatrix}$$

Προφανώς η συνάρτηση f απεικονίζει τις δύο πρώτες ιδιοτιμές στην τιμή 2 ενώ την τρίτη στην τιμή 1. Ο πίνακας λοιπόν $f(L)$ θα είναι

$$\begin{vmatrix} 7 & \sqrt{2} & 1 \\ \sqrt{2} & 2(\sqrt{2}+1) & 2-\sqrt{2} \\ -1 & \sqrt{2} & 7 \end{vmatrix}$$

Θα εξετάσουμε τώρα με ποιον τρόπο προσδιορίζουμε τα στοιχεία του πίνακα που αποδίδει τον τελεστή $e^{\hat{A}}$. Ο τελεστής $e^{\hat{A}}$ σχηματίζεται με ανάλογο τρόπο, με τον οποίο σχηματίζεται το εκθετικό e^x, ως το άπειρο άθροισμα όλων των δυνάμεων του x, δηλαδή

$$e^{\hat{A}t} = 1 + t\hat{A} + \frac{t^2}{2}\hat{A}^2 + \cdots + \frac{t^n}{n!}\hat{A}^n + \cdots = \sum_{n=0}^{\infty} \frac{t^n}{n!}\hat{A}^n$$

Παράδειγμα 4.10

Έστω ο πίνακας

$$-iH = A = \frac{1}{2}\begin{vmatrix} 0 & 1 & 0 \\ -1 & 0 & -i \\ 0 & -i & 0 \end{vmatrix}$$

Να υπολογιστεί ο πίνακας e^{At}.

Μέθοδος 1

Ο πιο απλός τρόπος σχηματισμού του πίνακα e^{At} στηρίζεται στην σχέση των ιδιοτιμών μεταξύ των δύο μεγεθών. Επειδή οι τελεστές $\hat{A}$ και $e^{\hat{A}}$ μετατίθενται, αν $\lambda_1, \lambda_2, \lambda_3$ είναι οι ιδιοτιμές του τελεστή $\hat{A}$, τότε

$$\hat{A} = \lambda_1|u_1\rangle\langle u_1| + \lambda_2|u_2\rangle\langle u_2| + \lambda_3|u_3\rangle\langle u_3|$$

και
$$e^{\hat{A}t} = e^{\lambda_1 t}|u_1\rangle\langle u_1| + e^{\lambda_2 t}|u_2\rangle\langle u_2| + e^{\lambda_3 t}|u_3\rangle\langle u_3|$$

δηλαδή

$$e^{-iHt} = \frac{1}{2}\begin{vmatrix} 1 + i\cos\sqrt{2}t & \sqrt{2}\sin\sqrt{2}t & -i + i\cos\sqrt{2}t \\ -\sqrt{2}\sin\sqrt{2}t & 2\cos\sqrt{2}t & -i\sqrt{2}\sin\sqrt{2}t \\ i + i\cos\sqrt{2}t & -i\sqrt{2}\sin\sqrt{2}t & 1 + \cos\sqrt{2}t \end{vmatrix}$$

όπου χρησιμοποιήθηκαν τα ιδιοδιανύσματα του τελεστή του παραδείγματος 3.11. Θα ακολουθήσουμε τώρα μια δεύτερη μέθοδο για να υπολογίσουμε τα στοιχεία του παραπάνω πίνακα, μια μέθοδο η οποία δείχνει ότι το άπειρο άθροισμα, που ορίζει το εκθετικό, μετατρέπεται σε πεπερασμένο άθροισμα δυνάμεων του A.

Μέθοδος 2

Ο τελεστής $e^{\hat{A}}$ μπορεί να αναπτυχθεί σε δυναμοσειρά με άπειρους όρους. Επειδή όμως ο πίνακας ικανοποιεί την εξίσωση ιδιοτιμών

$$A(A^2-2) = 0$$

συμπεραίνουμε ότι, όταν ο πίνακας είναι υψωμένος σε δύναμη μεγαλύτερη του τετραγώνου, μπορεί να εκφραστεί ως άθροισμα όρων με δυνάμεις μικρότερες του τετραγώνου. Έτσι ο πίνακας e^{At} είναι ίσος με το πεπερασμένο άθροισμα

$$e^{At} = \alpha_2 A^2 t^2 + \alpha_1 At + \alpha_0 I$$

Για τις ιδιοτιμές ισχύει η σχέση

$$e^{\lambda_i t} = \alpha_2 \lambda_i^2 t^2 + \alpha_1 \lambda_i t + \alpha_0$$

όπου $i = 1, 2, 3$.

Αντικαθιστώντας τις ιδιοτιμές $i\sqrt{2}$ και $-i\sqrt{2}$ και αφαιρώντας κατά μέλη, προκύπτει

$$\alpha_1 = \sin\sqrt{2}t/(\sqrt{2}\,t)$$

ενώ προσθέτοντας κατά μέλη

$$\alpha_2 = (1-\cos\sqrt{2}t)/(2t^2)$$

Ωστόσο είναι ενδιαφέρων ο υπολογισμός του ίδιου πίνακα με την μέθοδο του μετασχηματισμού Laplace.

Μέθοδος 3

Ο υπολογισμός στηρίζεται στον τρόπο παραγώγισης του εκθετικού ως προς την μεταβλητή t, δηλαδή στην σχέση

$$\frac{d}{dt} e^{At} = Ae^{At}$$

Έστω

$$e^{At} = f(t) \Longrightarrow f' = Af$$

με αρχικές συνθήκες $f(0) = I_n$

Είναι εύκολο να μετασχηματίσουμε κατά Laplace την εξίσωση

$$L(f') = AL(f) \Rightarrow sf(s) - f(0) = Af(s)$$

$$\Rightarrow [sI-A]f(s) = 1$$

Ο ζητούμενος πίνακας προσδιορίζεται, λοιπόν, ως η αντίστροφη μετασχηματισμένη Laplace της έκφρασης

$$e^{\hat{A}t} = f(t) = L^{-1}\{[sI\!-\!A]^{-1}\}$$

Ο πίνακας $sI\!-\!\hat{A}$ είναι

$$\begin{vmatrix} s & -1 & 0 \\ 1 & s & i \\ 0 & i & s \end{vmatrix}$$

η ορίζουσά του είναι

$$\det[sI\!-\!A] = s(s^2+2)$$

ενώ ο αντίστροφος πίνακας είναι

$$[sI\!-\!A]^{-1} = \frac{1}{s(s^2+2)}\begin{vmatrix} s^2\!+\!1 & s & -i \\ -s & s^2 & -is \\ i & -is & s^2\!+\!1 \end{vmatrix}$$

Για να προσδιορίσουμε την αντίστροφη κατά Laplace συνάρτηση για κάθε στοιχείο αυτού του πίνακα μετατρέπουμε κάθε κλάσμα σε άθροισμα άλλων κλασμάτων. Για τα στοιχεία του πίνακα έχουμε

$$L^{-1}\left\{\frac{1}{s(s^2+2)}\right\} = L^{-1}\left\{\frac{1}{2s} - \frac{s}{s(s^2+2)}\right\} = \frac{1}{2} - \frac{1}{2}\cos\sqrt{2}t$$

$$L^{-1}\left\{\frac{s^2+1}{s(s^2+2)}\right\} = L^{-1}\left\{\frac{1}{2s} + \frac{s}{s(s^2+2)}\right\} = \frac{1}{2} + \frac{1}{2}\cos\sqrt{2}t$$

$$L^{-1}\left\{\frac{1}{s(s^2+2)}\right\} = \cos\sqrt{2}t$$

Οι τελεστές, ανάλογα με ό,τι συμβαίνει στους αριθμούς, παραγωγίζονται και ολοκληρώνονται, ωστόσο μόνο όταν οι τελεστές μετατίθενται μεταξύ τους αποκτούν όλες τις γνωστές ιδιότητες των αριθμών. Ας εξετάσουμε λοιπόν με ποιο τρόπο ορίζεται η πράξη της παραγώγισης, όταν ο τελεστής καθορίζεται από μία παράμετρο.

Παράδειγμα 4.11

Μια συναρτησιακή σχέση $\hat{A}(\lambda)$ συνδέει έναν τελεστή με την παράμετρο λ. Ορίζουμε τότε την παράγωγο του τελεστή $\hat{A}$ ως προς την παράμετρο ως

$$\frac{d\hat{A}(\lambda)}{d\lambda} = \lim_{\varepsilon\to 0}\frac{\hat{A}(\lambda+\varepsilon) - \hat{A}(\lambda)}{\varepsilon}$$

Για να υπολογίσουμε την παράγωγο του γινομένου $\hat{A}\hat{B}$ σχηματίζουμε τον λόγο

$$\frac{\hat{A}(\lambda+\varepsilon)\,\hat{B}(\lambda+\varepsilon)-\hat{A}(\lambda)\,\hat{B}(\lambda)}{\varepsilon}$$

$$=\frac{\hat{A}(\lambda+\varepsilon)\hat{B}(\lambda+\varepsilon)-\hat{A}(\lambda+\varepsilon)\hat{B}(\lambda)+\hat{A}(\lambda+\varepsilon)\hat{B}(\lambda)-\hat{A}(\lambda)\hat{B}(\lambda)}{}$$

$$=\frac{\hat{A}(\lambda+\varepsilon)[\hat{B}(\lambda+\varepsilon)-\hat{B}(\lambda)]}{\varepsilon}+\frac{[\hat{A}(\lambda+\varepsilon)-\hat{A}(\lambda)]\hat{B}(\lambda)}{\varepsilon}$$

Λαμβάνοντας το όριο όταν το ε τείνει στο μηδέν, προκύπτει

$$\frac{d}{d\lambda}(\hat{A}\hat{B})=\frac{d\hat{A}}{d\lambda}\hat{B}+\hat{A}\frac{d\hat{B}}{d\lambda}$$

Σε ό,τι αφορά την παραγώγιση του αντίστροφου τελεστή $\hat{A}\hat{A}^{-1}$ παραγωγίζοντας την σχέση $\hat{A}\hat{A}^{-1}=1$, έχουμε

$$\hat{A}\frac{d\hat{A}^{-1}}{d\lambda}+\frac{d\hat{A}}{d\lambda}\hat{A}^{-1}=0$$

και πολλαπλασιάζοντας από αριστερά επί $\hat{A}^{-1}$ προκύπτει

$$\frac{d\hat{A}^{-1}}{d\lambda}=-\hat{A}^{-1}\frac{d\hat{A}}{d\lambda}\hat{A}^{-1}$$

Θα προσδιορίσουμε τώρα το γινόμενο δύο εκθετικών με τελεστές.

Παράδειγμα 4.12

Θα αποδείξουμε ότι ισχύει η σχέση

$$e^{\hat{A}}e^{\hat{B}}=e^{(\hat{A}+\hat{B})}e^{1/2\,[\hat{A},\hat{B}]}$$

αν παράλληλα ισχύει

$$[[\hat{A},\hat{B}],\hat{A}]=[[\hat{A},\hat{B}],\hat{B}]=0$$

Ας θεωρήσουμε τον τελεστή

$$\hat{T}(s)=e^{\hat{A}s}e^{\hat{B}s}$$

Παραγωγίζοντας ως προς s, έχουμε

$$\frac{d\hat{T}(s)}{ds}=\hat{A}e^{\hat{A}s}e^{\hat{B}s}+e^{\hat{A}s}\hat{B}e^{\hat{B}s}=(\hat{A}+e^{\hat{A}s}\hat{B}e^{-\hat{A}s})\hat{T}(s)$$

και αξιοποιώντας ότι

$$[\hat{B},\hat{A}^n]=n\hat{A}^{n-1}[\hat{B},\hat{A}]$$

προκύπτει

$$[\hat{B},e^{-\hat{A}s}]=[\hat{B},\hat{I}-s\hat{A}+\frac{s^2}{2!}\hat{A}^2-\ldots+(-1)^n\frac{s^n}{n!}\hat{A}^n+\ldots]$$

$$= [\hat{B}, \hat{A}][0 - s\hat{I} + 2\frac{s^2}{2!}\hat{A} - \dots + (-1)^n n\frac{s^n}{n!}\hat{A}^{n-1} + \dots]$$
$$= [\hat{B}, \hat{A}]s(-e^{-\hat{A}s})$$

δηλαδή τελικά

$$\hat{B}e^{-\hat{A}s} - e^{-\hat{A}s}\hat{B} = -e^{-\hat{A}s}[\hat{B}, \hat{A}]s$$

Πολλαπλασιάζοντας από αριστερά επί $e^{\hat{A}s}$

$$e^{\hat{A}s}\hat{B}e^{-\hat{A}s} = \hat{B} - [\hat{B}, \hat{A}]s$$

και αντικαθιστώντας, στην διαφορική εξίσωση, προκύπτει

$$\frac{d\hat{T}(s)}{ds} = (\hat{A} + \hat{B} + [\hat{A}, \hat{B}]s)\hat{T}(s)$$

μια διαφορική εξίσωση με αρχική συνθήκη $\hat{T}(0) = 1$. Επειδή ο τελεστής $\hat{A}+\hat{B}$ μετατίθεται με τον τελεστή $[\hat{A}, \hat{B}]$, καθώς με τον τελευταίο μετατίθεται κάθε ξεχωριστός τελεστής του αθροίσματος, η συγκεκριμένη έκφραση ολοκληρώνεται με τον ίδιο τρόπο με τον οποίο θα ολοκληρωνόταν μία αντίστοιχη έκφραση με αριθμούς. Ως αποτέλεσμα

$$\hat{T}(s) = e^{(\hat{A} + \hat{B})s}e^{1/2[\hat{A}, \hat{B}]s^2}$$

και για $s = 1$

$$\hat{T}(1) = e^{\hat{A} + B}e^{1/2[\hat{A}, \hat{B}]}$$

Παράδειγμα 4.13

Αν

$$\hat{A}(s) = e^{s\hat{T}}\hat{A}e^{-s\hat{T}}$$

όπου s μία παράμετρος, τότε

$$\frac{d\hat{A}(s)}{ds} = \hat{T}(e^{sT}\hat{A}e^{-s\hat{T}}) - (e^{sT}\hat{A}e^{-s\hat{T}})\hat{T} = [\hat{T}, \hat{A}(s)]$$

Παραγωγίζοντας δεύτερη φορά

$$\frac{d\hat{A}^2(s)}{ds^2} = \frac{d}{ds}[\hat{T}, \hat{A}(s)]$$

$$= \hat{T}\frac{d\hat{A}(s)}{ds} - \frac{d\hat{A}(s)}{ds}\hat{T} = \left[\hat{T}, \frac{d\hat{A}(s)}{ds}\right] = [\hat{T}, [\hat{T}, \hat{A}(s)]]$$

Ο τελεστής $\hat{A}(1)$ που μας ενδιαφέρει είναι ισοδύναμος με το ανάπτυγμα Taylor:

$$\hat{A}(1) = \hat{A}(0) + \frac{1}{1!}\frac{d\hat{A}(0)}{ds} + \frac{1}{2!}\frac{d^2\hat{A}(0)}{ds^2} + \dots$$

Αλλά $\hat{A}(0) = \hat{A}$, οπότε προκύπτει άμεσα ότι

$$e^{\hat{T}}\hat{A}e^{-\hat{T}} = \hat{A} + [\hat{T},\hat{A}] + \frac{1}{2!}[[\hat{T},\hat{A}],\hat{A}] + \frac{1}{3!}[[[\hat{T},\hat{A}],\hat{A}],\hat{A}] + \ldots$$

Επίσης, ενδιαφέρον παρουσιάζει η περίπτωση όταν τα εκθετικά μετατραπούν σε μιγαδικά εκθετικά με την συμμετοχή των τελεστών της θέσης και της ορμής.

Παράδειγμα 4.14

Στην απεικόνιση p, όπου ο τελεστής της θέσης έχει την μορφή $i\hbar\frac{d}{dp}$ γράφουμε

$$(\hat{x}+\alpha)f(p) = \alpha f(p) + i\hbar\frac{df(p)}{dp}$$

και επειδή

$$e^{i\hat{p}\alpha/\hbar}\hat{x}e^{-i\hat{p}\alpha/\hbar} = e^{i\hat{p}\alpha/\hbar} + i\hbar\frac{d}{dp}\left[e^{-i\hat{p}\alpha/\hbar}f(p)\right] = \alpha f(p) + i\hbar\frac{df(p)}{dp}$$

προκύπτει $$e^{i\hat{p}\alpha/\hbar}\hat{x}e^{i\hat{p}\alpha/\hbar} = \hat{x} + \alpha$$

Παράδειγμα 4.15

Ο τελεστής

$$\hat{B}(t) = e^{i\hat{A}t}\hat{B}_0 e^{-i\hat{A}t}$$

όπου $\hat{B}_0$ και $\hat{A}$ δύο τελεστές ανεξάρτητοι της παραμέτρου t, είναι μια λύση της εξίσωσης

$$\hat{B}(t) = \hat{B}_0 + i[\hat{A}, \int_0^t \hat{B}(\tau)d\tau]$$

Πράγματι, επειδή

$$\hat{B}(t) = \hat{B}_0 + i\int_0^t [\hat{A}, \hat{B}(\tau)d\tau]$$

προκύπτει η ισοδύναμη διαφορική εξίσωση $\frac{d\hat{B}(t)}{dt} = i[\hat{A}, \hat{B}(t)]$, με αρχική συνθήκη $\hat{B}(0) = \hat{B}_0$.

Παραγωγίζοντας και τον τελεστή $\hat{B}(t)$ ως προς t, προκύπτει ξανά

$$\frac{d\hat{B}(t)}{dt} = i\hat{A}e^{i\hat{A}t}B_0 e^{-i\hat{A}t} - ie^{i\hat{A}t}\hat{B}_0 e^{-i\hat{A}t}\hat{A} = i[\hat{A}, \hat{B}(t)]$$

Θα αποδείξουμε, τέλος, την αναφερόμενη ως ταυτότητα του Kubo.

Παράδειγμα 4.16

$$[\hat{A}, e^{-\beta\hat{H}}] = e^{-\beta\hat{H}}\int_0^\beta e^{\lambda\hat{H}}[\hat{A}, \hat{H}]e^{-\lambda\hat{H}}d\lambda$$

Είναι φανερό ότι κάθε πλευρά της ισότητας είναι συνάρτηση της μεταβλητής β. Αν συμβολίσουμε το αριστερό μέλος με $\hat{C}(\beta)$ και το δεξιό με $\hat{D}(\beta)$ είναι φανερό, καταρχάς, ότι

$$\hat{C}(0) = \hat{D}(0) = 0$$

Αν τώρα παραγωγίσουμε τις δύο συναρτήσεις ως προς β προκύπτει

$$\frac{d\hat{C}}{d\beta} = -\hat{A}\hat{H}e^{-\beta\hat{H}} + \hat{H}e^{-\beta\hat{H}}\hat{A} = \hat{H}(e^{-\beta\hat{H}}\hat{A} - \hat{A}\, e^{-\beta\hat{H}}) - (\hat{A}\hat{H} - \hat{H}\hat{A})e^{-\beta\hat{H}}$$
$$= \hat{H}\hat{C} - [\hat{A}, \hat{H}]e^{-\beta\hat{H}}$$

και

$$\frac{d\hat{D}}{d\beta} = \hat{H}\hat{D} - e^{-\beta H}e^{\beta H}[\hat{A}, \hat{H}]\, e^{-\beta H} = \hat{H}\hat{D} - [\hat{A}, \hat{H}]e^{-\beta\hat{H}}$$

Επομένως $\hat{C}(\beta)$ και $\hat{D}(\beta)$ αποτελούν λύσεις της ίδιας διαφορικής εξίσωσης πρώτης τάξης, αποδεικνύοντας έτσι την ισότητά τους.

4.4. Η άλγεβρα των τελεστών προσδιορίζει τους τελεστές

Παράδειγμα 4.17

Ας θεωρήσουμε τον τελεστή $\hat{T}_\delta$, όπου

$$\hat{T}_\delta|x\rangle = |x + \delta\rangle$$

Η δράση του τελεστή $\hat{T}_\delta$ μετασχηματίζει ένα τυχαίο διάνυσμα $|\psi\rangle$, στην απεικόνιση x, στο διάνυσμα

$$\hat{T}_\delta|\psi\rangle = \hat{T}_\delta \int |x\rangle\langle x|\psi\rangle\, dx = \int |x + \delta\rangle\langle x|\psi\rangle\, dx$$
$$= \int |x\rangle\langle x - \delta|\psi\rangle\, dx$$

Έστω τώρα ο τελεστής

$$\hat{p}_0 = \lim_{\delta\to 0} (\hat{T}_\delta - 1)/\delta$$

Η δράση του τελεστή $\hat{p}_0$ στο διάνυσμα $|\psi\rangle$ είναι

$$\hat{p}_0|\psi\rangle = \lim_{\delta\to 0} \int |x\rangle\, \frac{1}{\delta}\{\langle x - \delta|\psi\rangle - \langle x|\psi\rangle\}dx$$
$$= \int |x\rangle\left(-\frac{\partial}{\partial x}\right)\langle x|\psi\rangle\, dx$$

ενώ ο μεταθέτης των τελεστών $\hat{p}_0$ και $\hat{x}$ είναι

$$\hat{p}_0\hat{x} - \hat{x}\hat{p}_0|\psi\rangle = \int |x\rangle\left(-\frac{\partial}{\partial x}x\langle x|\psi\rangle + x\frac{\partial}{\partial x}\langle x|\psi\rangle\right)dx = -|\psi\rangle$$

Επειδή, λοιπόν, ο μεταθέτης αυτών των δύο τελεστών είναι ίσος με -1 και γνωρίζοντας ήδη ότι ο μεταθέτης μεταξύ του τελεστή της θέσης $\hat{x}$ και της ορμής $\hat{p}$ είναι $-i\hbar$ μπορούμε να συναγάγουμε ότι, στην απεικόνιση x, ο τελεστής $\partial/\partial x$ πολλαπλασιασμένος επί μία σταθερά $i\hbar$ είναι ο τελεστής της ορμής.

Παράδειγμα 4.18

Με ποιο τρόπο πρέπει να επιλεγούν οι σταθερές c_1 και c_2 έτσι ώστε ο τελεστής

$$\hat{A} = c_1\hat{p} + c_2\hat{x}$$

να επαληθεύει την σχέση

$$[\hat{A}, \hat{A}^{+}] = 1$$

Ο Ερμιτιανός συζυγής του τελεστή $\hat{A}$ είναι

$$\hat{A}^{+} = c_1^{*}\hat{p} + c_2^{*}\hat{x}$$

καθώς οι τελεστές $\hat{x}$ και $\hat{p}$ είναι Ερμιτιανοί.

$$[\hat{A}, \hat{A}^{+}] = (c_1^{*}c_2 - c_1c_2^{*})\,[\hat{x}, \hat{p}] = -\,2\hbar\ \mathrm{Im}(c_1^{*}c_2)$$

Άρα, για να ικανοποιείται η σχέση για τον μεταθέτη πρέπει

$$\mathrm{Im}(c_1^{*}c_2) = -\,1/2\hbar$$

Οι τελεστές στην κβαντική θεωρία διακρίνονται σε «κλασικούς» και «μη κλασικούς». Κλασικοί τελεστές είναι εκείνοι που αντιστοιχούν στα γνωστά κλασικά φυσικά μεγέθη όπως η θέση, η ορμή, η ενέργεια, η στροφορμή. Η βασική υπόθεση της κβαντικής θεωρίας για τους κλασικούς τελεστές συμπυκνώνεται στον τρόπο σχηματισμού του μεταθέτη τους, δηλαδή για δύο φυσικά μεγέθη K_1, K_2 θα πρέπει

$$[K_1, K_2] = i\hbar(K_1, K_2)$$

με την πρόσθετη απαίτηση ο τελεστής στο δεξιό μέρος της έκφρασης να επιλεγεί Ερμιτιανός, όπου η έκφραση (K_1, K_2) είναι η γνωστή από την κλασική μηχανική αγκύλη Poisson

$$(K_1, K_2) = \sum_i \frac{\partial K_1}{\partial q_i}\frac{\partial K_2}{\partial p_i} - \frac{\partial K_2}{\partial q_i}\frac{\partial K_1}{\partial p_i}$$

Ως παράδειγμα, ο τελεστής που αντιστοιχεί στο μέγεθος της κλασικής στροφορμής δημιουργείται από το αντίστοιχο εξωτερικό γινόμενο τελεστών της θέσης και της ορμής $\hat{L} = \hat{r}\times\hat{p}$, δηλαδή από τον πίνακα

$$\hat{L} = \begin{vmatrix} \mathbf{e}_1 & \mathbf{e}_2 & \mathbf{e}_3 \\ \hat{x} & \hat{y} & \hat{z} \\ \hat{p}_x & \hat{p}_y & \hat{p}_z \end{vmatrix}$$

όπου $\mathbf{e}_1$, $\mathbf{e}_2$, $\mathbf{e}_3$, τα κανονικοποιημένα ιδιοδιανύσματα των τελεστών $\hat{L}_x$, $\hat{L}_y$, $\hat{L}_z$ αντίστοιχα. Η απαίτηση της Ερμιτιανότητας του τελεστή της στροφορμής ικανοποιείται καθώς, για παράδειγμα, για την συνιστώσα x είναι

$$\hat{L}_x = \hat{y}\hat{p}_z - \hat{z}\hat{p}_y$$

και εξαιτίας της μεταθετικότητας μεταξύ των συγκεκριμένων συνιστωσών της θέσης και της ορμής

$$\hat{L}_x = \hat{L}_x^+$$

Ένα φυσικό σύστημα προσδιορίζεται, λοιπόν, από ένα σύνολο ανεξάρτητων μεταβλητών ίσων σε αριθμό με τους «βαθμούς ελευθερίας» του. Η μελέτη όμως των σωματιδίων έδειξε ότι υπάρχουν πρόσθετες ανεξάρτητες μεταβλητές οι οποίες δεν έχουν κλασικό ανάλογο όπως το spin ή η παραδοξότητα (strangeness). Επειδή κλασικοί και μη κλασικοί τελεστές επενεργούν σε διαφορετικούς χώρους, μετατίθενται μεταξύ τους.

Ένας ιδιαίτερος μη κλασικός τελεστής είναι ο τελεστής κατοπτρισμού (parity operator), ο οποίος συνδέεται με την μεταβολή κάθε τιμής της κλασικής μεταβλητής της θέσης ή της ορμής στην αρνητική της. Ο τελεστής κατοπτρισμού δεν αντιστοιχεί σε ένα νέο βαθμό ελευθερίας, αλλά αποδίδει μια ιδιότητα συμμετρίας συνδεδεμένη με τους ήδη γνωστούς. Συγκεκριμένα, είναι γνωστό ότι υπάρχουν συναρτήσεις μίας ανεξάρτητης μεταβλητής, που παρουσιάζουν συμμετρία ως προς την αρχή των αξόνων και οι οποίες διακρίνονται σε δύο κατηγορίες: τις άρτιες και τις περιττές. Για τις άρτιες συναρτήσεις ισχύει

$$\psi(x) = \psi(-x)$$

ενώ για τις περιττές

$$\psi(x) = -\psi(-x)$$

Μπορούμε να ορίσουμε έναν τελεστή $\hat{P}$, ο οποίος αποδίδει την μετάβαση από την συνάρτηση $\psi(x)$ στην $\psi(-x)$. Αν η συνάρτηση $\psi^+(-x)$ είναι άρτια η ιδιοτιμή του τελεστή $\hat{P}$ είναι 1, δηλαδή

$$\hat{P}\psi^+(x) = \psi^+(-x) = (+1)\psi^+(x)$$

ενώ η ιδιοτιμή είναι -1 για την περιττή συνάρτηση $\psi^-(x)$

$$\hat{P}\psi^-(x) = -\psi^-(x) = (-1)\psi^-(x)$$

Αν η διεύθυνση μιας κατάστασης—διανύσματος κάτω από την επίδραση του τελεστή κατοπτρισμού παραμένει αναλλοίωτη, ισχύει

$$\hat{P}|\psi\rangle = e^{i\varphi}|\psi\rangle \Rightarrow \hat{P}^2|\psi\rangle = (e^{i\varphi})^2|\psi\rangle$$

Είναι προφανές ότι υπάρχουν δύο μόνο ιδιοτιμές: $+1$ και -1. Είναι σημαντικό να προσέξουμε την διαφορά από την κλασική περίπτωση, όπου μία κατάσταση θεωρείται συμμετρική, ως προς την αναστροφή, όταν ως αποτέλεσμα της αναστροφής δημιουργείται η ίδια η αρχική. Η ύπαρξη εδώ του μιγαδικού εκθετικού οδηγεί σε δύο περιπτώσεις: είτε η αναστροφή δίνει την αρχική κατάσταση επί $+1$ και η κατάσταση χαρακτηρίζεται ως άρτια ή δίνει την αρχική κατάσταση πολλαπλασιασμένη επί -1 και η κατάσταση χαρακτηρίζεται ως περιττή.

Ο τελεστής $\hat{P}$ είναι Ερμιτιανός, καθώς

$$\int \psi^*(x)\,\hat{P}f(x)dx = \int \psi^*(x)f(-x)dx$$

$$\int [\hat{P}\psi(x)]^* f(x)\,dx = \int \psi^*(-x)f(x)\,dx$$

Θέτοντας $x = -t$, το δεξιό μέρος της τελευταίας έκφρασης είναι

$$-\int_{-\infty}^{+\infty} \psi^*(t)f(-t)\,dt = \int_{-\infty}^{+\infty} [\hat{P}\psi(x)]^* f(x)\,dx$$

Αν $\psi_1(x)$ είναι η άρτια ιδιοσυνάρτηση που αντιστοιχεί στην ιδιοτιμή $\lambda = 1$ και $\psi^{-1}(x)$ η περιττή ιδιοσυνάρτηση, τότε

$$\int \psi_1{}^*(x)\psi_{-1}(-x)\,dx = 0$$

καθώς έχουμε γινόμενο άρτιας επί περιττής συνάρτησης σε συμμετρικά όρια ολοκλήρωσης. Οι ιδιοσυναρτήσεις του κατοπτρικού τελεστή είναι αμοιβαία ορθογώνιες ενώ αποτελούν και πλήρες σύστημα, όπως αποτελούν τα ιδιοδιανύσματα κάθε Ερμιτιανού τελεστή. Πράγματι, κάθε συνάρτηση μπορεί να γραφεί ως γραμμικός συνδυασμός μιας άρτιας και μιας περιττής συνάρτησης:

$$\psi(x) = \frac{1}{2}[\psi(x) + \psi(-x)] + \frac{1}{2}[\psi(x) - \psi(-x)]$$

Τέλος, ο τελεστής που αποδεικνύεται κεντρικής σημασίας για την θεωρία είναι ο τελεστής ο οποίος συνδέεται με το φυσικό μέγεθος της ενέργειας και ονομάζεται τελεστής Hamilton. Ο τελεστής Hamilton συμβολίζεται $\hat{H}$ και προσδιορίζεται από την έκφραση

$$\hat{H} = \frac{\hat{p}^2}{2m} + \hat{V}(x)$$

Όταν ο όρος $\hat{V}(x)$ είναι μηδέν, όταν δηλαδή στον χώρο που κινούνται τα σωματίδια δεν υφίστανται εξωτερικά δυναμικά, οι ιδιοσυναρτήσεις του τελεστή $\hat{H}$ ταυτίζονται με τις ιδιοσυναρτήσεις του τελεστή της ορμής, δηλαδή τα γνωστά μας μιγαδικά εκθετικά $e^{\pm i\kappa x/\hbar}$.

Είναι φανερό ότι για κάθε τιμή κ υπάρχει διπλός εκφυλισμός. Επειδή ο τελεστής Hamilton μετατίθεται με τον τελεστή της ορμής, σε καθένα από τα δύο μιγαδικά εκθετικά αντιστοιχεί διαφορετική τιμή της ορμής, δηλαδή

$$\hat{p}e^{\pm i\kappa x/\hbar} = \pm\kappa e^{\pm i\kappa x/\hbar}$$

Ανάλογα, οι δύο γραμμικά ανεξάρτητες συναρτήσεις ($\cos\kappa x$, $\sin\kappa x$) αποτελούν ιδιοσυναρτήσεις του τελεστή κατοπτρισμού, οι οποίες αντιστοιχούν σε διαφορετικές ιδιοτιμές του

$$\hat{P}\cos\kappa x = \cos\kappa x$$

$$\hat{P}\sin\kappa x = -\sin\kappa x$$

Είναι σημαντική, ωστόσο, η επισήμανση ότι ενώ τόσο ο τελεστής κατοπτρισμού όσο και ο τελεστής της ορμής μετατίθενται ξεχωριστά με τον τελεστή Hamilton, οι δύο τελεστές δεν μετατίθενται μεταξύ τους, με αποτέλεσμα οι αναφερόμενες ιδιοσυναρτήσεις να μην αποτελούν κοινές ιδιοσυναρτήσεις των τριών τελεστών.

Τέλος, θα ολοκληρώσουμε την περιήγησή μας στον κόσμο των τελεστών εξετάζοντας τον τρόπο με τον οποίο σχηματίζονται τελεστές, όπως είναι οι αντίστροφοι των τελεστών της θέσης και της ορμής.

Παράδειγμα 4.19

Έστω ότι η δράση του τελεστή $\hat{p}^{-1}$ επί της συνάρτησης $\psi(x)$ έχει ως αποτέλεσμα την συνάρτηση $\psi_t(x)$, δηλαδή

$$\hat{p}^{-1}\psi(x) = \psi_t(x)$$

Στην απεικόνιση p η εξίσωση αποκτά την μορφή

$$\frac{1}{p}f(p) = f_t(p)$$

η οποία δείχνει ότι η συνάρτηση $f_t(p)$ στο σημείο $p = 0$ απειρίζεται αν η τιμή της συνάρτησης στο σημείο μηδέν δεν είναι μηδέν. Όμως αυτό σημαίνει ότι η εν λόγω συνάρτηση δεν είναι συνεχής, όπως απαιτείται για τις κυματικές συναρτήσεις. Για να εξασφαλίσουμε την συνέχεια θέτουμε την επιπλέον απαίτηση η συνάρτηση $f_t(p)$ στο συγκεκριμένο σημείο να έχει την τιμή 0, δηλαδή, στην απεικόνιση x,

$$\int_{-\infty}^{+\infty}\psi(x)\,dx = 0$$

Επίσης, μέσω του μετασχηματισμού Fourier, θα είναι

$$\psi_t(x) = \frac{1}{\sqrt{2\pi\hbar}}\int_{-\infty}^{+\infty}\frac{f(p)}{p}e^{ipx/\hbar}dp$$

Ας υποθέσουμε τώρα ότι η ολοκλήρωση στον πραγματικό άξονα γίνεται στο μιγαδικό επίπεδο p και ο δρόμος της ολοκλήρωσης παρακάμπτει το σημείο $p = 0$ χρησιμοποιώντας ένα μικρό ημικύκλιο, όπως στο παρακάτω σχήμα. Επειδή η συνάρτηση είναι ολόμορφη σε όλο το επίπεδο η τιμή του ολοκληρώματος παραμένει η ίδια.

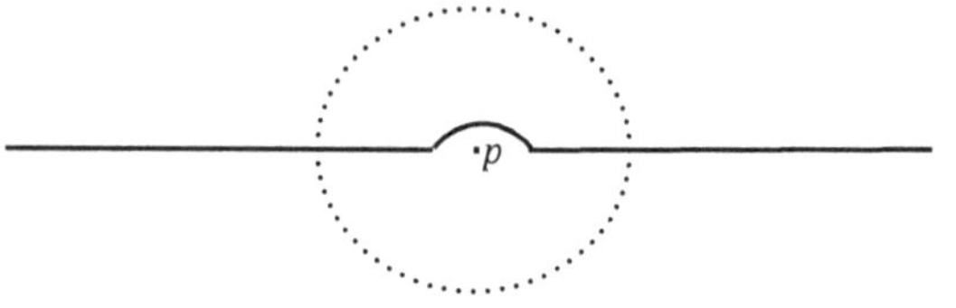

Σχήμα 4.1 Ο μιγαδικός δρόμος ολοκλήρωσης

Αντικαθιστώντας επιπλέον την σχέση

$$f(p) = \frac{1}{\sqrt{2\pi\hbar}} \int_{-\infty}^{+\infty} \psi(x')\, e^{-ipx'/\hbar}\, dx'$$

στην έκφραση για την $\psi_t(x)$ προκύπτει

$$\psi_t(x) = \frac{1}{2\pi\hbar} \int_{-\infty}^{+\infty} \psi(x')\, dx' \int_C \frac{e^{-ip(x'-x)/\hbar}}{p}\, dp$$

Για την εκτέλεση τώρα του τελευταίου ολοκληρώματος, θα πρέπει να συμπληρώσουμε τον δρόμο C με ένα ημικύκλιο του οποίου η ακτίνα τείνει στο άπειρο (διακεκομμένη γραμμή στο σχήμα). Πρέπει όμως να διακρίνουμε δύο περιπτώσεις ώστε να αποφευχθεί ο απειρισμός του ολοκληρώματος. Συγκεκριμένα, στην περίπτωση όπου $x' > x$, θα πρέπει να επιλεγεί ο κάτω δρόμος ολοκλήρωσης ενώ για $x' < x$ ο πάνω δρόμος. Ως συνέπεια —και χρησιμοποιώντας την θεωρία για τα ολοκληρωτικά υπόλοιπα— προκύπτει

$$\int_C \frac{e^{-ip(x'-x)/\hbar}}{p}\, dp = \begin{cases} 2\pi i \text{ αν } x' < x \\ 0 \text{ αν } x' > x \end{cases}$$

Αντικαθιστώντας, προκύπτει

$$\psi_t(x) = \frac{i}{\hbar} \int_{-\infty}^{x} \psi(x')dx'$$

δηλαδή

$$\hat{p}^{-1} = \frac{i}{\hbar} \int_{-\infty}^{x} dx'$$

Όπως ίσως ήταν αναμενόμενο, ο αντίστροφος τελεστής της διαδικασίας παραγώγισης συνδέεται με την διαδικασία της ολοκλήρωσης.

Παράδειγμα 4.20

Αν ο τελεστής $\hat{A}$ είναι Ερμιτιανός τότε είναι Ερμιτιανός —αν υπάρχει— και ο αντίστροφος τελεστής $\hat{A}^{-1}$.

Πράγματι, σχηματίζοντας το εσωτερικό γινόμενο

$$\langle \hat{A}\varphi | \hat{A}^{-1}\psi \rangle$$

και αξιοποιώντας την Ερμιτιανότητα του $\hat{A}$

$$\langle \hat{A}\varphi | \hat{A}^{-1}\psi \rangle = \langle \varphi | \hat{A}\hat{A}^{-1}\psi \rangle = \langle \varphi | \psi \rangle$$

Αλλά

$$\langle \varphi | \psi \rangle = \langle \hat{A}^{-1}\hat{A}\varphi | \psi \rangle$$

δηλαδή

$$\langle \hat{A}\varphi | \hat{A}^{-1}\psi \rangle = \langle \hat{A}^{-1}\hat{A}\varphi | \psi \rangle$$

Η δράση του τελεστή $\hat{A}^{-1}$, σε ό,τι αφορά δύο τυχαία διανύσματα $|\psi\rangle$ και $|\varphi\rangle$, μεταφέρεται από το ένα στο άλλο αφήνοντας αναλλοίωτο το εσωτερικό τους γινόμενο.

Παράδειγμα 4.21

Γράφουμε τον αντίστροφο του τελεστή $\hat{A}-\lambda\hat{B}$ ως γραμμικό συνδυασμό δυνάμεων του λ:

$$(\hat{A}-\lambda\hat{B})^{-1} = \sum_{n=0}^{\infty} \lambda^n \hat{T}_n$$

Πολλαπλασιάζοντας από αριστερά επί $\hat{A}-\lambda\hat{B}$, έχουμε

$$I = \sum_{n=0}^{\infty} \lambda^n (\hat{A}-\lambda\hat{B})\,\hat{T}_n = \hat{A}\hat{T}_0 + \sum_{n=0}^{\infty} \lambda^n (\hat{A}\hat{T}_n - \hat{B}\hat{T}_{n-1})$$

Εξισώνοντας τους συντελεστές των δυνάμεων του λ,

$$\hat{T}_0 = \hat{A}^{-1},\ \hat{T}_n = \hat{A}^{-1}\hat{B}\hat{T}_{n-1},\ n = 1, 2, \dots$$

και τελικά

$$(\hat{A}-\lambda\hat{B})^{-1} = \hat{A}^{-1} + \lambda\hat{A}^{-1}\hat{B}\hat{A}^{-1} + \lambda^2\hat{A}^{-1}\hat{B}\hat{A}^{-1}\hat{B}\hat{A}^{-1} + \cdots$$

Αν $[\hat{A}^{-1}, \hat{B}] = 0$ τότε

$$(\hat{A}-\lambda\hat{B})^{-1} = \hat{A}^{-1} + \lambda\hat{B}\hat{A}^{-2} + \lambda^2\hat{B}^2\hat{A}^{-3} + \cdots$$

Παράδειγμα 4.22

Έστω δύο τελεστές $\hat{A}$ και $\hat{B}$. Αν υπάρχει ο αντίστροφος τελεστής του $\hat{A}$ τότε

$$\hat{A}^{-1}\hat{B}^n\hat{A} = (\hat{A}^{-1}\hat{B}\hat{A})^n$$

Χρησιμοποιώντας την επαγωγική μέθοδο βλέπουμε ότι η ισότητα είναι προφανής για $n = 1$. Αν η ισότητα ισχύει για την τιμή m τότε

$$\hat{A}^{-1}\hat{B}^m\hat{A} = (\hat{A}^{-1}\hat{B}\hat{A})^m$$

Πολλαπλασιάζοντας από δεξιά επί $\hat{A}^{-1}\hat{B}\hat{A}$ προκύπτει η ζητούμενη σχέση καθώς

$$\hat{A}^{-1}\hat{B}^m\,\hat{A}(\hat{A}^{-1}\hat{B}\hat{A}) = (\hat{A}^{-1}\hat{B}\hat{A})^{m+1}$$

Από την άλλη, σε ό,τι αφορά την έκφραση

$$\hat{A}^{-1}f(\hat{B})\hat{A}$$

όπου $f(\hat{B})$ μια συνάρτηση του $\hat{B}$, η οποία μπορεί να αναλυθεί σε ανάπτυγμα δυνάμεων του $\hat{B}$ και χρησιμοποιώντας το προηγούμενο συμπέρασμα για κάθε ξεχωριστή δύναμη, είναι φανερό ότι

$$\hat{A}^{-1}f(\hat{B})\hat{A} = f(\hat{A}^{-1}\hat{B}\hat{A})$$

4.5. Μοναδιαίοι μετασχηματισμοί

Θα εξετάσουμε τον τρόπο με τον οποίο μεταβάλλεται η μορφή τόσο των διανυσμάτων όσο και των τελεστών όταν η ορθοκανονική βάση υφίσταται έναν γραμμικό μετασχηματισμό, ξεκινώντας με την απλή περίπτωση όπου ένα ορθογώνιο σύστημα αξόνων xOy περιστρέφεται κατά μία γωνία θ.

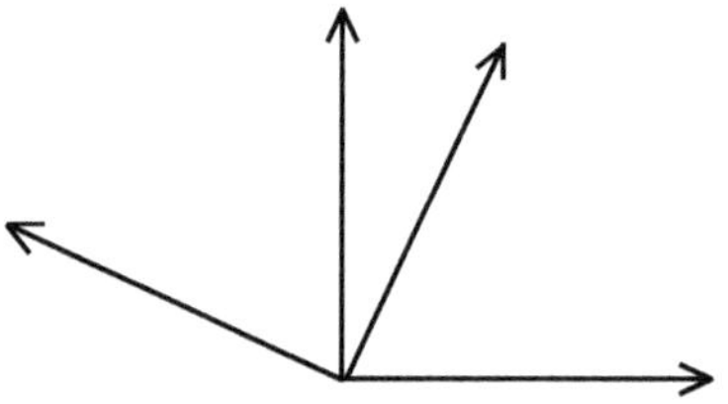

Σχήμα 4.2 Μετασχηματισμός της διανυσματικής βάσης

Έστω $|x_1\rangle$, $|y_1\rangle$, $|x_2\rangle$, $|y_2\rangle$ τα μοναδιαία διανύσματα βάσης στους αντίστοιχους άξονες. Προφανώς ισχύει

$$|x_2\rangle = \cos\theta|x_1\rangle + \sin\theta|y_1\rangle$$

$$|y_2\rangle = -\sin\theta|x_1\rangle + \cos\theta|y_1\rangle$$

Το σύστημα των δύο εξισώσεων μπορεί να αποδοθεί με την μορφή μιας εξίσωσης πινάκων.

$$\begin{vmatrix} |x_2\rangle \\ |y_2\rangle \end{vmatrix} = \begin{vmatrix} \cos\theta & \sin\theta \\ -\sin\theta & \cos\theta \end{vmatrix} \begin{vmatrix} |x_1\rangle \\ |y_1\rangle \end{vmatrix}$$

Παρατηρούμε ότι ο Ερμιτιανός συζυγής του πίνακα U είναι

$$U^+ = \begin{vmatrix} \cos\theta & -\sin\theta \\ \sin\theta & \cos\theta \end{vmatrix} = U^{-1}$$

Οι πίνακες, για τους οποίους ισχύει η συγκεκριμένη ισότητα, ονομάζονται μοναδιαίοι. Από την άλλη, οι προηγούμενες εξισώσεις αποδίδουν την ανάλυση των διανυσμάτων $|x_2\rangle$ και $|y_2\rangle$ ως προς την βάση των $|x_1\rangle$ και $|y_1\rangle$, μπορούμε δηλαδή να γράψουμε

$$|x_2\rangle = |x_1\rangle\langle x_1|x_2\rangle + |y_1\rangle\langle y_1|x_2\rangle$$
$$|y_2\rangle = |x_1\rangle\langle x_1|y_2\rangle + |y_2\rangle\langle y_1|y_2\rangle$$

Ο πίνακας U ξαναγράφεται, λοιπόν, ως

$$\begin{vmatrix} \langle x_1|x_2\rangle & \langle y_1|x_2\rangle \\ \langle x_1|y_2\rangle & \langle y_1|y_2\rangle \end{vmatrix}$$

Παράδειγμα 4.23

Τα ορθοκανονικά διανύσματα $\mathbf{e}_1$ και $\mathbf{e}_2$ είναι βάση του χώρου. Επίσης και τα διανύσματα

$$\mathbf{e}_1' = 1/\sqrt{2}\,/(\mathbf{e}_1 + i\mathbf{e}_2) \text{ και } \mathbf{e}_2' = 1/\sqrt{2}\,/(\mathbf{e}_1 - i\mathbf{e}_2)$$

α) Να βρεθεί ο πίνακας μετασχηματισμού από την μία βάση στην άλλη. Επαληθεύστε ότι είναι μοναδιαίος.

Ο πίνακας μετασχηματισμού αποτελείται από τα στοιχεία

$$\hat{U} = \begin{vmatrix} \langle e_1|e_1'\rangle & \langle e_2|e_1'\rangle \\ \langle e_1|e_2'\rangle & \langle e_2|e_2'\rangle \end{vmatrix} = \frac{1}{\sqrt{2}} \begin{vmatrix} 1 & i \\ 1 & -i \end{vmatrix}$$

Ο Ερμιτιανός συζυγής είναι

$$\hat{U}^{+} = \frac{1}{\sqrt{2}} \begin{vmatrix} 1 & 1 \\ -i & i \end{vmatrix} = \hat{U}^{-1}$$

Γενικά, ένας μετασχηματισμός από μια βάση $|\varphi_n\rangle$ σε μία άλλη βάση $|\omega_n\rangle$ παριστάνεται από έναν μοναδιαίο τελεστή της μορφής

$$\hat{U} = \sum_n |\omega_n\rangle\langle\varphi_n|$$

καθώς ο Ερμιτιανός συζυγής του τελεστή $\hat{U}$ είναι

$$\hat{U}^{+} = \sum_m |\varphi_m\rangle\langle\omega_m|$$

με αποτέλεσμα

$$\hat{U}\hat{U}^{+} = \sum_{n,m} |\omega_n\rangle\langle\varphi_n|\varphi_m\rangle\langle\omega_m|$$
$$= \sum_n |\omega_n\rangle\langle\omega_n| = 1$$

Είναι επίσης εύκολο να διαπιστώσουμε ότι οι τελεστές που μετασχηματίζουν γραμμικά την βάση αφήνουν αναλλοίωτο το μέτρο των μετασχηματισμένων διανυσμάτων.

Αν $\hat{U}$ είναι ένας μοναδιαίος τελεστής και $|\psi\rangle$ ένα τυχαίο διάνυσμα, όπου

$$|\psi'\rangle = \hat{U}|\psi\rangle \text{ και } \langle\psi'| = \langle\psi|\hat{U}^{+} = \langle\psi|\hat{U}^{-1}$$

θα είναι

$$\langle\psi'|\psi'\rangle = \langle\psi|\hat{U}^{-1}\hat{U}|\psi\rangle = \langle\psi|\psi\rangle$$

Παράδειγμα μοναδιαίου τελεστή είναι ο τελεστής $e^{i\lambda\hat{A}}$, όπου λ πραγματικός αριθμός και $\hat{A}$ Ερμιτιανός τελεστής, καθώς

$$e^{i\lambda\hat{A}\,+} = e^{-i\lambda\hat{A}} = (e^{i\lambda\hat{A}})^{-1}$$

Επίσης ο τελεστής $\hat{U} = (1-i\hat{K})/(1+i\hat{K})$, όπου $\hat{K}$ είναι Ερμιτιανός, είναι ένας μοναδιαίος τελεστής καθώς αν πολλαπλασιάσουμε αριθμητή και παρονομαστή του κλάσματος επί $(1-i\hat{K})$ ο Ερμιτιανός συζυγής $\hat{U}^{+}$ είναι άμεσα ορατός:

$$\hat{U} = (1-i\hat{K})^2/(1-\hat{K}^2)$$

Γνωρίζοντας ότι ο αντίστροφος ενός Ερμιτιανού τελεστή είναι επίσης Ερμιτιανός και την ιδιότητα για τον Ερμιτιανό συζυγή γινομένου δύο τελεστών, είναι προφανές ότι

$$\hat{U}^{+} = (1+i\hat{K})/(1-i\hat{K}) = \hat{U}^{-1}$$

Μπορούμε επίσης να σχηματίσουμε μοναδιαίους τελεστές σχηματίζοντας γινόμενα άλλων τελεστών.

Παράδειγμα 4.24

Αν οι τελεστές $\hat{U}$ και $\hat{V}$ είναι μοναδιαίοι τότε είναι μοναδιαίοι και οι τελεστές

$$\hat{U}^{+},\ \hat{U}\hat{V},\ \hat{U}\hat{V}^{-1}$$

Σε ό,τι αφορά τον τελεστή $\hat{U}^{+}$ είναι φανερό ότι Ερμιτιανός συζυγής του είναι ο $\hat{U}$ ενώ ο αντίστροφός του είναι ξανά ο τελεστής $\hat{U}$ (από τον ορισμό του μοναδιαίου). Για το γινόμενο των τελεστών $\hat{U}\hat{V}$ ισχύει

$$(\hat{U}\hat{V})^{+} = \hat{V}^{+}\hat{U}^{+} = \hat{V}^{-1}\hat{U}^{-1}$$

$$\Longrightarrow\quad (\hat{U}\hat{V})^{+}\hat{U}\hat{V} = \hat{V}^{+}\hat{U}^{+}\hat{U}\hat{V} = \hat{V}^{-1}\hat{U}^{-1}\hat{U}\hat{V}$$

Ανάλογα, σε ό,τι αφορά τον Ερμιτιανό συζυγή του γινομένου $\hat{U}\hat{V}^{-1}$,

$$(\hat{U}\hat{V}^{-1})^{+} = (\hat{V}^{-1})^{+}\hat{U}^{+} = \hat{V}\hat{U}^{-1}$$

και τελικά προκύπτει

$$(\hat{U}\hat{V}^{-1})^{+}\hat{U}\hat{V}^{-1} = \hat{V}\hat{U}^{-1}\,\hat{U}\hat{V}^{-1} = 1$$

Εξετάσαμε με ποιο τρόπο μεταβάλλεται ένα διάνυσμα όταν μετασχηματίζεται με μοναδιαίο τρόπο η βάση αναφοράς. Απομένει να εξετάσουμε τι συμβαίνει με την αντίστοιχη αλλαγή της μορφής των τελεστών.

Έστω $|\psi_1\rangle$ ένα διάνυσμα που ανήκει στην βάση 1 και

$$\hat{T}|\psi_1\rangle = |\psi_1'\rangle$$

Ακόμη, έστω $\hat{U}$ ο μοναδιαίος πίνακας που πραγματοποιεί τον μετασχηματισμό από την βάση 1 στην βάση 2, δηλαδή

$$|\psi_2\rangle = \hat{U}|\psi_1\rangle$$

Τότε

$$|\psi_1'\rangle = \hat{T}\hat{U}^{-1}|\psi_2\rangle \Rightarrow \hat{U}|\psi_1\rangle = \hat{U}\hat{T}\hat{U}^{-1}|\psi_2\rangle$$

$$\Rightarrow |\psi_2'\rangle = \hat{T}'|\psi_2\rangle = \hat{U}\hat{T}\hat{U}^{-1}|\psi_2\rangle$$

Ο τελεστής λοιπόν $\hat{T}$, που μετασχηματίζει την κατάσταση $|\psi_2\rangle$ στην κατάσταση $|\psi_2'\rangle$, αποδίδοντας ουσιαστικά το περιεχόμενο της αλλαγής που εκπροσωπεί ο $\hat{T}$ αλλά στην βάση αναφοράς 2, συνδέεται με τον τελεστή $\hat{T}$ με την σχέση

$$\hat{T}' = \hat{U}\hat{T}\hat{U}^{-1}$$

Αυτός ο μετασχηματισμός του γραμμικού τελεστή $\hat{T}$ αναφέρεται και ως μετασχηματισμός ομοιότητας.

Παράδειγμα 4.25

Ο μοναδιαίος μετασχηματισμός ενός τελεστή $\hat{K}$ είναι δυνατός μέσω της αξιοποίησης του τελεστή $e^{-i\lambda\hat{A}}$. Συγκεκριμένα, γράφουμε

$$\hat{K}' = ie^{i\lambda\hat{A}}\hat{K}e^{-i\lambda\hat{A}}$$

ενώ η παράγωγος του τελεστή $\hat{K}'$, ως προς την ανεξάρτητη μεταβλητή λ, είναι

$$\frac{\partial\hat{K}'}{\partial\lambda} = ie^{i\lambda\hat{A}}[\hat{A}, \hat{K}]e^{-i\lambda\hat{A}} = i[\hat{A}, \hat{K}']$$

Παράδειγμα 4.26

Αν

$$\begin{vmatrix} \alpha & -b \\ b & \alpha \end{vmatrix}$$

είναι η μορφή του πίνακα A ως προς την πρώτη βάση του παραδείγματος 4.23, ποια είναι η μορφή του ίδιου τελεστή ως προς την δεύτερη βάση του ίδιου παραδείγματος;

Από τα στοιχεία του πρώτου πίνακα προκύπτουν οι εξής πληροφορίες για τα εσωτερικά γινόμενα

$$\langle e_1|\hat{A}e_1\rangle = \alpha \quad \langle e_1|\hat{A}e_2\rangle = -b$$

$$\langle e_2|\hat{A}e_1\rangle = b \quad \langle e_2|\hat{A}e_2\rangle = \alpha$$

Τα στοιχεία του πίνακα A, ως προς την δεύτερη βάση, σχηματίζονται ως γραμμικός συνδυασμός αυτών των γινομένων. Για παράδειγμα,

$$\alpha'_{12} = \langle e_1'|\hat{A}e_2'\rangle = 1/2\langle e_1 - ie_2|\hat{A}|e_1 - ie_2\rangle = 0$$

Ακολουθώντας την ίδια διαδικασία για τα υπόλοιπα στοιχεία συμπεραίνουμε ότι ο τελεστής $\hat{A}$ ως προς την δεύτερη βάση αποδίδεται από τον πίνακα

$$A' = \begin{vmatrix} \alpha+ib & 0 \\ 0 & \alpha-ib \end{vmatrix}$$

Από την άλλη, όπως τα διανύσματα διατηρούν το μέτρο τους, οι τελεστές διατηρούν το ίχνος και την ορίζουσα στην αλλαγή της ορθοκανονικής βάσης. Όταν ένας πίνακας υφίσταται μοναδιαίο μετασχηματισμό το ίχνος του παραμένει αναλλοίωτο, είναι δηλαδή

$$\mathrm{Tr}(UKU^{-1}) = \mathrm{Tr}(U^{-1}UK) = \mathrm{Tr}K$$

όπου U μοναδιαίος πίνακας.

Ανάλογη σχέση ισχύει για την ορίζουσα

$$\det K = \det UKU^{-1}$$

Επίσης το φάσμα των ιδιοτιμών του τελεστή παραμένει αναλλοίωτο όταν συμβεί ένας μοναδιαίος μετασχηματισμός καθώς

$$\hat{K}\hat{U}^{-1}|\psi'\rangle = \kappa\hat{U}^{-1}|\psi'\rangle \Rightarrow \hat{U}\hat{K}\hat{U}^{-1}|\psi'\rangle = \hat{K}'|\psi'\rangle = \kappa|\psi'\rangle$$

Ένας μοναδιαίος λοιπόν μετασχηματισμός δεν αλλάζει το πρόβλημα των ιδιοτιμών ενώ εκείνο που οφείλει να παραμένει και παραμένει αναλλοίωτο στην αλλαγή της ορθοκανονικής βάσης είναι οι μεταθετικές σχέσεις, δηλαδή η άλγεβρα των τελεστών.

Τέλος, είναι ενδιαφέρον να επιστρέψουμε στο Παράδειγμα 4.12 για να υπολογίσουμε τον τελεστή $e^{-i\hat{H}t}$ χρησιμοποιώντας τόσο την μεταθετικότητα του τελευταίου με τον τελεστή $\hat{H}$ όσο και την δυνατότητα χρησιμοποίησης κατάλληλης ορθοκανονικής βάσης.

Ο πίνακας H έχει κοινά ιδιοδιανύσματα τόσο με τον πίνακα $-iHt$ όσο και με τον πίνακα e^{-iHt}. Ο πίνακας e^{-iHt}, όταν ως διανύσματα βάσης επιλέξουμε τα ιδιοδιανύσματά του, αποκτά την διαγώνια μορφή

$$e^{-iHt} = \begin{vmatrix} e^{\lambda_1 t} & 0 & 0 \\ 0 & e^{\lambda_2 t} & 0 \\ 0 & 0 & e^{\lambda_3 t} \end{vmatrix}$$

Αξιοποιώντας αυτό το γεγονός μπορούμε να υπολογίσουμε τα στοιχεία του πίνακα e^{-iHt} ως προς την κανονική βάση αφού βέβαια προηγουμένως υπολογίσουμε τον μοναδιαίο πίνακα μετασχηματισμού P, που πραγματοποιεί αυτή την μετάβαση από την μία βάση στην άλλη. Ο τελευταίος θα σχηματιστεί έχοντας στήλες τα ιδιοδιανύσματα του πίνακα H, δηλαδή

$$P = \frac{1}{2}\begin{vmatrix} \sqrt{2} & 1 & 1 \\ 0 & -i\sqrt{2} & i\sqrt{2} \\ i\sqrt{2} & -i & -i \end{vmatrix}$$

Στη συνέχεια, προσδιορίζουμε τον αντίστροφο πίνακα P^{-1}:

$$P^{-1} = \frac{1}{4}\begin{vmatrix} \sqrt{2} & 0 & -i\sqrt{2} \\ 1 & i\sqrt{2} & i \\ 1 & -i\sqrt{2} & i \end{vmatrix}$$

ενώ ο ζητούμενος πίνακας προσδιορίζεται τελικά από την σχέση

$$e^{-iHt} = P\mathrm{diag}\,(e^{-iHt})P^{-1}$$

Συνοψίζοντας

Από την στιγμή της δημιουργίας τους ως αυτόνομα μεγέθη και διατηρώντας τον ορισμό τους ως ειδικές διαδικασίες μετασχηματισμού διανυσμάτων, οι τελεστές των φυσικών μεγεθών έρχονται αναπόφευκτα σε επαφή τόσο μεταξύ τους όσο και με τα άλλα στοιχεία της θεωρίας: τους αριθμούς και τα διανύσματα. Οι τελεστές προστίθενται μεταξύ τους, πολλαπλασιάζονται με τους αριθμούς αλλά και υψώνονται σε δυνάμεις, δημιουργούν αναπτύγματα και εκθετικά.

Σε ό,τι αφορά τις αμοιβαίες τους σχέσεις, οι τελεστές συγκροτούν μια ιδιαίτερη μαθηματική δομή, μια άλγεβρα. Η δημιουργία του μεταθέτη παίζει το ρόλο της εσωτερικής πράξης στην άλγεβρα των τελεστών. Σε κάθε ζευγάρι τελεστών αντιστοιχεί ένας τρίτος, ο μηδενισμός του οποίου αντανακλά την πρακτική δυνατότητα της ταυτόχρονης μέτρησης των τιμών και ταυτόχρονα την ύπαρξη κοινής διανυσματικής βάσης μεταξύ των δύο συγκεκριμένων μεγεθών. Ο μηδενισμός του μεταθέτη μετατρέπει τους τελεστές σε αριθμούς. Όλες τους οι σχέσεις και οι αντίστοιχοι υπολογισμοί αφορούν τότε σχέσεις αριθμών. Από την άλλη, οι απλοί αριθμοί μέσα στις πράξεις τους συμπεριφέρονται ως τελεστές. Είναι τελεστές, των οποίων η δράση συνίσταται στον απλό πολλαπλασιασμό των διανυσμάτων με την τιμή τους, είναι δηλαδή οι πιο απλοί τελεστές. Οι πιο απλές πράξεις της αριθμητικής, η πρόσθεση και ο πολλαπλασιασμός, περιέχουν την δράση των πιο απλών τελεστών, δηλαδή των αριθμών, πάνω στα πιο απλά διανύσματα, που είναι ξανά οι αριθμοί.

Η κβαντική θεωρία, ως πιο γενική θεωρία, ήταν υποχρεωμένη να δημιουργήσει και δημιούργησε αυτούς τους «γενικευμένους» αριθμούς, τους τελεστές. Οι νέοι "κβαντικοί" αριθμοί ονομάζονται *q—numbers*, ακριβώς για να τονίσουν την ιδιαίτερη σχέση τους με τους συνηθισμένους, κλασικούς *c—numbers*. Η θεωρία ξεκίνησε ερευνώντας τον τρόπο με τον οποίο σχηματίζονται οι πειραματικές τιμές, οι απλοί αριθμοί, και τώρα, στην ολοκλήρωσή της, επιστρέφει ξανά σε αυτούς, με μία μόνο διαφορά: στο τελικό αποτέλεσμα συμπυκνώνεται όλη η πορεία της ανάπτυξης. Η εξέλιξη της θεωρίας προσδιορίζει την αρχή της: το σύνολο των δυνατών δρόμων έχει διευκρινιστεί και προσδιοριστεί με σαφήνεια ως το σύνολο των συνδυασμών των ιδιοτιμών των αμοιβαία μετατιθέμενων τελεστών.

Τέλος, η άλγεβρα των τελεστών είναι υποχρεωμένη να διατηρείται στην αλλαγή της μορφής των τελευταίων όταν μετασχηματίζεται η ορθοκανονική βάση αναφοράς. Η δυνατότητα χρησιμοποίησης της κατάλληλης ορθοκανονικής βάσης μάς επιτρέπει —με την χρήση ενός μοναδιαίου μετασχηματισμού— να απλοποιήσουμε την διαδικασία των υπολογισμών. Στη συνέχεια θα διαπιστώσουμε μια διαφορετική χρησιμοποίηση των μοναδιαίων μετασχηματισμών για την κατανόηση της συμμετρίας των καταστάσεων και τελικά των νόμων διατήρησης που συνδέονται με αυτές. Πιο πριν όμως θα πρέπει να εξετάσουμε την χρονική εξέλιξη των μικροσκοπικών συστημάτων.

Η σημασία του τελεστή Hamilton

5.1. Η χρονική εξέλιξη των καταστάσεων—διανυσμάτων

Ο κόσμος των σωματιδίων, όπως εμείς τον αντιλαμβανόμαστε μέσω των μεταβολών των κλασικών μακροσκοπικών συσκευών, φαίνεται να βρίσκεται σε μια πορεία συνεχών μεταβολών. Ακόμη κι αν αγνοήσουμε όλες τις εξωτερικές επιδράσεις οι καταστάσεις των σωματιδίων αλλάζουν από μόνες τους και συνεχώς, δίχως την απαίτηση οποιασδήποτε εξωτερικής επενέργειας. Η αρχαία έκφραση του Ηράκλειτου για την αδιάκοπη ροή των πραγμάτων φαίνεται να βρίσκει εδώ ένα ιδιόμορφο και ταυτόχρονα ιδιαίτερα χαρακτηριστικό παράδειγμα.

Στην πιο απλή περίπτωση, τα ιδιοδιανύσματα του τελεστή Hamilton υφίστανται με την πάροδο του χρόνου απλώς έναν πολλαπλασιασμό με έναν παράγοντα φάσης, διατηρούν δηλαδή αναλλοίωτη την διεύθυνσή τους: Αν σε ένα σωματίδιο αντιστοιχεί ενέργεια E_0 και η αντίστοιχη κατάστασή του την χρονική στιγμή $t = 0$ είναι $|E_0\rangle$, τότε στην μεταγενέστερη χρονική στιγμή t η αντίστοιχη κατάσταση—διάνυσμα θα είναι

$$e^{-iE_0 t/\hbar}|E_0\rangle$$

Τα ιδιοδιανύσματα του τελεστή Hamilton ονομάζονται στάσιμες καταστάσεις. Η μεταβολή της φάσης που συμβαίνει σε χρονικό διάστημα Δt, σε μια στάσιμη κατάσταση, είναι ανάλογη της αντίστοιχης τιμής της ενέργειας. Αν αναλύσουμε λοιπόν μια τυχαία κατάσταση σε γραμμικό συνδυασμό των ιδιοδιανυσμάτων του τελεστή $\hat{H}$ οι σχετικές φάσεις μεταξύ των διανυσμάτων—βάσης διαφοροποιούνται συνεχώς και με διαφορετικούς ρυθμούς καθώς οι τελευταίοι προσδιορίζονται από τις αντίστοιχες τιμές της ενέργειας. Μία κατάσταση, δηλαδή, που αναλύεται σε γραμμικό συνδυασμό δύο καταστάσεων βάσης της ενέργειας με τιμές E_1 και E_2 αντίστοιχα, αν αρχικά είναι

$$|\psi\rangle = c_1|1\rangle + c_2|2\rangle$$

μετά από χρόνο t η $|\psi\rangle$ θα έχει μετατραπεί στην κατάσταση

$$|\psi_t\rangle = c_1 e^{-iE_1 t/\hbar}|1\rangle + c_2 e^{-iE_2 t/\hbar}|2\rangle$$

Καθώς η χρονική εξέλιξη μετασχηματίζει με μοναδιαίο τρόπο το αρχικό διάνυσμα—κατάσταση, ανάλογα με τον μοναδιαίο μετασχηματισμό που πραγματοποιείται με την χρησιμοποίηση του ασβεστίτη, στον μοναδιαίο τελεστή $\hat{U}$ αντιστοιχεί ένας Ερμιτιανός τελεστής, ο οποίος αντιστοιχεί στον ρυθμό μεταβολής της κατάστασης—διανύσματος. Ο τελεστής αυτός είναι ο τελεστής Hamilton $\hat{H}$:

$$i\hbar\,\frac{d|\psi\rangle}{dt} = \hat{H}|\psi\rangle$$

Η αναλογία με τον ασβεστίτη είναι πλήρης. Η σύνδεση μεταξύ των δύο τελεστών αποδίδεται πιο παραστατικά αν ο μοναδιαίος μετασχηματισμός παρασταθεί με την μορφή μιγαδικού εκθετικού, δηλαδή

$$\hat{U}(t_0, t_0 + \Delta t) = e^{-i\hat{H}\Delta t/\hbar}$$

Στη γενική περίπτωση, αν το διάνυσμα $|\psi\rangle$ έχει n συνιστώσες, η προηγούμενη εξίσωση αποκτά την μορφή

$$i\hbar\frac{dC_i(t)}{dt}|\psi\rangle = \sum_{i=1}^{n} H_{ij}(t)C_i(t)$$

όπου $C_i(t)$ η i συνιστώσα του διανύσματος. Ο ρυθμός μεταβολής κάθε επιμέρους πλάτους πιθανότητας αποδίδεται από έναν γραμμικό συνδυασμό των πλατών πιθανότητας με συντελεστές ακριβώς τα στοιχεία του πίνακα H. Στην ιδιαίτερη περίπτωση όπου $n = 1$ και το στοιχείο H_{11} είναι ανεξάρτητο από τον χρόνο γράφουμε

$$C_1(t) = \sigma\tau\alpha\theta \cdot e^{-iH_{11}t/\hbar}$$

το στοιχείο δηλαδή H_{11} ταυτίζεται με την αριθμητική τιμή της ενέργειας.

5.2. Το μόριο της αμμωνίας[8]

Είναι γνωστό ότι το μόριο της αμμωνίας αποτελείται από ένα άτομο αζώτου και τέσσερα υδρογόνου. Αν αγνοήσουμε τις δυνατότητες

8. Feynman, *The Feynman Lectures on Physics, Vol. III*, ενότητα 8—6.

που σχετίζονται με περιστροφή στον χώρο ή την δυνατότητα ταλάντωσης του μορίου, απομένουν μόνο δύο δυνατές καταστάσεις, που συνδέονται αποκλειστικά με την θέση του ατόμου του αζώτου: το τελευταίο έχει την δυνατότητα να μετατοπίζεται, διερχόμενο από τον σχηματισμό των ατόμων υδρογόνου, από μία θέση "πάνω", σε σχέση με τα τελευταία, σε μία δεύτερη θέση "κάτω" και αντίστροφα.

Αν συμβολίσουμε με $|1\rangle$ την κατάσταση του μορίου που αντιστοιχεί στην "πάνω" θέση για το άζωτο και με $|2\rangle$ την κατάσταση που αντιστοιχεί στην "κάτω" θέση —και αυτές οι δύο καταστάσεις θεωρηθούν ότι αντιστοιχούν σε δύο διανύσματα βάσης— τότε κάθε δυνατή κατάσταση για το μόριο της αμμωνίας αναλύεται στον γραμμικό συνδυασμό των τελευταίων, δηλαδή

$$|\psi\rangle = c_1|1\rangle + c_2|2\rangle$$

Η χρονική εξέλιξη τότε των συντελεστών c_1 και c_2 προσδιορίζεται από την λύση δύο εξισώσεων:

$$i\hbar\frac{dC_1(t)}{dt}|\psi\rangle = H_{11}C_1 + H_{12}C_2$$

$$i\hbar\frac{dC_2(t)}{dt}|\psi\rangle = H_{21}C_1 + H_{22}C_2$$

όπου οι όροι $H_{21}C_1$ και $H_{12}C_2$ στις δύο διαφορικές εξισώσεις δεν μηδενίζονται καθώς δεν αποκλείεται η δυνατότητα περάσματος μεταξύ των δύο συμμετρικών καταστάσεων. Για να προσδιορίσουμε ακριβέστερα τα στοιχεία του πίνακα H υποθέτουμε, καταρχάς, ότι ισχύει

$$E_0 = H_{11} = H_{22}$$

καθώς, αν δεν υπήρχε η δυνατότητα εναλλαγής μεταξύ των δύο συμμετρικών καταστάσεων και λύναμε τις δύο εξισώσεις θεωρώντας μηδενικό το αντίστοιχο πλάτος μετάβασης, τότε σε κάθε κατάσταση θα αντιστοιχούσε ενέργεια ίση με $H_{11} = E_1$ και $H_{22} = E_2$. Η συμμετρία μεταξύ των δύο καταστάσεων υποδεικνύει την ισότητα των δύο ενεργειακών τιμών E_1 και E_2.

Ανάλογα, μπορούμε να υποθέσουμε ότι το στοιχείο του πίνακα που συνδέεται με το πέρασμα από την κατάσταση $|1\rangle$ στην κατάσταση $|2\rangle$ είναι ίσο με το αντίστοιχο στοιχείο για το αντίστροφο πέρασμα, από την κατάσταση $|2\rangle$ στην κατάσταση $|1\rangle$. Γνωρίζουμε άλλωστε ότι αν ο τελεστής είναι Ερμιτιανός οι δύο τιμές διαφέρουν απλά κατά έναν παράγοντα φάσης. Δίχως βλάβη λοιπόν της γενικότητας μπορούμε να θέσουμε αυτό το πλάτος πιθανότητας ίσο με $-A$ με αποτέλεσμα το προηγούμενο σύστημα των δύο εξισώσεων να μετατραπεί, με αυτές τις αντικαταστάσεις, στο απλούστερο σύστημα

$$i\hbar\frac{dC_1(t)}{dt}|\psi\rangle = E_0C_1 - AC_2$$

$$i\hbar\frac{dC_2(t)}{dt}|\psi\rangle = -AC_1 + E_0C_2$$

Οι λύσεις του συστήματος είναι τότε

$$C_1(t) = \frac{1}{2}\left(\frac{\alpha}{2}e^{-i(E_0-A)t/\hbar} + \frac{b}{2}e^{-i(E_0+A)t/\hbar}\right)$$

$$C_1(t) = \frac{1}{2}\left(\frac{\alpha}{2}e^{-i(E_0-A)t/\hbar} - \frac{b}{2}e^{-i(E_0+A)t/\hbar}\right)$$

Παρατηρούμε ότι, αν $b = 0$, τα δύο πλάτη πιθανότητας μεταβάλλονται με την ίδια συχνότητα, δηλαδή με τον ίδιο ρυθμό στην πάροδο του χρόνου. Αλλά στάσιμη κατάσταση σημαίνει ακριβώς το αναλλοίωτο του διανύσματος σε σχέση με τον χρόνο, το αναλλοίωτο δηλαδή της διαφοράς φάσης μεταξύ των συνιστωσών του. Στην συγκεκριμένη περίπτωση το πλάτος πιθανότητας να βρίσκεται το μόριο του αζώτου "πάνω" είναι ίσο με το πλάτος πιθανότητας να βρίσκεται το ίδιο άτομο "κάτω". Υπάρχει, λοιπόν, μια πρώτη στάσιμη κατάσταση, στην οποία προφανώς αντιστοιχεί ενέργεια $E_0 - A$. Ανάλογα, αν $\alpha = 0$ υπάρχει μια δεύτερη στάσιμη κατάσταση με ενέργεια $E_0 + A$ ενώ τα αντίστοιχα πλάτη πιθανότητας έχουν τώρα αντίθετο πρόσημο: $C_1 = -C_2$. Η ύπαρξη δηλαδή της *δυνατότητας* του περάσματος από την μία θέση στην άλλη εξηγεί την ύπαρξη δύο ενεργειακών σταθμών, των οποίων οι τιμές διαφέρουν κατά $2A$.

Ας συμβολίσουμε τώρα $|\varphi_1\rangle$ και $|\varphi_2\rangle$ τις δύο στάσιμες καταστάσεις. Γνωρίζουμε ότι για την κατάσταση $|\varphi_1\rangle$ το πλάτος πιθανότητας να βρεθεί στην κατάσταση $|1\rangle$ είναι ίσο με το πλάτος πιθανότητας να βρεθεί στην κατάσταση $|2\rangle$, δηλαδή, και μετά από κανονικοποίηση,

$$|\varphi_1\rangle = 1/\sqrt{2}\,(|1\rangle + |2\rangle)$$

και ανάλογα

$$|\varphi_2\rangle = 1/\sqrt{2}\,(|1\rangle - |2\rangle)$$

Ακριβώς αντίστροφα, με τη σειρά τους, οι δύο στάσιμες καταστάσεις αποτελούν μια νέα διανυσματική βάση, ως προς την οποία αναλύονται οι καταστάσεις $|1\rangle$ και $|2\rangle$. Συγκεκριμένα, λύνοντας το προηγούμενο σύστημα ως προς τις τελευταίες, προκύπτει

$$|1\rangle = 1/\sqrt{2}\,(|\varphi_1\rangle + |\varphi_2\rangle)$$
$$|2\rangle = 1/\sqrt{2}\,(|\varphi_1\rangle - |\varphi_2\rangle)$$

Αν υποθέσουμε ότι την χρονική στιγμή $t = 0$ το μόριο βρίσκεται στην κατάσταση $|1\rangle$, τα προηγούμενα πλάτη πιθανότητας C_1 και C_2 για την χρονική στιγμή $t = 0$ είναι

$$C_1(0) = (\alpha + b)/2 = 1 \text{ και } C_2(0) = (\alpha - b)/2 = 0$$

δηλαδή

$$\alpha = b = 1$$

Καθώς η χρονική εξέλιξη των πλατών πιθανότητας $C_1(t)$ και $C_2(t)$ είναι

$$C_1(t) = e^{-iE_0 t/\hbar} \cos At/\hbar$$
$$C_2(t) = i e^{-iE_0 t/\hbar} \sin At/\hbar$$

η πιθανότητα, για παράδειγμα, για την κατάσταση $|1\rangle$ να βρεθεί στην κατάσταση $|2\rangle$ δεν είναι μηδέν αλλά ίση με το τετράγωνο του μέτρου του πλάτους πιθανότητας C_2, δηλαδή

$$P_2(t) = \sin^2 At/\hbar$$

5.3. Η μετατροπή των σωματιδίων *K*

Το μέγεθος που μας ενδιαφέρει εδώ είναι η παραδοξότητα, η τιμή του οποίου διατηρείται στις λεγόμενες ισχυρές αλληλεπιδράσεις. Για τα μεσόνια K η τιμή της παραδοξότητας είναι 1, για τα αντισωματίδιά τους $\bar{K}^0$ η αντίστοιχη τιμή είναι -1 ενώ τα δύο είδη μεσονίων έχουν ίση μάζα και μηδενικό φορτίο. Έχει παρατηρηθεί, σε ό,τι αφορά τις ισχυρές αλληλεπιδράσεις, ότι όταν ένα σωματίδιο ανιχνεύεται ως σωματίδιο K αποκλείεται η περίπτωση να ανιχνεύεται και το αντισωματίδιό του $\bar{K}$. Οι δύο καταστάσεις είναι διαφορετικές και πειραματικά αλληλοαποκλειόμενες. Ως εκ τούτου, η διατήρηση της παραδοξότητας για την συγκεκριμένη διάσπαση προσδιορίζει και το είδος του μεσονίου K που δημιουργείται.

Από την άλλη, αυτά τα δύο είδη σωματιδίων παρουσιάζουν ακριβώς την ίδια συμπεριφορά σε μία διαφορετική κατηγορία αλληλεπιδράσεων, στις ασθενείς αλληλεπιδράσεις. Σ' αυτές τις αλληλεπιδράσεις, στις οποίες δεν διατηρείται η παραδοξότητα, τα δύο είδη μεσονίων διασπώνται με τον ίδιο ακριβώς τρόπο. Αυτά τα πειραματικά δεδομένα υπέδειξαν στους ερευνητές Gell—Mann και Pais να εξετάσουν την συμπεριφορά των σωματιδίων χρησιμοποιώντας ως στοιχεία της βάσης αναφοράς τις καταστάσεις που αντιστοιχούν στις δύο δυνατές συμπεριφορές των μεσονίων K στις ισχυρές αλληλεπιδράσεις.

Συγκεκριμένα, αν συμβολίσουμε ως $|K^0\rangle$ και $|\overline{K}^0\rangle$ τα δύο διανύσματα βάσης τότε ο τελεστής που συνδέεται με το φυσικό μέγεθος της παραδοξότητας $\hat{S}$ αποκτά την μορφή

$$\begin{vmatrix} 1 & 0 \\ 1 & -1 \end{vmatrix}$$

καθώς

$$\hat{S}|K^0\rangle = |K^0\rangle \text{ και } \hat{S}|\overline{K}^0\rangle = -|\overline{K}^0\rangle$$

ενώ ο αντίστοιχος τελεστής γράφεται

$$\hat{S} = |K^0\rangle\langle K^0| - |\overline{K}^0\rangle\langle\overline{K}^0|$$

Ορίζουμε επίσης έναν τελεστή CP (charge conjugation parity) που αποδίδει την μετάβαση από το σωματίδιο K στο αντισωματίδιό του $\overline{K}$. Στην βάση των $|K^0\rangle$, $|\overline{K}^0\rangle$ ο εν λόγω τελεστής αποδίδεται από τον πίνακα

$$CP = \begin{vmatrix} 0 & 1 \\ 1 & 0 \end{vmatrix}$$

καθώς

$$CP|K^0\rangle = |\overline{K}^0\rangle \text{ και } CP|\overline{K}^0\rangle = |K^0\rangle$$

Η συνολική τιμή του αντίστοιχου μεγέθους είναι εκείνη που διατηρείται στις ασθενείς αλληλεπιδράσεις. Οι ιδιοκαταστάσεις του τελεστή CP αποτελούν γραμμικό συνδυασμό των δύο προηγούμενων διανυσμάτων βάσης. Για την κατάσταση $|K_s\rangle$ τα δύο πλάτη πιθανότητας είναι ίσα ενώ για την κατάσταση $|K_L\rangle$ είναι αντίθετα:

$$|K_s\rangle = 1/\sqrt{2}\,(|K^0\rangle + |\overline{K}^0\rangle)$$

$$|K_L\rangle = 1/\sqrt{2}\,(|K^0\rangle - |\overline{K}^0\rangle)$$

Η αναλογία με το μόριο της αμμωνίας είναι φανερή. Η κατάσταση $|K_s\rangle$, για παράδειγμα, αντιστοιχεί σ' εκείνη την κατάσταση των μεσονίων K για την οποία το πλάτος πιθανότητας να ανιχνευθούν K^0 σωματίδια και το πλάτος πιθανότητας να ανιχνευθούν $\overline{K}^0$ σωματίδια είναι μεταξύ τους ίσα.

Αντίστροφα, λύνοντας δηλαδή το παραπάνω σύστημα ως προς τα διανύσματα βάσης $|K^0\rangle$, $|\overline{K}^0\rangle$

$$|K^0\rangle = 1/\sqrt{2}\,(|K_s\rangle + |K_L\rangle)$$

$$|\overline{K}^0\rangle = 1/\sqrt{2}\,(|K_s\rangle - |K_L\rangle)$$

Ωστόσο έχει παρατηρηθεί ότι αν παραχθούν σωματίδια K συμβαίνουν ασθενείς αλληλεπιδράσεις με αποτέλεσμα την διάσπαση τόσο της $|K_s\rangle$ όσο και της $|K_L\rangle$ συνιστώσας. Η διάσπαση των δύο καταστάσεων είναι εκθετική σε σχέση με την μεταβλητή του χρόνου. Στην πάροδο λοιπόν του χρόνου κάθε διάνυσμα βάσης πολλαπλασιάζεται όχι μόνο με τα γνωστά μιγαδικά εκθετικά —που συνδέονται με τις ενέργειες των σωματιδίων— αλλά και με ένα πραγματικό εκθετικό, που σχετίζεται με τις διασπάσεις. Γράφουμε

$$|\psi_t\rangle = e^{-i\omega_S t - t/2\tau_S}|K_S\rangle$$
$$|\psi_t\rangle = e^{-i\omega_L t - t/2\tau_L}|K_L\rangle$$

όπου τα μεγέθη ω_S και ω_L συνδέονται με τις ενέργειες

$$E_s = 1/2(p^2c^2 + m_S{}^2c^4)^{1/2} \text{ και } E_L = (\, m_S{}^2c^4)^{1/2}$$

με τις γνωστές σχέσεις, $\omega_s = E_s/\hbar$ και $\omega_L = E_L/\hbar$. Ταυτόχρονα, ο χρόνος ημιζωής της κατάστασης K_s είναι $\tau_S = 0{,}9{\times}10^{-10}$ sec ενώ για την κατάσταση K_L ο αντίστοιχος χρόνος είναι $\tau_L = 518{\times}10^{-10}$ sec.

Ένα σωματίδιο, λοιπόν, K^0 την χρονική στιγμή $t = 0$ βρίσκεται στην κατάσταση

$$|\psi_{t=0}\rangle = |K^0\rangle = 1/\sqrt{2}\,(|K_s\rangle + |K_L\rangle)$$

Μετά από χρόνο t η κατάστασή του, έχοντας συνυπολογίσει τόσο τις ασθενείς αλληλεπιδράσεις όσο και την κανονική χρονική του εξέλιξη, αποδίδεται από το διάνυσμα

$$|\psi_t\rangle = 1/\sqrt{2}\,(e^{-i\omega_S t - t/2\tau_S}|K_S\rangle + e^{-i\omega_L t - t/2\tau_L}|K_S\rangle)$$

Παρατηρούμε ότι, πλέον, το πλάτος πιθανότητας να συμπεριφερθεί το σωματίδιο K^0 ως το αντισωματίδιό του $\bar{K}^0$ δεν είναι μηδέν αλλά αντίθετα

$$\langle K^0|\psi_t\rangle = 1/2(e^{-i\omega_S t - t/2\tau_S} + e^{-i\omega_L t - t/2\tau_L})$$

καθώς

$$\langle K^0|K_S\rangle = \langle K^0|K_L\rangle = 1/\sqrt{2}$$

Η αντίστοιχη πιθανότητα είναι

$$P(K^0)(t) = |\langle K^0|\psi_t\rangle|^2$$
$$= 1/4[e^{-t/\tau_S} + e^{-t/\tau_L} - 2e^{(-t/\tau_S + t/\tau_L)/2}\cos(\omega_S - \omega_L)/t]$$

Η πρόβλεψη αυτή σημαίνει ότι μια δέσμη που αποτελείται αποκλειστικά από K^0 μεσόνια, αφού διανύσει λίγα εκατοστά του μέτρου και στη συνέχεια συμμετάσχει σε ισχυρές αλληλεπιδράσεις, είναι πιθανό να συμπεριφερθεί σαν να περιέχει $\bar{K}^0$ σωματίδια και μάλιστα αυτή η πιθανότητα έχει μια διακύμανση με τον χρόνο. Σωματίδια, δηλαδή, δίχως καμιά εξωτερική παρέμβαση συμπεριφέρονται όπως τα αντισωματίδιά τους. Δύο καταστάσεις, καταρχήν αλληλοαποκλειόμενες, κάτω από συγκεκριμένες προϋποθέσεις μετατρέπονται η μία στην άλλη. Τα δύο σωματίδια μπορούν θεωρηθούν ως ένα, με διαφορετική κάθε φορά συμπεριφορά.

Ανάλογο φαινόμενο συμβαίνει όταν μια δέσμη K_L μεσονίων διέρχεται από ένα υλικό καθώς όταν παράγεται μια καθαρή δέσμη μεσονίων, μετά από λίγα εκατοστά, η K_s συνιστώσα διασπάται και δημιουργείται μια καθαρή δέσμη K_L μεσονίων. Στη συνέχεια η ίδια δέσμη διέρχεται από υλικό, όπου συμβαίνουν ισχυρές αλληλεπιδράσεις με τους πυρήνες, με αποτέλεσμα την σκέδαση των K^0 σωματιδίων. Ταυτόχρονα σκεδάζονται ή απορροφώνται από τους πυρήνες και $\overline{K}^0$ σωματίδια, με αποτέλεσμα την αλλαγή της σχέσης των συντελεστών στον γραμμικό συνδυασμό

$$|\psi\rangle = |K_L\rangle = 1/\sqrt{2}\,(|K^0\rangle - |\overline{K}^0\rangle)$$

και την δυνατότητα μετατροπής της μίας κατάστασης στην άλλη. Η αρχική σχέση μετατρέπεται πλέον στην

$$|\psi'\rangle = 1/\sqrt{2}\,(e^{i\varphi_1}|K^0\rangle - e^{-i\varphi_2}|\overline{K}^0\rangle)$$

Η κατάσταση $|\psi'\rangle$, εξαιτίας της μη διατήρησης γενικά του αριθμού των σωματιδίων, δεν είναι κανονικοποιημένη. Το πλάτος πιθανότητας $\langle K_s|K_L\rangle$ δεν είναι πλέον μηδέν αλλά

$$\langle K_s|K_L\rangle = 1/\sqrt{2}\,(e^{i\varphi_1} - e^{-i\varphi_2})$$

5.4. Η εξίσωση Schrödinger

Έστω μια άπειρη σειρά από άτομα και ένα ηλεκτρόνιο που βρίσκεται αρχικά στην περιοχή του ατόμου με δείκτη n. Ας υποθέσουμε ότι το πλάτος πιθανότητας να βρίσκεται εκεί το ηλεκτρόνιο είναι C_n. Ας θεωρήσουμε, τώρα, ότι το ηλεκτρόνιο έχει την δυνατότητα να μεταπηδήσει σε ένα από τα δύο γειτονικά του άτομα. Ακολουθώντας την μέθοδο των προηγούμενων παραδειγμάτων σχηματίζουμε την εξίσωση

$$i\hbar\, dC_n/dt = E_0C_n(t) + AC_{n+1}(t) - AC_{n-1}(t)$$

Δίχως απώλεια της γενικότητας μπορούμε να θεωρήσουμε ίσους τους συντελεστές για τα πλάτη πιθανότητας να μεταπηδήσει το ηλεκτρόνιο στο αριστερό ή στο δεξιό άτομο αντίστοιχα. Από την άλλη, η τιμή E_0 είναι ο συντελεστής, που αντιστοιχεί στο πλάτος πιθανότητας να παραμείνει το σωματίδιο στο ίδιο άτομο. Επαναλαμβάνοντας την ίδια διαδικασία για κάθε θέση σχηματίζεται μια άπειρη σειρά διαφορικών εξισώσεων:

...

$$i\hbar\, dC_{n-1}/dt = E_0 C_{n-1}(t) + AC_{n-2}(t) - AC_n(t)$$

$$i\hbar\, dC_n/dt = E_0 C_n(t) + AC_{n+1}(t) - AC_{n-1}(t)$$

$$i\hbar\, dC_{n+1}/dt = E_0 C_{n+1}(t) + AC_n(t) - AC_{n+2}(t)$$

...

Αναζητώντας τώρα τις στάσιμες καταστάσεις, δηλαδή τις καταστάσεις για τις οποίες τα πλάτη πιθανότητας μεταβάλλονται με την ίδια συχνότητα, θεωρούμε λύσεις με την μορφή των γνωστών μιγαδικών εκθετικών

$$c_n = \alpha_n e^{-iEt/\hbar}$$

όπου α_n είναι το μη μεταβαλλόμενο χρονικά μέρος του πλάτους πιθανότητας. Αν αντικαταστήσουμε αυτή την μορφή στις προηγούμενες εξισώσεις, αποκτάμε ένα σύστημα εξισώσεων με αγνώστους ακριβώς τα μη μεταβαλλόμενα χρονικά μέρη των πλατών πιθανότητας, δηλαδή

$$E\alpha_n = E_0\alpha_n - A\alpha_{n+1} - A\alpha_{n-1}$$

Ας ξαναγράψουμε τώρα αυτή την σχέση παριστάνοντας την θέση κάθε ατόμου με τον αριθμό x_n. Αν η απόσταση ανάμεσα στα διατεταγμένα άτομα είναι b, γράφουμε

$$E\alpha(x_n) = E_0\alpha(x_n) - A\alpha(x_n + b) - A\alpha(x_n - b)$$

Η τελευταία εξίσωση —αν θεωρήσουμε σχετικά μικρή την απόσταση μεταξύ των ατόμων— συνδέει την τιμή μιας συνάρτησης σε ένα σημείο με τις τιμές στα γειτονικά προς αυτό σημεία. Δοκιμάζοντας ως πιθανή λύση για το μέγεθος $\alpha(x_n)$ το μιγαδικό εκθετικό e^{ikx_n} έχουμε

$$E = E_0 - Ae^{ikb} - Ae^{-ikb} \text{ δηλαδή } E = E_0 - 2A\cos kb$$

Στις χαμηλές ενέργειες μπορούμε προσεγγιστικά να γράψουμε

$$\cos kb \approx 1 - k^2b^2/2$$

με αποτέλεσμα

$$E = (E_0 - 2A) + Ak^2b^2$$

Αν τώρα θέσουμε, χάριν ευκολίας, $E_0 = 2A$, η τιμή της ενέργειας γίνεται ανάλογη με το τετράγωνο του κυματαριθμού k:

$$E = Ak^2b^2$$

Μπορούμε, λοιπόν, να θεωρήσουμε ότι τα πλάτη πιθανότητας βρίσκονται πράγματι στη γενική μορφή

$$c_n = e^{ikx_n} e^{-iEt/\hbar}$$

όπου κάθε τιμή για το k, συνδέεται με μία τιμή της ενέργειας. Συγκεκριμένα, σε κάθε στάσιμη κατάσταση ενέργειας E αντιστοιχεί ένα πλάτος πιθανότητας του οποίου η φάση μεταβάλλεται από άτομο σε άτομο κατά kb. Η πιθανότητα να εντοπιστεί σε μία θέση το ηλεκτρόνιο είναι ακριβώς ίση με την πιθανότητα να εντοπιστεί σε οποιαδήποτε άλλη, ένα αποτέλεσμα απόλυτα σύμφωνο με την αρχή της αβεβαιότητας. Είναι φανερό ότι τόσο η απαιτούμενη περιοδικότητα για το ίδιο το πλάτος πιθανότητας όσο και η σταθερότητα για κάθε θέση της απόλυτης τιμής του επιβάλλουν την απαίτηση για την χρησιμοποίηση μιγαδικού και όχι πραγματικού εκθετικού για την περιγραφή.

Όταν η απόσταση μεταξύ των σημείων τείνει στο μηδέν, όταν δηλαδή ο αριθμός b τείνει στο μηδέν —και θεωρώντας ότι ο αριθμός A αυξάνει με τέτοιο τρόπο ώστε το γινόμενο Ab^2 να παραμένει σταθερό— το φάσμα των τιμών για την θέση του ηλεκτρονίου μετατρέπεται σε συνεχές. Η αρχική εξίσωση ξαναγράφεται

$$i\hbar\frac{dC(x_n)}{dt} = (E_0-2A)C(x_n) + A[2C(x_n) - C(x_n + b) - C(x_n-b)]$$

Χρησιμοποιώντας το ανάπτυγμα Taylor, έχουμε

$$2C(x) - C(x+b) - C(x-b) = -b^2\frac{\partial^2 C(x)}{\partial x^2}$$

Στο όριο, όπου το b τείνει στο μηδέν, η προηγούμενη σχέση μετατρέπεται στην εξίσωση του Schrödinger

$$i\hbar\frac{\partial C(x)}{\partial t} = -\frac{\hbar^2}{2m}\frac{\partial^2 C(x)}{\partial x^2} \text{ όπου } m = \hbar^2/2Ab^2$$

Πρέπει όμως να θεωρήσουμε έναν επιπλέον όρο, ο οποίος συνδέεται με την δυναμική ενέργεια του σωματιδίου στο συγκεκριμένο σημείο, η σημασία του οποίου γίνεται κατανοητή στην θεωρητική περίπτωση όπου το σωματίδιο θα ήταν ακίνητο. Τότε επειδή ο ρυθμός μεταβολής της φάσης είναι ανάλογος με την τιμή της ενέργειας, είναι φανερό ότι ένας όρος $v_i/\hbar$ θα συνδέεται με την δυναμική ενέργεια του σωματιδίου σε εκείνο το σημείο καθώς η λύση της εξίσωσης θα είναι

$$\psi_i(t) = e^{-iv_it/\hbar}\,\psi_i(0)$$

προκύπτοντας η γενική μορφή της εξίσωσης του Schrödinger:

$$i\hbar\frac{\partial\psi(x,t)}{\partial t} = -\frac{\hbar^2}{2m}\frac{\partial\psi^2(x,t)}{\partial x^2} + v(x)\psi(x,t)$$

μια διαφορική εξίσωση με μερικές παραγώγους, η οποία συσχετίζει τις απειροστές μεταβολές στις τιμές ενός φυσικού μεγέθους, που αντιστοιχούν σε απειροστές μεταβολές μίας ή περισσότερων ανεξάρτητων μεταβλητών. Η διαφορική εξίσωση του Schrödinger διατυπώνει την ποσοτική σχέση που συνδέει τον ρυθμό της χρονικής μεταβολής της τιμής της «κυματοσυνάρτησης» με τον ρυθμό μεταβολής της τελευταίας, σε σχέση με τις τιμές της θέσης στην πολύ μικρή περιοχή γύρω από κάθε σημείο του άξονα. Είναι φανερό ότι ο χρονικός ρυθμός της μεταβολής της συνάρτησης εξαρτάται από το συγκεκριμένο σημείο στον χώρο. Σημαντικό σημείο διαφοροποίησης ενός σημείου στον χώρο σε σχέση με τα άλλα είναι η τιμή για το δυναμικό του. Στα σημεία για τα οποία το δυναμικό είναι μηδέν υπάρχει απλή σχέση αναλογίας ανάμεσα στην πρώτη παράγωγο ως προς τον χρόνο της συνάρτησης και στην δεύτερη παράγωγο ως προς την θέση της ίδιας συνάρτησης. Τέλος, ιδιαίτερο ενδιαφέρον αποκτά η εξέταση ενός μεγέθους, το οποίο προσδίδει ιδιαίτερη παραστατικότητα στα χαρακτηριστικά της κυματοσυνάρτησης και χαρακτηρίζεται ως ροή.

Η πρώτη παράγωγος της συνάρτησης της πιθανότητας ως προς τον χρόνο είναι

$$\begin{aligned}\frac{\partial}{\partial t}P(x,t) &= \psi\frac{\partial\psi^*}{\partial t} + \psi^*\frac{\partial\psi}{\partial t}\\ &= \frac{1}{i\hbar}\frac{\hbar^2}{2m}\left(\frac{\partial^2\psi^*}{\partial x^2}\psi - \psi^*\frac{\partial^2\psi}{\partial x^2}\right)\\ &= -\frac{\partial}{\partial x}\left[\frac{\hbar}{2im}\left(\psi^*\frac{\partial\psi}{\partial x} - \frac{\partial\psi^*}{\partial x}\psi\right)\right]\end{aligned}$$

Ορίζουμε ως ροή ή ρεύμα πυκνότητας πιθανότητας την ποσότητα

$$j(x,t) = \frac{\hbar}{2im}\left(\psi^*\frac{\partial\psi}{\partial x} - \frac{\partial\psi^*}{\partial x}\psi\right)$$

Είναι φανερό ότι ισχύει

$$\frac{\partial}{\partial t}P(x,t) + \frac{\partial}{\partial x}j(x,t) = 0$$

Η ροή έρχεται να συνδέσει τον ρυθμό μεταβολής της πιθανότητας με την θέση στην οποία συμβαίνει η τελευταία. Αν εξετάσουμε την συνολική μεταβολή της πιθανότητας σε ένα πεπερασμένο διάστημα, ολοκληρώνοντας την παραπάνω εξίσωση, προκύπτει

$$\frac{\partial}{\partial t}\int_{\alpha}^{b} dx\, P(x,t) = -\int_{\alpha}^{b} dx\, \frac{\partial}{\partial x} j(x,t) = j(\alpha,t) - j(b,t)$$

Αν θεωρήσουμε μία συγκεκριμένη χρονική στιγμή, τότε η διαφορά μεταξύ των τιμών του ρεύματος πιθανότητας στις θέσεις α και b αποδίδει τον ρυθμό μεταβολής της πιθανότητας να βρεθεί το σωματίδιο ανάμεσα σ' αυτά τα σημεία. Προφανώς, μεταβολή της πιθανότητας σημαίνει είσοδο ή έξοδο επιπλέον ηλεκτρονίων σε αυτή την περιοχή, καθώς ο πιο παραστατικός τρόπος για την κατανόηση της πιθανότητας είναι η θεώρηση μεγάλου αριθμού σωματιδίων στον άξονα, η κατανομή των οποίων είναι ανάλογη με την συνάρτηση για την πυκνότητα πιθανότητας. Η τιμή λοιπόν της συνάρτησης για το ρεύμα πιθανότητας συνδέεται με τον αριθμό των σωματιδίων, που διέρχονται από ένα σημείο του άξονα.

Παράδειγμα 5.1

Ποια ροή παριστάνουν οι συναρτήσεις

$$\psi(x) = Ae^{ikx} + Be^{-ikx} \quad \text{και} \quad \psi(x) = u(x)\, e^{ikx}$$

όπου $u(x)$ πραγματική συνάρτηση.

Ας θεωρήσουμε, καταρχάς, σωματίδια που έχουν όλα την ίδια ενέργεια και κινούνται προς την ίδια κατεύθυνση. Αν τα σωματίδια κινούνται, πάντα ως προσέγγιση, με σταθερή ταχύτητα $\upsilon = p/m$ και η πυκνότητά τους είναι 1 σωματίδιο ανά μονάδα μήκους, τότε η ροή σωματιδίων, ο αριθμός δηλαδή των σωματιδίων που διέρχονται από ένα σημείο του άξονα ανά ένα δευτερόλεπτο, είναι ακριβώς υ. Στην έκφραση όμως $Ae^{ipx/\hbar}$ αντιστοιχεί ροή $|A|^2 p/m$. Το τετράγωνο του μέτρου του συντελεστή για το μιγαδικό εκθετικό μπορεί λοιπόν να θεωρηθεί ότι αποδίδει την πυκνότητα των σωματιδίων ανά μονάδα μήκους. Ως συνέπεια, η συνάρτηση $\psi(x)$ αποδίδει κίνηση σωματιδίων σε αντίθετες κατευθύνσεις, με πυκνότητες $|A|^2$ και $|B|^2$ αντίστοιχα. Σε ό,τι αφορά την δεύτερη συνάρτηση, αντικαθιστώντας στην έκφραση για την ροή και εκτελώντας τις πράξεις, έχουμε

$$j_2(x,t) = \frac{\hbar k}{m} u^2(x)$$

Σε αυτή την περίπτωση, η πυκνότητα των σωματιδίων δεν είναι ομοιόμορφη πάνω στον άξονα αλλά εξαρτάται από το συγκεκριμένο σημείο στο οποίο αναφερόμαστε.

Η εισαγωγή της έννοιας της ροής δίνει λοιπόν παραστατικότητα στην ιδιότητα της διατήρησης της πιθανότητας, της ροής της δηλαδή προς γειτονικά σημεία, κάνοντας ορατό αυτό που ήδη έχει χρησιμοποιηθεί πιο πριν στις απόπειρες δικαιολόγησης της διαφορικής εξίσωσης του Schrödinger. Στη βάση της βρίσκεται το γεγονός ότι τα σωματίδια δεν παραμένουν ποτέ σταθερά στην αρχική τους θέση αλλά διαχέονται δίχως άλματα και βαθμιαία προς τις γειτονικές τους θέσεις πάνω στον άξονα. Αν γνωρίζουμε την αρχική θέση ενός σωματιδίου δεν μπορούμε βέβαια να προβλέψουμε τι ακριβώς θα συμβεί, αν θα πάει εμπρός ή πίσω, αν επιταχύνεται ή κινείται ομαλά, είμαστε όμως σε θέση να προβλέψουμε —αν κάνουμε το ίδιο πείραμα αρκετές φορές ή αν αφήσουμε πολλά όμοια σωματίδια στο ίδιο σημείο— πώς θα μοιάζουν οι πειραματικές καμπύλες για την θέση τους.

5.5. Το ελεύθερο σωματίδιο

Όταν ο χώρος είναι ελεύθερος από δυναμικά, οι συναρτήσεις που αποτελούν τις ιδιοσυναρτήσεις του τελεστή της ενέργειας αποκτούν την απλή μορφή

$$\psi_E(x) = e^{\pm ikx}$$

Η γενική λύση αποτελεί γραμμικό συνδυασμό των μερικών λύσεων, καθώς ο τελεστής Hamilton είναι γραμμικός και οι μερικές λύσεις της αντίστοιχης διαφορικής εξίσωσης συγκροτούν γραμμικό διανυσματικό χώρο, δηλαδή

$$\psi_E(x) = c_1 e^{ikx} + c_2 e^{-ikx}$$

Με την πάροδο του χρόνου η κατάσταση υφίσταται έναν μοναδιαίο μετασχηματισμό, δηλαδή

$$\psi_E(x,t) = c_1 e^{ikx} e^{-i\omega t} + c_2 e^{-ikx} e^{-i\omega t}$$

όπου $\omega = E/\hbar$. Όταν ωστόσο μια κατάσταση αποτελεί υπέρθεση ιδιοκαταστάσεων της ενέργειας, το συνολικό πλάτος πιθανότητας σχηματίζεται ολοκληρώνοντας τον γραμμικό συνδυασμό των ξεχωριστών «κυμάτων» ως προς E, με διάστημα ολοκλήρωσης από $-\infty$ ως $+\infty$:

$$\psi(x,t) = \int_{-\infty}^{+\infty} dE \left(c_E\, e^{ikx} e^{-i\omega t} + c_E'\, e^{-ikx} e^{-i\omega t}\right)$$

Παράδειγμα 5.2

Ας θεωρήσουμε μια συνάρτηση, της οποίας η συνάρτηση του μέτρου $|\langle p|\psi\rangle|$ στην απεικόνιση p είναι περιορισμένη σε ένα χώρο δίχως δυναμικά, διαθέτοντας εύρος Δp. Αν την χρονική στιγμή $t = 0$ είναι

$$\langle p|\psi\rangle = g(p)\, e^{i\alpha(p)}$$

όπου $g(p)$ είναι πραγματική, μη αρνητική συνάρτηση και $\alpha(p)$ πραγματική συνάρτηση, η χρονική εξέλιξη της κατάστασης αποδίδεται από το ολοκλήρωμα

$$\psi(x, t) = \frac{1}{2\pi\hbar}\int dp\, g(p)\, e^{i[px-Et+\hbar\alpha(p)]/\hbar}$$

Για ορισμένα σημεία, ακόμη και σε περιοχές όπου η τιμή της $g(p)$ είναι μεγάλη, ο εκθετικός παράγοντας ταλαντώνεται τόσες πολλές φορές ώστε το ολοκλήρωμα πρακτικά να μηδενίζεται. Υπάρχουν όμως άλλα σημεία για τα οποία η φάση του εκθετικού είναι σχετικά σταθερή, με αποτέλεσμα —εφόσον και η $g(p)$ έχει μεγάλη τιμή— να υφίσταται συνεισφορά στο ολοκλήρωμα. Ιδιαίτερα ισχυρή συνεισφορά έχουμε για τα σημεία όπου συμβαίνει

$$\frac{\partial}{\partial p}\,[px_t - Et + \hbar\alpha(p)]_{p=p_0} = 0$$

Λύνοντας ως προς x_t

$$x_t = \left[\frac{\partial E}{\partial p}x_t - \hbar\frac{\partial\alpha(p)}{\partial p}\right]_{p=p_0} = p_0/mt + x_0, \text{ όπου } x_0 = -\hbar\frac{\partial\alpha(p)}{\partial p}$$

Επομένως, το σημείο που αποτελεί το κέντρο του παλμού κινείται με σταθερή ταχύτητα

$$p_0/m = \left.\frac{\partial(p^2/2m)}{\partial p}\right|_{p_0}$$

Αυτή είναι η ταχύτητα ομάδας για ένα ελεύθερο σωματίδιο. Η μετατόπιση του κέντρου του παλμού με σταθερή ταχύτητα σημαίνει απλά ότι το σημείο εκείνο για το οποίο, κάθε χρονική στιγμή η πιθανότητα να εντοπιστεί το σωματίδιο είναι μέγιστη, κινείται με σταθερή ταχύτητα σε ένα χώρο ελεύθερο από δυναμικά. Ένα σωματίδιο, λοιπόν, το οποίο δεν επηρεάζεται από εξωτερικές δυνάμεις, δεν υπακούει στην αρχή της αδράνειας όπως θα προέβλεπε η κλασική φυσική και μάλιστα αντί να κινηθεί ευθύγραμμα και ομαλά είναι δυνατό να πραγματοποιήσει μια εξαιρετικά ακανόνιστη κίνηση.

Το εύρος της πιθανότερης περιοχής να εντοπιστεί σε κάποια χρονική στιγμή το σωματίδιο προσδιορίζεται παρατηρώντας ότι υφίσταται ενισχυτική συμβολή όσο η φάση στο μιγαδικό εκθετικό υφίσταται λιγότερη από μία ταλάντωση κατά την διάρκεια μιας περιόδου, για την περιοχή βέβαια όπου η τιμή της $g(p)$ είναι σχετικά μεγάλη. Η μεταβολή στην φάση του εκθετικού σε σχέση με την μεταβολή της μεταβλητής της θέσης είναι προσεγγιστικά

$$\frac{1}{\hbar}\Delta p_x \frac{\partial}{\partial p_x}(px - Et + \hbar\alpha)_{p=p_0} = \frac{1}{\hbar}\Delta p_x(x - x_t)$$

Όσο η εν λόγω μεταβολή της φάσης είναι μικρότερη ή ίση με 2π συμβαίνει ενισχυτική συμβολή, δηλαδή το σωματίδιο είναι δυνατό να εντοπιστεί σε μια περιοχή

$$|x - x_t| \leq 2\pi\hbar/\Delta p_x$$

Παράδειγμα 5.3

Έστω ότι ένα σωματίδιο την χρονική στιγμή 0 είναι περιορισμένο σε μία μικρή περιοχή του άξονα και κινείται προς τα δεξιά. Η πυκνότητα πιθανότητας για την θέση του δίνεται από το τετράγωνο του μέτρου μιας μιγαδικής συνάρτησης $\psi(x)$, στην οποία αντιστοιχεί η κατανομή για τον κυματαριθμό

$$g(k) = e^{-\alpha k^2}$$

Ποια είναι η συνάρτηση της πυκνότητας πιθανότητας για το σωματίδιο την χρονική στιγμή t;

Η αρχική συνάρτηση $\psi(x)$ υπολογίζεται από την γραμμική υπέρθεση των ιδιοδιανυσμάτων της ορμής, δηλαδή

$$\psi(x, 0) = \frac{1}{2\pi}\int dk\, e^{ikx} e^{-\alpha k^2}$$

Ο πιο εύκολος τρόπος υπολογισμού του ολοκληρώματος απαιτεί την δημιουργία στον εκθέτη ενός τέλειου τετραγώνου:

$$-\alpha k^2 + ikx = -\alpha[(k - ix/2\alpha)^2 + x^2/4\alpha^2]$$

Η θεωρία για την μιγαδική ολοκλήρωση μάς επιτρέπει να κρατήσουμε την μεταβλητή $u = k - ix/2\alpha$ πάνω στον πραγματικό άξονα, με αποτέλεσμα

$$\psi(x, 0) = \frac{1}{2\pi} e^{-x^2/4\alpha}\int dk\, e^{-\alpha(k - ix/2\alpha)^2} = \frac{1}{2\pi}\sqrt{\frac{\pi}{\alpha}}\, e^{-x^2/4\alpha}$$

Σε ό,τι αφορά την χρονική εξέλιξη της συνάρτησης —για την οποία παραλείπεται η κανονικοποίηση— επειδή ο τελεστής της ορμής $\hat{p}$ μετατίθεται στην περίπτωση του ελεύθερου σωματιδίου με τον τελεστή $\hat{H} = \hat{p}^2/2m$ τα ιδιοδιανύσματα της ορμής είναι οι στάσιμες καταστάσεις του συστήματος. Γράφουμε

$$\psi(x, t) = \frac{1}{2\pi}\int_{-\infty}^{+\infty} dk\, e^{-\alpha k^2} e^{ikx} e^{-i\omega t}$$

Όταν το ω εξαρτάται από το k, κάθε ξεχωριστό κύμα διαδίδεται με διαφορετική ταχύτητα με αποτέλεσμα την τροποποίηση της μορφής του αρχικού παλμού. Για να εκτελέσουμε την ολοκλήρωση αναλύουμε το ω σε ανάπτυγμα Taylor γύρω από την κεντρική τιμή για τον κυματαριθμό k_0, δηλαδή

$$\omega(k) \approx \omega(k_0) + (k-k_0)\left(\frac{d\omega}{dk}\right)_{k_0} + \frac{1}{2}(k-k_0)^2\left(\frac{d^2\omega}{dk^2}\right)_{k_0}$$

Η ταχύτητα ομάδας που αντιστοιχεί στην κίνηση του παλμού, η ταχύτητα δηλαδή που χαρακτηρίζει την μετατόπιση της κορυφής του, είναι

$$\upsilon_g = \left(\frac{d\omega}{dk}\right)_{k_0}$$

ενώ αν

$$\beta = \frac{1}{2}\left(\frac{d^2\omega}{dk^2}\right)_{k_0}$$

η απόλυτη τιμή του μέτρου της συνάρτησης $\psi(x, t)$ είναι

$$|\psi(x, t)|^2 = \left(\frac{\pi^2}{\alpha^2 + \beta^2 t^2}\right)^{1/2} e^{-[\alpha(x-\upsilon_g t)^2]/2(\alpha^2 + \beta^2 t^2)}$$

Συγκρίνοντας με την αρχική κατανομή για την πιθανότητα

$$|\psi(x, 0)|^2 = \frac{1}{2}\,\frac{\pi}{\alpha}\, e^{-x^2/2\alpha}$$

παρατηρούμε ότι η ποσότητα α έχει μετατραπεί στην ποσότητα

$$\alpha + (\beta^2 t^2/\alpha)$$

το εύρος, δηλαδή, του κυματοπακέτου διευρύνεται με την πάροδο του χρόνου ωστόσο επειδή το εύρος είναι ανάλογο με την ποσότητα

$$[\alpha + (\beta^2 t^2/\alpha)]^{1/2} = \sqrt{\alpha}\,[1 + (\beta^2 t^2/\alpha^2)]^{1/2}$$

αυτή η διεύρυνση είναι μικρότερη όσο μεγαλύτερο είναι το αρχικό εύρος του πακέτου.

Παράδειγμα 5.4

Για ένα κυματοπακέτο ισχύει η σχέση $\omega = \hbar k^2/2m$.

Ποια είναι η κλασματική αλλαγή στο μέγεθός του σε ένα δευτερόλεπτο

α) για ένα ηλεκτρόνιο μάζας 0,9x10^{-30} Kg και εύρος 10^{-10} cm;

β) για ένα σωματίδιο με μάζα 1 gr και αρχικό εύρος 1 cm;

Η ταχύτητα ομάδας για τον συγκεκριμένο παλμό είναι $\upsilon_g = \hbar k_0/m$ ενώ $\beta = \hbar/2m$. Ο λόγος του εύρους των δύο κυματοπακέτων στην πρώτη περίπτωση είναι της τάξης μεγέθους του 10^{16} ενώ στην δεύτερη περίπτωση ο αντίστοιχος λόγος είναι της τάξης του 10^{-48}. Παρατηρούμε την έντονη εξάρτηση του ρυθμού μεταβολής από τις αρχικές διαστάσεις της κατανομής αλλά και από το μέγεθος της μάζας του σωματιδίου.

Παράδειγμα 5.5

Έστω το ελεύθερο σωματίδιο του οποίου η θέση περιγράφεται από το κυματοπακέτο

$$\Psi(x) = \int_{\alpha}^{\beta} A e^{i(kx-\omega t)}\, d\omega$$

Ας θεωρήσουμε ότι οι συχνότητες που συγκροτούν τον παλμό είναι κατανεμημένες γύρω από μία μέση τιμή ω_0 με εύρος $\Delta\omega$ ενώ κρατώντας από το ανάπτυγμα Taylor του κυματαριθμού k γύρω από την κεντρική αυτή τιμή μόνο τους δύο πρώτους όρους, δηλαδή

$$k(\omega) = k_0 + (\omega - \omega_0)\left.\frac{dk}{d\omega}\right|_{\omega_0}$$

προκύπτει τελικά

$$\Psi(x) = A e^{i(k_0-\omega_0 k_0')x} \int_{\omega_0-\Delta\omega/2}^{\omega_0+\Delta\omega/2} e^{i\omega(k_0'x-t)}\, d\omega$$

$$= \frac{2Ae^{i\omega(k_0'-\omega_0 t)}}{k_0'x-t} \sin\left(\frac{k_0'x-t}{2}\,\Delta\omega\right), \quad \text{όπου } k_0' = \left.\frac{dk}{d\omega}\right|_{\omega_0}$$

Η αντίστοιχη πιθανότητα είναι

$$|\Psi|^2 = |2A/(k_0'x-t)|^2 \sin^2\left(\frac{k_0'x-t}{2}\,\Delta\omega\right)$$

Η διέλευση του κυματοπακέτου από ένα σημείο, για παράδειγμα από το $x = 0$, θα είναι αισθητή μεταξύ δύο διαδοχικών μηδενισμών του, κατά την διάρκεια δηλαδή ενός χρόνου Δt:

$$(\Delta\omega \cdot \Delta t)/2 = \pi$$

Αντικαθιστώντας $\Delta E = \hbar \cdot \Delta\omega$ προκύπτει

$$(\Delta E)\tau \geq \hbar$$

Παράδειγμα 5.6

Την χρονική στιγμή t_0 ένα ελεύθερο σωματίδιο με μάζα m βρίσκεται στην κατάσταση $|\psi_{t_0}\rangle$. Δίνεται ότι

$$\langle p|\psi_{t_0}\rangle = \sigma\tau\alpha\theta \cdot e^{-ip\alpha - b|p-q|}$$

Θεωρώντας τα α, b και q δοσμένες παραμέτρους, ποια θα είναι η κατάσταση του σωματιδίου την χρονική στιγμή t;

Επειδή το σωματίδιο είναι ελεύθερο ο τελεστής Hamilton μετατίθεται με τον τελεστή της ορμής, με συνέπεια να έχουν κοινά ιδιοδιανύσματα. Η κατάσταση—διάνυσμα $|\psi(t_0)\rangle$ είναι λοιπόν δυνατό να αναλυθεί σε γραμμικό συνδυασμό ιδιοδιανυσμάτων της ορμής με συντελεστές ακριβώς τις τιμές της συνάρτησης $\langle p|\psi_{t_0}\rangle$. Είναι, δηλαδή,

$$|\psi_{t_0}\rangle = \int |p\rangle\langle p|\psi_{t_0}\rangle dp$$

με αποτέλεσμα το διάνυσμα $|\psi_t\rangle$ να είναι

$$|\psi_t\rangle = σταθ \cdot \int |p\rangle\, e^{-ip^2t/2m\hbar}\, e^{-ip\alpha-b|p-q|} dp$$

Τέλος, ο ολοκληρωτικός πυρήνας που αντιστοιχεί στον τελεστή Hamilton είναι, στη γενική περίπτωση,

$$H(xt, xt') = \sum_E e^{-iE(t-t')/\hbar} \psi_E(x)\psi_E^*(x')$$

Ο ολοκληρωτικός πυρήνας για το ελεύθερο σωματίδιο είναι

$$H(xt, xt') = \int dp\, \langle x|p\rangle e^{-iE(t-t')/\hbar} \langle p|x'\rangle$$

$$= \int \frac{dp}{2\pi\hbar} \exp\left\{\frac{i}{\hbar}\left[p(x-x') - \frac{p^2}{2m}(t-t')\right]\right\}$$

$$= \frac{1}{2\pi\hbar} \exp\left[\frac{im}{2\hbar}\frac{(x-x')^2}{t-t'}\right] \int dp \exp\left\{\frac{-i(t-t')}{2\hbar m}\left[p - \frac{m}{t-t'}(x-x')\right]^2\right\}$$

$$= \left(-i\,\frac{1}{2\pi\hbar}\,\frac{m}{t-t'}\right)^{1/2} \exp\left[\frac{im}{2\hbar}\frac{(x-x')^2}{t-t'}\right]$$

Ο εν λόγω ολοκληρωτικός πυρήνας αποδίδει το πλάτος πιθανότητας, που συνδέει την στιγμή που το σωματίδιο είναι στην θέση x στον χρόνο t με την στιγμή που το σωματίδιο ήταν στην θέση x', στον χρόνο t'. Πολλαπλασιάζοντας, λοιπόν $H(xt, xt')$ επί $\psi(x', t')$ και προσθέτοντας επί όλων των x', προσδιορίζουμε την συνολική πιθανότητα να βρεθεί το σωματίδιο στην θέση x στον χρόνο t, δηλαδή

$$\langle x|\psi(t)\rangle = \int dx'\, K(xt, x't')\langle x'|\psi(t')\rangle$$

5.6. Σωματίδιο περιορισμένο σε κουτί

Αν ένα σωματίδιο είναι περιορισμένο σε μονοδιάστατο χώρο μήκους α, οι ιδιοσυναρτήσεις της ενέργειάς του προσδιορίζονται από την επίλυση της εξίσωσης Schrödinger

$$\frac{d^2\psi(x)}{dx^2} + k^2\psi(x) = 0, \text{ όπου } k^2 = 2mE/\hbar^2$$

Οι συνοριακές συνθήκες του προβλήματος παρεμβαίνουν για την επιλογή της μορφής των λύσεων αλλά και για τον προσδιορισμό του προσήμου των τιμών της ενέργειας. Αν οι τιμές της ενέργειας είναι αρνητικές, οι λύσεις της εξίσωσης είναι πραγματικά εκθετικά. Μια τέτοια λύση δεν μηδενίζεται στα σημεία 0 και α όπως απαιτούν οι περιορισμοί του προβλήματος, με αποτέλεσμα την απόρριψή της. Οι λύσεις, λοιπόν, της διαφορικής εξίσωσης πρέπει να είναι της μορφής

$$\psi(x) = A\sin kx + B\cos kx$$

και καθώς $\psi(0) = B = 0$,

$$\psi(x) = A\sin kx$$

Σε ό,τι αφορά την ικανοποίηση της δεύτερης συνοριακής συνθήκης, απαιτείται

$$\psi(\alpha) = A\sin k\alpha = 0$$

με αποτέλεσμα $k = n\pi/\alpha$.

Οι ιδιοσυναρτήσεις του τελεστή Hamilton για το σωματίδιο στο μονοδιάστατο κουτί έχουν λοιπόν την μορφή

$$\psi_n(x) = A\sin\frac{n\pi x}{\alpha}$$

Παρατηρούμε ότι οι παραπάνω ιδιοσυναρτήσεις δεν ταυτίζονται με εκείνες της ορμής, δηλαδή οι δύο τελεστές σε αυτή την περίπτωση δεν μετατίθενται. Σε ό,τι αφορά την κανονικοποίηση, επειδή

$$\int_0^\alpha dx\sin^2\frac{n\pi x}{\alpha} = \frac{1}{2}\int_0^\alpha dx\,(1 - \cos 2\frac{n\pi x}{\alpha}) = \frac{\alpha}{2}$$

η κανονικοποιημένη ιδιοσυνάρτηση του τελεστή Hamilton είναι

$$\psi_n(x) = \sqrt{\frac{2}{\alpha}}\sin\frac{n\pi x}{\alpha}$$

ενώ οι τιμές της ενέργειας είναι κι αυτές διακριτές:

$$E_1 = n^2\pi^2\frac{\hbar^2}{2m\alpha^2}$$

Η πρώτη ενεργειακή στάθμη ονομάζεται θεμελιώδης και αντιστοιχεί στην τιμή της ενέργειας

$$E_1 = \pi^2\frac{\hbar^2}{2m\alpha^2}$$

όπως είχε, προσεγγιστικά, υπολογιστεί με την χρησιμοποίηση της αρχής της αβεβαιότητας.

Αν βέβαια είχε επιλεγεί ως αρχή του άξονα το μέσο του διαστήματος, θα προέκυπταν περιττές λύσεις

$$\psi_n^-(x) = \sqrt{\frac{1}{\alpha}} \sin \frac{n\pi x}{\alpha}$$

με ιδιοτιμές της ενέργειας

$$E_n^- = n^2 \frac{\pi^2 \hbar^2}{2m\alpha^2}$$

και άρτιες

$$\psi_n^+(x) = \sqrt{\frac{1}{\alpha}} \cos \frac{(n - 1/2)\pi x}{\alpha}$$

με αντίστοιχες ιδιοτιμές της ενέργειας

$$E_n^+ = (n^2 - 1) \frac{\pi^2 \hbar^2}{2m\alpha^2}$$

όπου α είναι το μήκος του μισού, ελεύθερου από δυναμικά, χώρου.

Παράδειγμα 5.7

Σωματίδιο είναι περιορισμένο σε κουτί μήκους α και την χρονική στιγμή $t = 0$ είναι στην θεμελιώδη κατάσταση. Αν μετά από χρόνο τ μεταβάλλουμε με πολύ γρήγορο τρόπο το μήκος του κουτιού σε b, ποια είναι η πιθανότητα να μετρηθεί ενέργεια της θεμελιώδους στάθμης του νέου κουτιού;

Αρχικά το σωματίδιο βρίσκεται στην κατάσταση

$$\psi_1(x) = \sqrt{\frac{2}{\alpha}} \sin \frac{n\pi x}{\alpha}$$

Μετά από χρόνο τ το σωματίδιο βρίσκεται πρακτικά στην ίδια κατάσταση αφού μία στάσιμη κατάσταση πολλαπλασιάζεται στην πάροδο του χρόνου με έναν παράγοντα φάσης. Ταυτόχρονα, το απότομο της αλλαγής του μήκους υποδηλώνει το αμετάβλητο της κατάστασης κατά την διάρκεια αυτής της διαδικασίας. Η αρχική κατάσταση όμως δεν αποτελεί πλέον ιδιοκατάσταση της ενέργειας και πρέπει να αναλυθεί σε γραμμικό συνδυασμό των νέων ιδιοδιανυσμάτων. Το πλάτος πιθανότητας να βρεθεί στην θεμελιώδη κατάσταση, μετά την μεταβολή του μήκους, είναι

$$\langle \psi_1' | \psi_1 \rangle = \sqrt{\frac{2}{\alpha}} \sqrt{\frac{2}{b}} \int_0^{\alpha} dx \sin \frac{\pi x}{\alpha} \sin \frac{\pi x}{b}$$

$$= \sqrt{\frac{2}{\alpha}}\sqrt{\frac{2}{b}}\,\frac{1}{2}\int_0^{\alpha} dx \cos\frac{\pi(b-\alpha)}{b}\,x - \frac{1}{2}\int_0^{\alpha} dx \cos\frac{\pi(b+\alpha)}{b}\,x$$

$$= \frac{b\alpha}{2\pi}\left[\frac{1}{b-\alpha}\sin\frac{\pi(b-\alpha)}{b} - \frac{1}{b+\alpha}\sin\frac{\pi(b+\alpha)}{b}\right]$$

Παράδειγμα 5.8

Αν το σωματίδιο βρίσκεται στην ενεργειακή στάθμη n, τότε ποια είναι η πιθανότητα να μετρηθεί τιμή p για την ορμή του;

Το πλάτος πιθανότητας να μετρηθεί τιμή p είναι

$$\langle p|\psi\rangle = \frac{1}{\sqrt{2\pi\hbar}}\sqrt{\frac{2}{\alpha}}\int_0^{\alpha} dx\, e^{-ipx/\hbar}\sin\frac{n\pi x}{\alpha}$$

$$= \sqrt{\frac{1}{\pi\alpha\hbar}}\left[\int_0^{\alpha} dx \cos\frac{px}{\hbar}\sin\frac{n\pi x}{\alpha} - i\int_0^{\alpha} dx \sin\frac{px}{\hbar}\sin\frac{n\pi x}{\alpha}\right]$$

Χρησιμοποιώντας τις γνωστές τριγωνομετρικές ταυτότητες, ο πρώτος όρος της διαφοράς εντός της αγκύλης, γίνεται

$$\sqrt{\frac{1}{\pi\alpha\hbar}}\,\frac{1}{2}\left[\int_0^{\alpha} dx \sin x(n\pi/\alpha-p/\hbar) + \int_0^{\alpha} dx \sin x(n\pi/\alpha+p/\hbar)\right]$$

$$= -\frac{1}{2}\sqrt{\frac{1}{\pi\alpha\hbar}}\left[\frac{1}{n\pi/\alpha-p/\hbar}\cos(n\pi-p\alpha/\hbar) + \frac{1}{n\pi/\alpha+p/\hbar}\cos(n\pi+p\alpha/\hbar)\right.$$
$$\left. + \frac{2n\pi/\alpha}{(n\pi/\alpha)^2-(p/\hbar)^2}\right]$$

ενώ το άθροισμα των δύο πρώτων όρων ισούται με

$$-\frac{1}{2}\sqrt{\frac{1}{\pi\alpha\hbar}}\,(-1)^n\frac{2n\pi/\alpha+n\pi/\alpha\cos(p\alpha/\hbar)]}{(n\pi/\alpha)^2-(p/\hbar)^2}$$

Ανάλογα, ο δεύτερος όρος της διαφοράς είναι

$$i\frac{1}{\sqrt{2\alpha}}\left[\frac{1}{n\pi/\alpha-p/\hbar}\sin(p\alpha/\hbar-n\pi) + \frac{1}{n\pi/\alpha+p/\hbar}\sin(p\alpha/\hbar+n\pi)\right]$$

$$= -2i\frac{1}{\sqrt{2\alpha}}(-1)^n\,\frac{n\pi/\alpha\sin(p\alpha/\hbar)}{(n\pi/\alpha)^2-(p/\hbar)^2}$$

και το τετράγωνο του μέτρου του συνολικού πλάτους πιθανότητας είναι

$$2\,\frac{n^2\pi}{\hbar\alpha^3}\,\frac{1-(-1)^n\cos(p\alpha/\hbar)}{[(p/\hbar)^2-(n\pi/\alpha)^2]^2}$$

Παράδειγμα 5.9

Ένα κουτί χωρίζεται στα δύο με ένα λεπτό διαχωριστικό τοίχωμα. Το πλάτος πιθανότητας να βρεθεί ένα σωματίδιο στο αριστερό τμήμα είναι ψ_1 ενώ το αντίστοιχο πλάτος πιθανότητας για το δεξιό τμήμα είναι ψ_2. Υποθέτουμε ότι το σωματίδιο μπορεί να διέλθει από το ένα τμήμα του κουτιού στο άλλο. Ο ρυθμός μεταβολής του πλάτους πιθανότητας ψ_2 είναι $K/i\hbar$ φορές το πλάτος πιθανότητας ψ_1, όπου K είναι πραγματικός. Δηλαδή

$$i\hbar\frac{\partial\psi_2}{\partial t}=K\psi_1$$

Αν το τοίχωμα είναι μη διαπερατό

$$i\hbar\frac{\partial\psi_1}{\partial t}=0$$

Ποια είναι η εξίσωση για τον ρυθμό αλλαγής του ψ_1;

Επειδή υπάρχουν δύο δυνατές περιπτώσεις για το σωματίδιο, το σύστημα των δύο εξισώσεων γράφεται

$$i\hbar\frac{\partial\psi_1}{\partial t}=0\psi_1+\alpha_{12}\psi_2$$

$$i\hbar\frac{\partial\psi_2}{\partial t}=K\psi_1+0\psi_2$$

Επειδή ο πίνακας H είναι Ερμιτιανός $\alpha_{12}=K$, δηλαδή

$$H=K\begin{vmatrix}0 & 1\\ 1 & 0\end{vmatrix}$$

Παραγωγίζουμε την πρώτη εξίσωση του συστήματος ως προς τον χρόνο και με απλή αντικατάσταση αποκτάμε την εξίσωση για την χρονική εξέλιξη πλάτους πιθανότητας ψ_1, η οποία είναι

$$-\hbar^2\frac{\partial^2\psi_1}{\partial t^2}=K^2\psi_1$$

Λύνοντας την εξίσωση ιδιοτιμών έχουμε $\lambda=\pm K$ ενώ τα κανονικοποιημένα ιδιοδιανύσματα του πίνακα H είναι

$$|u_1\rangle=1/\sqrt{2}\begin{pmatrix}1\\1\end{pmatrix}\text{ και }|u_2\rangle=1/\sqrt{2}\begin{pmatrix}1\\-1\end{pmatrix}$$

Ας υποθέσουμε ότι την χρονική στιγμή t το σωματίδιο βρίσκεται σε κατάσταση όπου $\psi_1 = e^{i\delta}\psi_2$. Η αντίστοιχη κατάσταση—διάνυσμα είναι

$$|\upsilon\rangle = 1/\sqrt{2}\begin{pmatrix} e^{i\delta} \\ 1 \end{pmatrix}$$

Για να παρακολουθήσουμε την χρονική εξέλιξη αυτής της κατάστασης πρέπει να αναλυθεί πρώτα σε γραμμικό συνδυασμό των ιδιοδιανυσμάτων της ενέργειας:

$$|\upsilon\rangle = |u_1\rangle\langle u_1|\upsilon\rangle + |u_2\rangle\langle u_2|\upsilon\rangle$$

$$= \frac{1}{2}(e^{i\delta} + 1)|u_1\rangle + \frac{1}{2}(e^{i\delta} - 1)|u_2\rangle$$

Την χρονική στιγμή t

$$|\upsilon_t\rangle = \frac{1}{2}e^{-iE_1 t/\hbar}(e^{i\delta} + 1)|u_1\rangle + \frac{1}{2}e^{-iE_2 t/\hbar}(e^{i\delta} - 1)|u_2\rangle$$

Η χρονική εξέλιξη της πιθανότητας να βρεθεί το σωματίδιο στο αριστερό τμήμα του κουτιού δίνεται από το τετράγωνο του μέτρου της έκφρασης

$$\langle\varphi_1|\upsilon_t\rangle = \frac{1}{2}e^{-iKt/\hbar}(e^{-i\delta} + 1)\langle\varphi_1|u_1\rangle + \frac{1}{2}e^{iKt/\hbar}(e^{-i\delta} - 1)\langle\varphi_1|u_2\rangle$$

όπου $|\varphi_1\rangle = \begin{pmatrix} 1 \\ 0 \end{pmatrix}$

5.7. Διατηρήσιμες ποσότητες

Ας υποθέσουμε ότι ένα σύστημα μπορεί να υπάρξει σε δύο καταστάσεις $|1\rangle$ και $|2\rangle$ ενώ $\hat{A}$ είναι ο τελεστής που πραγματοποιεί την μετάβαση από τη μία κατάσταση στην άλλη, δηλαδή

$$\hat{A}|1\rangle = |2\rangle$$

Αν η μετάβαση αυτή αποτελεί μόνιμη σχέση των δύο καταστάσεων—διανυσμάτων και $|1_t\rangle$ και $|2_t\rangle$ αποδίδουν τις δύο καταστάσεις—διανύσματα σε μία τυχαία χρονική στιγμή t, τότε θα είναι ξανά

$$\hat{A}|1_t\rangle = |2_t\rangle$$

Αλλά, καθώς καθεμιά απ΄ αυτές τις νέες καταστάσεις είναι προϊόν της δικής της χρονικής εξέλιξης, γράφουμε

$$\hat{A}[\hat{U}|1\rangle] = \hat{U}|2\rangle = \hat{U}[\hat{A}|1\rangle]$$

Ο τελεστής $\hat{A}$, δηλαδή, ο οποίος χαρακτηρίζει το είδος της σχέσης που συνδέει τις δύο καταστάσεις, μετατίθεται με τον τελεστή $\hat{U}$ της χρονικής εξέλιξης και, προφανώς, αν θεωρήσουμε πολύ μικρό το χρονικό διάστημα δt, ο τελεστής $\hat{A}$ μετατίθεται με τον τελεστή $\hat{H}$, που αποδίδει τον ρυθμό της χρονικής εξέλιξης, δηλαδή

$$\hat{A}\hat{H} = \hat{H}\hat{A}$$

μια μεταθετικότητα, που δεν αποτελεί παρά την μαθηματική διατύπωση της απαίτησης η σχέση συμμετρίας δύο καταστάσεων να διατηρείται στην πάροδο του χρόνου.

Στην ειδική περίπτωση όπου δύο συμμετρικές καταστάσεις είναι φυσικά ισοδύναμες, η μαθηματική ισοδυναμία εκδηλώνεται ως μια απλή διαφορά κατά έναν παράγοντα φάσης. Σε έναν χώρο, για παράδειγμα, δίχως πεδία, αν μία κατάσταση—διάνυσμα για την οποία η απλή μετατόπιση δίνει μία δεύτερη κατάσταση ισοδύναμη με την πρώτη,

$$|2\rangle = e^{i\varphi}|1\rangle$$

τότε η μεταβολή της φάσης είναι ανάλογη με την σχετική απόσταση των καταστάσεων, δηλαδή

$$\varphi = kx$$

ενώ η ίδια η σταθερά αναλογίας, αποδίδοντας ακριβώς την ιδιαίτερη σχέση όλων αυτών των καταστάσεων, αποτελεί χαρακτηριστικό γνώρισμα του φυσικού συστήματος. Όταν ο αριθμός των σωματιδίων είναι μεγάλος, όταν δηλαδή φθάνουμε στο κλασικό όριο, η σταθερά αναλογίας $\hbar k$ εμφανίζεται ως το γνωστό φυσικό μέγεθος της ορμής. Γνωρίζοντας, δηλαδή, την ύπαρξη της συγκεκριμένης συμμετρίας —συμμετρίας του τελεστή Hamilton— μπορούμε να προβλέψουμε την διατήρηση της ορμής ενός συγκεκριμένου φυσικού μεγέθους.

Ακόμη περισσότερο, ο ίδιος ο τελεστής που αντιστοιχεί στην ορμή προσδιορίζεται μέσω της συμμετρίας ως προς την μετατόπιση: Αν η κατάσταση βάσης $|n\rangle$ μετατοπιστεί κατά μία μικρή απόσταση Δx πάνω στον άξονα x, η νέα κατάσταση $|n'\rangle$ θα διαφέρει από την αρχική κατά ένα μιγαδικό εκθετικό της μορφής $e^{\pm ip_n\Delta x/\hbar}$. Επιλέγοντας η μετατόπιση της κατάστασης να είναι προς τα δεξιά, γράφουμε

$$\begin{aligned} |n'\rangle &= e^{-ip_n\Delta x/\hbar}|n\rangle \\ &\approx |n\rangle - ip_n\,\Delta x/\hbar|n\rangle \end{aligned}$$

Αν υπάρχουν n τέτοια συμμετρικά διανύσματα, θα ισχύει

$$|\psi'\rangle = |\psi\rangle - i\hat{p}\Delta x/\hbar|\psi\rangle$$

Ο τελεστής $\hat{p}$, ο οποίος είναι ο Ερμιτιανός τελεστής, που αντιστοιχεί σε αυτόν τον μοναδιαίο μετασχηματισμό της κατάστασης, πολλαπλασιάζει τα διανύσματα που αντιστοιχούν σε μία τιμή της ορμής, ακριβώς με αυτή την τιμή ενώ στην απεικόνιση x αποκτά την γνωστή μορφή του τελεστή της ορμής. Πράγματι, αν η συνάρτηση $\psi(x)$ μετατοπιστεί προς τα δεξιά κατά μία μικρή απόσταση δx, πρέπει να ισχύει

$$\psi(x) = \psi(x - \delta x)$$

Αναπτύσσοντας κατά Taylor

$$\psi(x) \approx \psi(x) - \frac{\partial \psi}{\partial x}\delta x$$

Συγκρίνοντας τις δύο προηγούμενες εκφράσεις είναι φανερό ότι

$$\hat{p} = -i\hbar\, \partial/\partial x$$

Στην κλασική φυσική ένα φυσικό μέγεθος προσδιορίζεται από τον συντελεστή με τον οποίο είναι πολλαπλασιασμένο το εκθετικό $\alpha e^{iS/\hbar}$ όταν η δράση ενός τελεστή αναδημιουργεί το τελευταίο πολλαπλασιασμένο με τον συγκεκριμένο τελεστή, όπου S είναι το κλασικό μέγεθος της δράσης. Στο κλασικό όριο λοιπόν είναι

$$\hat{p}(\alpha e^{iS/\hbar}) = \frac{\partial S}{\partial x}(\alpha e^{iS/\hbar})$$

η ποσότητα, δηλαδή, $\partial S/\partial x$ στην κλασική φυσική αντιστοιχεί στην τιμή της συνιστώσας της ορμής στον άξονα x.

Ανάλογα, όταν υπάρχει συμμετρία ως προς τον χρόνο, αν δηλαδή καταστάσεις που αντιστοιχούν σε διαφορετικές χρονικές στιγμές διαφέρουν κατά έναν παράγοντα φάσης, τότε η σταθερά αναλογίας που εμφανίζεται στην διαφορά φάσης διατηρείται. Ως αποτέλεσμα, αν αρχικά στην κατάσταση—διάνυσμα αντιστοιχεί μία τιμή της ενέργειας, αυτή η τιμή είναι η ίδια σε οποιαδήποτε άλλη χρονική στιγμή. Μετά την συγκεκριμένη επιλογή για το πρόσημο του τελεστή της ορμής και για λόγους που συνδέονται με την θεωρία της σχετικότητας είναι αναγκαίο να επιλεγεί στο μιγαδικό εκθετικό αρνητικό πρόσημο, ώστε

$$|n'\rangle = e^{-iE_n\Delta t/\hbar}|n\rangle \approx (1 - iE_n\,\Delta t/\hbar)|n\rangle$$

$$\Rightarrow \qquad |\psi'\rangle = |\psi\rangle - i\hat{H}\Delta t/\hbar|\psi\rangle$$

Αν θεωρήσουμε τώρα, στην απεικόνιση x, την μεταβολή της τιμής της συνάρτησης σε ένα συγκεκριμένο σημείο για ένα μικρό χρονικό διάστημα Δt, δηλαδή

$$\psi(x, t + \Delta t) \approx \psi(x, t) + \frac{\partial \psi}{\partial t}\Delta t$$

αναδεικνύεται η εξίσωση για την χρονική εξέλιξη των καταστάσεων—διανυσμάτων

$$i\hbar\,\frac{\partial|\psi\rangle}{\partial t}=\hat{H}|\psi\rangle$$

Αντικαθιστώντας την κατάσταση—διάνυσμα με $\Psi=ae^{iS/\hbar}$, προκύπτει

$$\hat{H}(e^{iS/\hbar})=-\frac{\partial S}{\partial t}\,(e^{iS/\hbar})$$

Γνωρίζουμε όμως ότι στην κλασική μηχανική η ποσότητα $-\partial S/\partial t$ αποδίδει το φυσικό μέγεθος της ενέργειας.

Σε ό,τι αφορά την συμμετρία ως προς την περιστροφή, το αντίστοιχο μέγεθος που διατηρείται είναι η στροφορμή. Αν δύο καταστάσεις, που ενώ είναι στραμμένες μεταξύ τους κατά μια γωνία φ διαφέρουν μόνο κατά έναν παράγοντα φάσης και η μεταβολή στην φάση είναι ξανά ανάλογη με την γωνία περιστροφής, τότε η σταθερά αναλογίας είναι η διατηρούμενη ποσότητα που, στο κλασικό όριο, αντιστοιχεί στην τιμή της συνιστώσας της στροφορμής στον άξονα συμμετρίας.

Τέλος, σε ό,τι αφορά την διατήρηση των ιδιοτιμών του τελεστή κατοπτρισμού, το 1956, το πείραμα αποκαλύπτει την ύπαρξη αλληλεπιδράσεων για τις οποίες δεν ισχύει η κατοπτρική συμμετρία, ότι δηλαδή οι αντικαταστάσεις των τιμών των χωρικών μεταβλητών με τις αντίθετές τους δεν αφήνουν αναλλοίωτη την φυσική του συστήματος. Στα συστήματα ωστόσο όπου η επίδραση των λεγόμενων διασπάσεων β είναι αμελητέα, ο τελεστής Hamilton με τον τελεστή κατοπτρισμού μετατίθενται, δηλαδή η συμμετρία διατηρείται στην πάροδο του χρόνου.

Από την άλλη, αν μία μη εκφυλισμένη κατάσταση—διάνυσμα $|\psi_0\rangle$ είναι ιδιοδιάνυσμα της ενέργειας τότε διαθέτει καθορισμένη συμμετρία, άρτια ή περιττή. Πράγματι, έστω

$$\hat{H}|\psi_0\rangle=E|\psi_0\rangle \text{ και } \hat{A}|\psi_0\rangle=e^{i\delta}|\psi_0\rangle$$

όπου $\hat{A}$ είναι ο τελεστής που χαρακτηρίζει την συγκεκριμένη συμμετρία. Αν η συμμετρία διατηρείται, οι δύο τελεστές μετατίθενται ώστε

$$\hat{A}\hat{H}|\psi_0\rangle=\hat{A}E|\psi_0\rangle=E\hat{A}|\psi_0\rangle=\hat{H}\hat{A}|\psi_0\rangle$$

η κατάσταση, δηλαδή, $|\psi_0'\rangle=\hat{A}|\psi_0\rangle$ είναι επίσης ιδιοδιάνυσμα της ενέργειας. Έχοντας όμως υποθέσει ότι στην τιμή E της ενέργειας αντιστοιχεί ένα μόνο ιδιοδιάνυσμα, θα πρέπει

$$|\psi_0'\rangle=e^{i\delta}|\psi_0\rangle$$

Ως εφαρμογή γνωρίζουμε ήδη ότι τα ιδιοδιανύσματα του τελεστή της ενέργειας στο παράδειγμα με το σωματίδιο στο «κουτί» παρουσιάζουν εναλλάξ άρτια και περιττή συμμετρία.

Ξεκινήσαμε, λοιπόν, έχοντας αφήσει για την έννοια του φυσικού μεγέθους την εικόνα της κλασικής μηχανικής. Η κβαντική θεωρία αναπτύχθηκε στην δική της βάση διατηρώντας αυτή την εικόνα. Στην ολοκλήρωση ωστόσο της ανάπτυξής της, η νέα θεωρία έρχεται να ορίσει με τον δικό της τρόπο την έννοια της διατηρήσιμης ποσότητας, έρχεται δηλαδή να επαναπροσδιορίσει την ίδια την αφετηρία της. Μια πειραματική τιμή είναι ανεξάρτητη από τον χρόνο που επιλέγεται να μετρηθεί όταν στο φυσικό σύστημα υπάρχουν συγκεκριμένες συμμετρίες, που το είδος τους συσχετίζεται με τα υπό μέτρηση μεγέθη. Οι συνθήκες δηλαδή του συστήματος επιβάλλουν την διατήρηση κάποιων αριθμών, οι οποίοι συνδέονται με την γραμμική μεταβολή της φάσης μεταξύ φυσικά ισοδύναμων καταστάσεων. Εκείνο, ωστόσο, που στην κλασική φυσική εμφανίζεται ως φυσικό μέγεθος, στην κβαντική θεωρία εμφανίζεται ως σταθερά αναλογίας.

Συνοψίζοντας

Η πιο χαρακτηριστική ίσως ιδιότητα των καταστάσεων—διανυσμάτων είναι η αδιάκοπη μεταβολή τους. Συχνά, καμία εξωτερική παρέμβαση δεν ευθύνεται γι' αυτή την αλλαγή, αντίθετα μάλιστα, συμβαίνει ταυτόχρονα με οποιαδήποτε άλλη μεταβολή. Ιδιαίτερη σημασία, από μια τέτοια σκοπιά, αποκτούν τα ιδιοδιανύσματα του τελεστή Hamilton: η διεύθυνσή τους διατηρείται στην πάροδο του χρόνου.

Όταν ένα τυχαίο διάνυσμα αναλυθεί ως προς τα ιδιοδιανύσματα της ενέργειας, η αλλαγή αποδίδεται με τον πολλαπλασιασμό κάθε ιδιοδιανύσματος του τελεστή Hamilton επί έναν συγκεκριμένο παράγοντα φάσης. Είναι φανερό ότι η χρησιμοποίηση των τελευταίων ως διανυσμάτων βάσης αναδεικνύεται ως ο πιο απλός τρόπος για την παρακολούθηση της χρονικής εξέλιξης των φυσικών συστημάτων. Η διπλή λειτουργία του τελεστή, ως διαδικασία μετασχηματισμού και ως σχέση ιδιοτιμών—ιδιοδιανυσμάτων, στην περίπτωση του τελεστή Hamilton, αναδεικνύεται άμεσα.

Η θεωρία των δυνατών τρόπων, με την αναπόφευκτη χρησιμοποίηση των διανυσμάτων βάσης αλλά και τον προσδιορισμό των μεταβολών εξαιτίας της χρονικής εξέλιξης, προβλέπει με χαρακτηριστική ακρίβεια την εξέλιξη δύο χαρακτηριστικών φυσικών συστημάτων: του μορίου της αμμωνίας και των μετατροπών των στοιχειωδών σωματιδίων. Η ανάλυση της κίνησης ενός σωματιδίου διαμέσου μιας γραμμής ατόμων οδηγεί σε ένα σύστημα εξισώσεων. Όταν ο αριθμός των ατόμων είναι συνεχής, η κίνηση του σωματιδίου περιγράφεται από μια διαφορική εξίσωση δευτέρου βαθμού. Στην απεικόνιση *x*, ο ρυθμός της χρονικής εξέλιξης του πλάτους πιθανότητας σε ένα σημείο του χώρου εξαρτάται από την θέση του σημείου και, ιδιαίτερα, από τις τιμές των γειτονικών του σημείων. Ο συγκεκριμένος τρόπος σύνδεσης αποδίδεται από τις λύσεις της γνωστής διαφορικής εξίσωσης με μερικές παραγώγους ως προς τον χρόνο και τον χώρο: της εξίσωσης Schrödinger. Τα πιο γνωστά παραδείγματα στα οποία λύνεται με απλό τρόπο η εξίσωση αυτή είναι το παράδειγμα του ελεύθερου σωματιδίου και του σωματιδίου που είναι περιορισμένο σε «κουτί».

Σε ό,τι αφορά την διατήρηση ή όχι των τιμών φυσικών μεγεθών όπως η ορμή, η ενέργεια ή η στροφορμή, αποκαλύπτεται ότι το μυστικό κρύβεται στις συμμετρίες του ίδιου του τελεστή Hamilton καθώς η μεταθετικότητα του τελεστή Hamilton με τον τελεστή που χαρακτηρίζει την συμμετρία του συστήματος συνεπάγεται την διατήρηση της συμμετρίας. Τέλος, η οπτική γωνία ότι οι καταστάσεις αλλάζουν ενώ ο τελεστής παραμένει σταθερός μπορεί να αντιστραφεί, όπως θα δείξουμε στη συνέχεια, θεωρώντας, ακριβώς αντίστροφα, τον τελεστή να μεταβάλλεται και την αρχική κατάσταση να παραμένει σταθερή. Αλλά πιο πριν είναι απαραίτητη η κατανόηση της έννοιας της αναμενόμενης τιμής.

Η χρονική εξέλιξη της αναμενόμενης τιμής

6.1. Πιθανότητα

Το πιο εντυπωσιακό ίσως στοιχείο της συμπεριφοράς των σωματιδίων αποτελεί η αντίθεση ανάμεσα στο απρόβλεπτο αποτέλεσμα του μεμονωμένου πειράματος από τη μία και στην αναγκαία κατανομή που συγκροτείται στην διαδοχική άπειρη επανάληψη του ίδιου ακριβώς πειράματος, από την άλλη. Τα πειράματα «τύχης» ωστόσο, η ύπαρξη δηλαδή νόμων οι οποίοι αποκαλύπτονται μόνο μετά από μια πολύ μεγάλη ακολουθία απρόβλεπτων αποτελεσμάτων, έχουν επίμονα απασχολήσει την ανθρώπινη σκέψη. Ένα κέρμα που αφήνεται από μικρό ύψος και προσκρούει σε ένα λείο, οριζόντιο επίπεδο εμφανίζεται ως ένα από τα πιο χαρακτηριστικά παραδείγματα. Ο Άγγλος στατιστικολόγος Karl Pearson έριξε ένα νόμισμα 12000 φορές και έφερε «κορώνα» 6019 φορές ενώ πραγματοποιώντας 24000 διαδοχικές ρίψεις έφερε «κορώνα» 12012 φορές. Ωστόσο είναι δυνατό σε τριάντα, για παράδειγμα, διαδοχικές ρίψεις το νόμισμα να έχει καταλήξει 25 φορές στην περιοχή 1 και 5 φορές στην περιοχή 2 ενώ στις επόμενες τριάντα οι δύο αριθμοί να είναι 15 και 15 ή 9 και 21 αντίστοιχα; Είναι βάσιμο να προβλέψουμε ότι στις επόμενες 1000 ρίψεις οι δύο αριθμοί θα πλησιάζουν τον αριθμό 500; Ποια εγκυρότητα μπορεί να διεκδικήσει μία τέτοια πρόβλεψη, η οποία στηρίζεται στην σχεδόν ισότιμη εναλλαγή των δυνατών περιπτώσεων; Τι μπορεί να εγγυηθεί την πραγματοποίηση αυτής της ισοτιμίας;

Αυτή η αντίθεση ανάμεσα στην ανεξαρτησία των ξεχωριστών ρίψεων και την πραγματοποίηση κάποιου αναγκαίου, έστω κυμαινόμενου, αριθμού αποτελεσμάτων όταν ο αριθμός των ρίψεων γίνει σχετικά μεγάλος, αποτελεί το κεντρικό σημείο με το οποίο ασχολείται η θεωρία των πιθανοτήτων ενσωματώνοντας τις δύο πλευρές της αντίθεσης: Θέτοντας από τη μία ως βάση της την ισότιμη εναλλαγή των δυνατών περιπτώσεων και ταυτόχρονα προεκτείνοντας αυτή την ισοτιμία σε όλα τα δυνατά συμβάντα, σε οποιαδήποτε δηλαδή σειρά δυνατών αποτελεσμάτων.

Στην πρώτη ρίψη υπάρχουν μόνο δύο δυνατά αποτελέσματα, στην δεύτερη ρίψη, παίρνοντας υπόψη την πρώτη, τέσσερα, στην τρίτη, παίρνοντας υπόψη τις δύο προηγούμενες, οκτώ κ.ο.κ. Θεωρώντας ότι όλοι οι δυνατοί συνδυασμοί έχουν τις ίδιες ευνοϊκές προϋποθέσεις για να πραγματοποιηθούν, η σύνθεση των δύο πλευρών έχει ήδη επιτευχθεί. Με την αύξηση του αριθμού των ρίψεων υπερτερούν συντριπτικά οι συνδυασμοί που αποτελούνται από σχετική ισοτιμία των δύο αποτελεσμάτων. Ταυτόχρονα, η ιδιόμορφη περίπτωση της πραγματοποίησης διαδοχικών N όμοιων αποτελεσμάτων δεν αποκλείεται αλλά περιορίζεται ως μία από τις 2^N ισότιμες περιπτώσεις. Η θεωρία δηλαδή για τις πιθανότητες από τη μία διατηρεί ως πιθανή να πραγματοποιηθεί ακόμη και η πιο ιδιόμορφη, η πιο απρόοπτη περίπτωση και ταυτόχρονα, μέσα από την ισοτιμία με τις υπόλοιπες περιπτώσεις, οδηγεί την αντίστοιχη πιθανότητά της στον εκμηδενισμό.

Στο επίκεντρο του ενδιαφέροντος βρίσκεται το ποσοστό εμφάνισης κάθε γεγονότος σε σχέση με τον συνολικό αριθμό των επαναλήψεων. Αν ο αριθμός των επαναλήψεων του πειράματος τείνει στο άπειρο τότε ο λόγος αυτός, που ορίζεται ως σχετική συχνότητα εμφάνισης, τείνει σε έναν αριθμό, ο οποίος εκπροσωπεί την πιθανότητα εμφάνισης του συγκεκριμένου γεγονότος. Στις ρίψεις του Pearson την πρώτη φορά η σχετική συχνότητα είναι 0,5016 ενώ την δεύτερη 0,5005, υποδεικνύοντας ότι όταν μεγαλώνει ο αριθμός των ρίψεων η σχετική συχνότητα τείνει στον αριθμό 0,5.

Φαίνεται λοιπόν ότι μια λογική μέθοδος ανάλυσης, σε ό,τι αφορά τα πειράματα «τύχης», είναι ικανή να προβλέπει αποτελέσματα, η εγκυρότητα των οποίων εξαρτάται από τον αριθμό των επαναλήψεων. Μια μέθοδος θα λέγαμε άκυρη, όταν ο αριθμός των επαναλήψεων είναι μικρός, αποκτά αντίθετα την αξίωση της επιστημονικής θεωρίας και εγκυρότητας σε ό,τι αφορά τις προβλέψεις της όταν ο ίδιος αριθμός μετατρέπεται σε πολύ μεγάλος. Η πρόβλεψη δεν αφορά το μεμονωμένο αποτέλεσμα αλλά την σχέση μεταξύ των τελευταίων, συνδέεται δηλαδή με τις γενικές συνθήκες του προβλήματος.

6.2. Αναμενόμενη τιμή

Στη γενική περίπτωση, αν έχουν καταγραφεί n αριθμοί—αποτελέσματα, η μέση τιμή τους είναι

$$\langle A\rangle = \sum_{i=1}^{n} \frac{\Pi_i A_i}{N}$$

όπου Π_i η πολλαπλότητα εμφάνισης κάθε τιμής και N ο συνολικός αριθμός των μετρήσεων. Όταν το N τείνει στο άπειρο η παραπάνω έκφραση μετατρέπεται στην

$$\langle A\rangle = \sum_{i=1}^{n} P_i A_i$$

ενώ όταν οι τιμές έχουν συνεχές φάσμα η έκφραση της μέσης τιμής μετατρέπεται σε ολοκλήρωμα

$$\langle A\rangle = \int P(t)A(t)\,dt$$

Αν ο αριθμός N αναφέρεται στον αριθμό των επαναλήψεων του ίδιου πειράματος τότε η μέση τιμή, η οποία συγκροτείται από την σύγκριση ενός μεγάλου αριθμού μετρήσεων μετατρέπεται σε δεσμευτική αναμενόμενη τιμή για τις μετρήσεις που θα ακολουθήσουν, πάντα βέβαια με την σιωπηλή προϋπόθεση της βεβαιότητας για την επανάληψη παρόμοιας κατανομής μετρήσεων. Κάθε επιμέρους τιμή διαφέρει κατά μία συγκεκριμένη ποσότητα από την αναμενόμενη τιμή, η οποία ονομάζεται απόκλιση. Η αναμενόμενη τιμή, λοιπόν, προϋποθέτει για την ίδια την συγκρότησή της τις αποκλίσεις των ξεχωριστών τιμών, εκφράζοντας, με το μέγεθός της, μια πλευρά της σχέσης των τελευταίων.

Παράδειγμα 6.1

Ένας άνθρωπος στέκεται αρχικά στο σημείο 0 του άξονα x. Κάθε στιγμή έχει δυνατότητα να πραγματοποιήσει ένα βήμα εμπρός ή ένα βήμα προς τα πίσω. Όλα τα βήματα είναι ίσου μέτρου ενώ κανείς δεν έχει την δυνατότητα, πριν από κάθε βήμα, να προβλέψει προς ποια κατεύθυνση θα προχωρήσει. Το ερώτημα που τίθεται είναι: ποια είναι η πιο πιθανή θέση του ανθρώπου μετά από N βήματα; Παραμένει κοντά στην αφετηρία ή απομακρύνεται διαρκώς από αυτήν;

Αν συμβολίσουμε με D την απομάκρυνση του ανθρώπου από την αφετηρία και, μετά από $(N-1)$ βήματα, η απομάκρυνση από την αφετηρία είναι D_{N-1}, μετά από N βήματα η απομάκρυνση θα είναι

$$D_N = D_{N-1}+1 \text{ ή } D_N = D_{N-1}-1$$

Σε ό,τι αφορά τα αντίστοιχα τετράγωνα θα είναι

$$D_N^2 = \begin{cases} D_{N-1}^2 + 2D_{N-1} + 1 \\ D_{N-1}^2 - 2D_{N-1} + 1 \end{cases}$$

Η αναμενόμενη τιμή θα είναι ο μέσος όρος μεταξύ των δύο τιμών, δηλαδή

$$\langle D_N^2 \rangle = \langle D_{N-1}^2 \rangle + 1$$

Αν λοιπόν, στο δεύτερο βήμα, ο άνθρωπος επιστρέψει στην αφετηρία του η αναμενόμενη τιμή για το τετράγωνο της διασποράς δεν θα είναι μηδέν αλλά 2 ώστε, μετά από N «τυχαία» βήματα, θα είναι

$$\langle {D_N}^2 \rangle = N$$

και η αναμενόμενη τιμή για την απομάκρυνση από την αφετηρία θα είναι

$$\langle D \rangle = \sqrt{N}$$

Σε ό,τι αφορά την ρίψη ενός νομίσματος, ισχύει $D = N_A - N_B$ ενώ για την αναμενόμενη τιμή της απόκλισης, για παράδειγμα, των «γραμμάτων» από την αναμενόμενη τιμή τους $N/2$, τότε

$$N_A - N/2 = \langle D \rangle/2 = \sqrt{N}/2$$

Ο λόγος της απόκλισης προς το συνολικό αριθμό των ρίψεων είναι

$$(N_A - N/2)/N = 1/2\sqrt{N}$$

που για μεγάλο αριθμό ρίψεων τείνει στο μηδέν. Είναι φανερό ότι η σχετική συχνότητα

$$N_A/N = N/2 + 1/2\sqrt{N}$$

για μεγάλο αριθμό ρίψεων τείνει στην θεωρητική τιμή για την πιθανότητα εμφάνισης της περίπτωσης «γράμματα», δηλαδή στο 1/2.

Ενώ λοιπόν η προϋπόθεση της ισότιμης εναλλαγής των δύο δυνατών περιπτώσεων συνεπάγεται αναπόφευκτα την ανισοτιμία στο πλήθος των δύο αποτελεσμάτων, οι δύο σχετικές συχνότητες εμφάνισης κάθε γεγονότος, οι δύο πιθανότητες εμφάνισής τους, παρά την διαφορά τους —και για την ακρίβεια μέσα από την αναγκαία διαφορά τους— συγκλίνουν, όταν ο αριθμός τους γίνεται μεγάλος, στην ίδια αναμενόμενη τιμή, δηλαδή στην τιμή 1/2.

6.3. Αναμενόμενη τιμή στην κβαντική θεωρία

Αν $|\psi(x)|^2$ είναι η συνάρτηση της πυκνότητας πιθανότητας τότε η αναμενόμενη τιμή για την θέση του σωματιδίου είναι

$$\langle x \rangle = \int x |\psi(x)|^2 \, dx$$

Αναδιατάσσοντας τους όρους αποκτάμε την έκφραση

$$\int \psi^*(x) x \psi(x)\, dx = \int \psi^*(x) \hat{x} \psi(x)\, dx$$

Γενικά, καθώς η μορφή για έναν τελεστή που εκπροσωπεί ένα φυσικό μέγεθος είναι

$$\hat{A} = \sum_{i=1}^{n} \lambda_i |i\rangle\langle i|$$

πολλαπλασιάζοντας από δεξιά και από αριστερά με ένα τυχαίο διάνυσμα σχηματίζεται η έκφραση για την αναμενόμενη τιμή:

$$\langle A\rangle = \langle \psi|\hat{A}\psi\rangle = \sum_{i=1}^{n} \lambda_i \langle \psi|i\rangle\langle i|\psi\rangle$$

Το μέτρο ενός διανύσματος αποτελείται από το άθροισμα των ατομικών πιθανοτήτων. Κάθε όρος του αθροίσματος πρέπει να πολλαπλασιαστεί με την αντίστοιχη ιδιοτιμή. Η δράση του τελεστή μεσολαβεί για να πραγματοποιήσει αυτούς τους πολλαπλασιασμούς, αφήνοντας ταυτόχρονα αναλλοίωτες τις αντίστοιχες πιθανότητες.

Η αναμενόμενη τιμή μπορεί να διατυπωθεί και ως έκφραση των αντίστοιχων προβολικών τελεστών

$$\langle A\rangle = \sum_{i=1}^{n} \langle \psi|\lambda_i \hat{P}_i|\psi\rangle$$

Όταν η συνάρτηση δεν είναι κανονικοποιημένη, η αναμενόμενη τιμή του φυσικού μεγέθους A μετατρέπεται στην έκφραση

$$\frac{\langle \psi|\hat{A}\psi\rangle}{\langle \psi|\psi\rangle}$$

Η απαίτηση της αναμενόμενης τιμής να είναι πραγματικός αριθμός επιβάλλει την απαίτηση να είναι Ερμιτιανοί οι τελεστές των φυσικών μεγεθών αλλά οδηγεί και σε περιοριστικές συνθήκες για τις κυματοσυναρτήσεις. Ειδικότερα, αν $\hat{A}$ είναι ένας γραμμικός τελεστής τότε αν

$$\langle A\rangle = \int \psi^*(x)[\hat{A}\psi(x)]\, dx$$

είναι η αναμενόμενη τιμή για το μέγεθος A, για την κατάσταση $\psi(x)$ ο μιγαδικός συζυγής αριθμός αυτής της τιμής είναι

$$\langle A\rangle^* = \int [\hat{A}\psi(x)]^*\, \psi(x)\, dx$$

Αλλά πρέπει $\langle A\rangle = \langle A\rangle^*$ δηλαδή

$$\int \psi^*(x)[\hat{A}\psi(x)]\, dx = \int [\hat{A}\psi(x)]^* \psi(x)\, dx$$

Η δράση του τελεστή $\hat{A}$ μεταφέρεται από το ένα στο άλλο διάνυσμα αφήνοντας αναλλοίωτο το αποτέλεσμα, με την προϋπόθεση της μετατροπής στον συζυγή του.

Από την άλλη, στην περίπτωση του ελεύθερου σωματιδίου όπου

$$\langle p\rangle - \langle p\rangle^* = \int dx\, \psi^*(x)(-i\hbar)\frac{\partial\psi}{\partial x} - \int dx\, i\hbar\, \frac{\partial\psi^*}{\partial x}\psi(x)$$

$$= (-i\hbar)\int dx\, (\psi^*\frac{\partial\psi}{\partial x} + \frac{\partial\psi^*}{\partial x}\psi) = (-i\hbar)\int dx\, \frac{\partial}{\partial x}(\psi^*\,\psi) = 0$$

η συνάρτηση $\psi(x)$ πρέπει να είναι τετραγωνικά ολοκληρώσιμη ενώ όταν το σωματίδιο είναι περιορισμένο στην περιοχή $[0, L]$ προκύπτει

$$\langle p\rangle = (-i\hbar)\int_0^L dx\, \frac{\partial}{\partial x}(\psi^*\,\psi) = (-i\hbar)\, [|\psi(L)|^2 - |\psi(0)|^2] = 0$$

δηλαδή πρέπει να ισχύουν περιοδικές συνοριακές συνθήκες

$$\psi(x) = \psi(x + L)$$

Παράδειγμα 6.2

Η αναμενόμενη τιμή για την θέση, σε ό,τι αφορά την κυματοσυνάρτηση $\psi(x)$, είναι ίση με την ελάχιστη τιμή της έκφρασης

$$V(\alpha) = \int_{-\infty}^{+\infty} \psi^*(x + \alpha)x^2\psi(x + \alpha)\, dx$$

Με την αλλαγή μεταβλητής $\tau = x + \alpha$

$$V(\alpha) = \int_{-\infty}^{+\infty} \psi^*(\tau)(\tau - \alpha)^2\psi(\tau)\, d\tau$$

Αλλά $\int_{-\infty}^{+\infty} \psi^*(\tau)\psi(\tau)\, d\tau = 1$, λόγω κανονικοποίησης, ενώ

$$\int_{-\infty}^{+\infty} \psi^*(\tau)\tau^2\psi(\tau)\, d\tau = \langle x^2\rangle \text{ και } \int_{-\infty}^{+\infty} \psi^*(\tau)\tau^2\psi(\tau)\, d\tau = \langle x\rangle$$

με αποτέλεσμα $\qquad V(\alpha) = \langle x^2\rangle + \alpha^2 - 2\alpha\langle x\rangle$

Η ελάχιστη τιμή αυτής της παράστασης εμφανίζεται για την τιμή του α, για την οποία

$$dV(\alpha)/d\alpha = 0 \Rightarrow \langle x\rangle = \alpha$$

Όταν ο τελεστής $\hat{A}$ είναι Ερμιτιανός, η αναμενόμενη τιμή για τον τελεστή $\hat{A}^2$ είναι θετική καθώς η Ερμιτιανότητα του τελεστή τού επιτρέπει να περάσει στο πρώτο διάνυσμα της έκφρασης

$$\langle\psi|\hat{A}^2\psi\rangle = \langle\hat{A}\psi|\hat{A}\psi\rangle$$

Παράδειγμα 6.3

Αν $\hat{A}$ είναι ένας γραμμικός τελεστής, τότε ο τελεστής $\hat{A}^+\hat{A}$ είναι θετικά ορισμένος, δηλαδή η αναμενόμενη τιμή του είναι θετική για κάθε διάνυσμα, ενώ το άθροισμα των τετραγώνων των μέτρων των στοιχείων του πίνακα A είναι ίσο με το ίχνος του πίνακα A^+A σε κάθε απεικόνιση. Το ίχνος είναι μηδέν μόνο όταν $\hat{A} = 0$.

Γνωρίζουμε ότι ο τελεστής $\hat{A}^+\hat{A}$ είναι Ερμιτιανός, δηλαδή,

$$\langle\varphi|\hat{A}^+\hat{A}|\psi\rangle = \langle\psi|\hat{A}^+\hat{A}|\varphi\rangle^*$$

Επιλέγοντας $|\varphi\rangle = |\psi\rangle$ και γράφοντας $\hat{A}|\varphi\rangle = |\omega\rangle$, έχουμε για τα στοιχεία του πίνακα

$$\langle\varphi|\hat{A}^+\hat{A}|\varphi\rangle = \langle\omega|\omega\rangle \geq 0$$

Το ίχνος αυτού του πίνακα είναι

$$\mathrm{Tr}(\hat{A}^+\hat{A}) = \sum_n \langle n|\hat{A}^+\hat{A}|n\rangle$$

Παρεμβάλλοντας την μονάδα στο γινόμενο των δύο τελεστών,

$$\begin{aligned}\mathrm{Tr}(\hat{A}^+\hat{A}) &= \sum_n \langle n|\hat{A}^+ \sum_m |m\rangle\langle m|\hat{A}n\rangle \\ &= \sum_{m,n} \langle n|\hat{A}^+m\rangle\langle m|\hat{A}n\rangle = \sum_{m,n} \langle n\hat{A}|m\rangle\langle m|\hat{A}n\rangle \\ &= \sum_{m,n} |\langle n\hat{A}|m\rangle|^2\end{aligned}$$

Παράδειγμα 6.4

Η πιθανότητα να περάσει ένα φωτόνιο από ένα φίλτρο x είναι ίση με την αναμενόμενη τιμή ενός φυσικού μεγέθους, το οποίο μπορούμε να ορίσουμε ως «πολωσιμότητα x». Μία κατάσταση $|\psi\rangle$ μπορεί να αναλυθεί σε γραμμικό συνδυασμό των διανυσμάτων βάσης $|x\rangle$ και $|y\rangle$, των δύο δηλαδή αμοιβαία κάθετων καταστάσεων γραμμικής πόλωσης:

$$|\psi\rangle = c_1|x\rangle + c_2|y\rangle$$

Η έκφραση της αναμενόμενης τιμής $\langle\psi|\hat{P}_x\psi\rangle$ μετατρέπεται σε $|c_1|^2$, αποδίδει δηλαδή την πιθανότητα για την πραγματοποίηση της x κατάστασης πόλωσης όταν ο τελεστής $\hat{P}_x$ είναι ο προβολικός τελεστής σε αυτή την διεύθυνση ενώ ο αντίστοιχος πίνακας είναι

$$P_x = \begin{vmatrix} 0 & 1 \\ 1 & 0 \end{vmatrix}$$

Ο πίνακας βρίσκεται σε διαγώνια μορφή ενώ ιδιοδιανύσματά του είναι τα διανύσματα βάσης $|x\rangle$ και $|y\rangle$ με αντίστοιχες ιδιοτιμές 1 και 0.

Παράδειγμα 6.5

Αν $\hat{A}$ και $\hat{B}$ είναι δύο θετικά ορισμένοι τελεστές, τότε για τους αντίστοιχους πίνακες ισχύει

$$\mathrm{Tr}(AB) = \sum_{i=1}^{n} \langle n|\hat{A}\hat{B}n\rangle = \sum_{i=1}^{n} \lambda_n \langle n|\hat{A}n\rangle$$

όπου $|n\rangle$ τα ιδιοδιανύσματα του τελεστή $\hat{B}$. Επειδή όμως οι δύο τελεστές είναι θετικά ορισμένοι, ισχύει

$$\langle n|\hat{A}n\rangle \geq 0 \text{ και } \langle n|\hat{B}|n\rangle = \lambda_n \langle n|n\rangle \geq 0$$

Άρα $\qquad \lambda_n \geq 0$ με αποτέλεσμα $\mathrm{Tr}(AB) \geq 0$

Παράδειγμα 6.6

Αν $\psi(x)$ είναι μία τυχαία κυματοσυνάρτηση τότε υπάρχει πάντα μία άλλη, για την οποία οι αναμενόμενες τιμές για την θέση και την ορμή είναι μηδέν. Η μορφή αυτής της συνάρτησης είναι

$$f(x) = \psi(x + \langle x\rangle)e^{-ix\langle p\rangle/\hbar}$$

Πράγματι, η κανονικοποίηση της συνάρτησης $f(x)$ οδηγεί αρχικά σε έναν περιορισμό για την συνάρτηση $\psi(x + \langle x\rangle)$, δηλαδή

$$\int_{-\infty}^{+\infty} |f(x)|^2\, dx = 1 \Rightarrow \int_{-\infty}^{+\infty} \psi(x + \langle x\rangle)\,\psi^*(x + \langle x\rangle)\, dx = 1$$

Η αναμενόμενη τιμή για την θέση θα είναι

$$\langle x\rangle_f = \int_{-\infty}^{+\infty} f^*(x)xf(x)dx$$

$$= \int_{-\infty}^{+\infty} \psi^*(x + \langle x\rangle)e^{ix\langle p\rangle/\hbar}x\psi(x + \langle x\rangle)e^{-ix\langle p\rangle/\hbar}\, dx$$

Ο παράγοντας με το μιγαδικό εκθετικό μηδενίζεται, επομένως

$$\langle x\rangle_f = \int_{-\infty}^{+\infty} \psi^*(x + \langle x\rangle)x\psi(x + \langle x\rangle)\, dx$$

Με την αλλαγή μεταβλητής $\omega = x + \langle x\rangle$ το παραπάνω ολοκλήρωμα διασπάται σε δύο άλλα:

$$\langle x\rangle_f = \int_{-\infty}^{+\infty} \psi^*(\omega)\omega\psi(\omega)\, d\omega - \langle x\rangle\int_{-\infty}^{+\infty} \psi^*(\omega)\psi(\omega)\, d\omega = 0$$

καθώς το πρώτο ολοκλήρωμα είναι η έκφραση της αναμενόμενης τιμής για την θέση —η μεταβλητή ολοκλήρωσης είναι η μεταβλητή της θέσης— ενώ το δεύτερο λόγω κανονικοποίησης είναι ίσο με την μονάδα.

Αντίστροφα, η αρχική συνάρτηση «κατασκευάζεται» με την μετατροπή της ανεξάρτητης μεταβλητής x στην $x + \langle x\rangle$, για να δημιουργηθούν οι προϋποθέσεις τόσο για την ύπαρξη των δύο όρων του αθροίσματος όσο και για την ισότητα του δεύτερου όρου με την αναμενόμενη τιμή $\langle x\rangle_f$.

Με ανάλογο τρόπο αποδεικνύεται ο μηδενισμός για την αναμενόμενη τιμή της ορμής. Εδώ, το μιγαδικό εκθετικό με την παραγώγισή του δημιουργεί τους κατάλληλους όρους για τον μηδενισμό του αθροίσματος. Συγκεκριμένα

$$\langle p\rangle_f = \int_{-\infty}^{+\infty} f^*(x)(-i\hbar)\frac{d}{dx}f(x)\,dx$$

$$= \int_{-\infty}^{+\infty} \psi^*(x+\langle x\rangle)e^{-ix\langle p\rangle/\hbar}(-i\hbar)\frac{d}{dx}\left[\psi(x+\langle x\rangle)e^{ix\langle p\rangle/\hbar}\right]dx$$

Η παραγώγιση δημιουργεί ξανά ένα άθροισμα δύο νέων όρων:

$$\langle p\rangle_f = \int_{-\infty}^{+\infty} \psi^*(x+\langle x\rangle)e^{ix\langle p\rangle/\hbar}(-i\hbar)\frac{d}{dx}\left[\psi(x+\langle x\rangle)e^{-ix\langle p\rangle/\hbar}\right]dx$$

$$-\langle p\rangle\int_{-\infty}^{+\infty} \psi^*(x+\langle x\rangle)e^{ix\langle p\rangle/\hbar}\psi(x+\langle x\rangle)e^{-ix\langle p\rangle/\hbar}\,dx$$

Το μιγαδικό εκθετικό εξαφανίζεται ξανά αφού όμως προηγουμένως έχει δημιουργήσει τις εκφράσεις για την αναμενόμενη τιμή της ορμής

$$\langle p\rangle_f = -i\hbar\int_{-\infty}^{+\infty}\psi^*\frac{d\psi}{dx}\,dx - \langle p\rangle\int_{-\infty}^{+\infty}\psi^*\psi\,dx = 0$$

Τέλος, οι αναμενόμενες τιμές για τα φυσικά μεγέθη παραμένουν αναλλοίωτες, όταν ένας μοναδιαίος μετασχηματισμός μετασχηματίσει την διανυσματική βάση αναφοράς.

$$\bar{K} = \langle\psi|\hat{K}|\psi\rangle = \langle\psi'\hat{U}|\hat{U}^{-1}\hat{K}'\hat{U}|\hat{U}^{-1}\psi'\rangle = \langle\psi'|\hat{K}'|\psi'\rangle$$

6.4. Χρονική εξέλιξη της αναμενόμενης τιμής

Η αναμενόμενη τιμή προσδιορίζεται από την έκφραση

$$\langle\hat{A}\rangle_t = \int\psi^*(x,t)\hat{A}\psi(x,t)\,dx$$

Η παραγώγιση ως προς τον χρόνο δημιουργεί ένα άθροισμα τριών ολοκληρωμάτων:

$$\frac{d}{dt}\langle\hat{A}\rangle_t = \int\psi^*(x,t)\frac{\partial\hat{A}}{\partial t}\psi(x,t)\,dx$$

$$+\int\psi^*(x,t)\,\hat{A}\,\frac{\partial\psi(x,t)}{\partial t}\,dx$$

$$+\int\frac{\partial\psi(x,t)}{\partial t}\,\hat{A}\psi^*(x,t)\,dx$$

Το πρώτο ολοκλήρωμα αποτελεί εξ ορισμού την αναμενόμενη τιμή για τον τελεστή που αποδίδει την μερική παράγωγο του τελεστή $\hat{A}$ ως προς τον χρόνο. Το άθροισμα των τριών όρων ξαναγράφεται

$$\langle\frac{\partial\hat{A}}{\partial t}\rangle_t + \int\left[\frac{1}{i\hbar}\hat{H}\psi(x,t)\right]^*\hat{A}\psi(x,t)\,dx + \int\psi^*(x,t)\hat{A}\left[\frac{1}{i\hbar}\,\hat{H}\psi(x,t)\right]dx$$

$$= \langle\frac{\partial\hat{A}}{\partial t}\rangle_t + \frac{i}{\hbar}\int\psi^*(x,t)\hat{H}\hat{A}\psi(x,t)\,dx - \frac{i}{\hbar}\int\psi^*(x,t)\hat{A}\hat{H}\psi(x,t)\,dx$$

όπου χρησιμοποιήθηκε η Ερμιτιανότητα του τελεστή Hamilton. Ως αποτέλεσμα

$$\frac{d}{dt}\langle\hat{A}\rangle_t = \langle\frac{\partial\hat{A}}{\partial t}\rangle_t + \frac{i}{\hbar}\langle[\hat{H},\hat{A}]\rangle_t$$

Η αναμενόμενη τιμή για την θέση θα είναι

$$\frac{d}{dt}\langle x\rangle = \frac{i}{\hbar}\langle[\hat{H},\hat{x}]\rangle = \frac{i}{\hbar}\langle[\frac{\hat{p}^2}{2m} + V(\hat{x}),\hat{x}]\rangle$$

Ο τελεστής της θέσης μετατίθεται βέβαια με κάθε συνάρτηση του εαυτού του ενώ

$$[\hat{p}^2,\hat{x}] = \hat{p}[\hat{p},\hat{x}] + [\hat{p},\hat{x}]\hat{p} = 2\frac{\hbar}{i}\hat{p}$$

με αποτέλεσμα

$$\frac{d}{dt}\langle x\rangle = \langle\frac{p}{m}\rangle$$

Σε ό,τι αφορά την ορμή, στη γενική περίπτωση, ισχύει

$$\frac{d}{dt}\langle p\rangle = -\frac{i}{\hbar}\langle[\hat{p}\,,V(\hat{x})]\rangle$$

ενώ

$$\hat{p}V(\hat{x})y(x) - V(\hat{x})\hat{p}y(x) = \frac{\hbar}{i}\frac{d}{dx}[V(\hat{x})y(x)] - \frac{\hbar}{i}V(\hat{x})\frac{d}{dx}y(x)$$

$$= \frac{\hbar}{i}\frac{dV(\hat{x})}{dx}y(x)$$

με αποτέλεσμα

$$\frac{d}{dt}\langle p\rangle_t = -\langle\frac{dV(x)}{dx}\rangle_t$$

Διαπιστώνουμε λοιπόν ότι

$$m\frac{d^2}{dx^2}\langle x\rangle_t = -\langle\frac{dV(x)}{dx}\rangle_t$$

η οποία παρουσιάζει προφανή ομοιότητα με την κλασική σχέση

$$m\frac{d^2x_{\kappa\lambda}}{dt^2} = -\langle \frac{dVx_{\kappa\lambda}}{dx_{\kappa\lambda}}\rangle$$

επισημαίνοντας ωστόσο ότι

$$\langle\frac{dV}{dx}\rangle \neq \frac{d}{d\langle x\rangle}V(\langle x\rangle)$$

γεγονός που εμποδίζει την ταύτιση των δύο σχέσεων. Από την άλλη, η κίνηση του σωματιδίου, υπό κατάλληλες προϋποθέσεις και προσεγγιστικά, μπορεί να θεωρηθεί ως κλασική. Συγκεκριμένα, καθώς η συνάρτηση

$$F(x) = -\frac{dV}{dx}$$

αναπτύσσεται σε ένα άθροισμα άπειρων όρων γύρω από την αναμενόμενη τιμή $\langle x\rangle$

$$F(x) = F(\langle x\rangle) + (x-\langle x\rangle)F'(\langle x\rangle) + (x-\langle x\rangle)^2/2!\, F''(\langle x\rangle) + \ldots$$

αν η απόκλιση για την θέση $(\Delta x)^2 = (\langle x-\langle x\rangle)^2$ είναι μικρή οι ανώτεροι όροι στο προηγούμενο ανάπτυγμα μπορούν να αγνοηθούν ώστε

$$F(x) \approx F(\langle x\rangle) + (x-\langle x\rangle)F'(\langle x\rangle) \approx F(\langle x\rangle)$$

μια σχέση που μας επιτρέπει να υπολογίζουμε την τροχιά σωματιδίων εντός μακροσκοπικών πεδίων, με αρκετά καλή προσέγγιση, μέσω των κλασικών εξισώσεων κίνησης.

Τέλος, η έκφραση για την αναμενόμενη τιμή μπορεί να ιδωθεί υπό διαφορετική οπτική γωνία καθώς αν $|\psi_t\rangle = e^{-i\hat{H}t/\hbar}|\psi_0\rangle$ και το συζυγές διάνυσμα $\langle\psi_t| = \langle\psi_0|e^{i\hat{H}t/\hbar}$, όπου

$$e^{-i\hat{H}t/\hbar} = \sum_{i=1}^{n} e^{-iEt/\hbar}|E\rangle\langle E|$$

η χρονική εξέλιξη της αναμενόμενης τιμής είναι

$$\langle A\rangle_t = \langle\psi_t|\hat{A}(t)|\psi_t\rangle = \langle\psi_0|e^{i\hat{H}t/\hbar}\hat{A}e^{-i\hat{H}t/\hbar}|\psi_0\rangle$$

Αν ορίσουμε τον τελεστή

$$\hat{A}(t) = e^{i\hat{H}t/\hbar}\hat{A}e^{-i\hat{H}t/\hbar}$$

τότε

$$\langle A\rangle_t = \langle\psi_0|\hat{A}(t)|\psi_0\rangle$$

Η κατάσταση παραμένει η ίδια ενώ μεταβαλλόμενο μέγεθος είναι πλέον ο ίδιος ο τελεστής. Αυτή η διαφορετική οπτική γωνία για τον προσδιορισμό της χρονικής εξέλιξης ονομάζεται απεικόνιση ή εικόνα Heisenberg.

6.5. Γινόμενο αβεβαιότητας

Αν A_1 και A_2 είναι δύο μη ταυτόχρονα μετρήσιμα φυσικά μεγέθη, το γινόμενο των αντίστοιχων αποκλίσεων παρουσιάζει αναγκαία μία ελάχιστη τιμή. Αυτή η τιμή συνδέεται άμεσα με την αναμενόμενη τιμή για τον Ερμιτιανό μεταθέτη που αντιστοιχεί στο ζευγάρι των δύο τελεστών, δηλαδή

$$\Delta A_1 \cdot \Delta A_2 \geq \frac{1}{2} |\bar{C}|$$

Καταρχάς σχηματίζουμε την έκφραση για την αναμενόμενη τιμή του τετραγώνου των αποκλίσεων για το μέγεθος A

$$\langle\psi|(A - \langle A\rangle)^2|\psi\rangle$$

Αν $\hat{A}' = \hat{A} - \langle A\rangle$ ο Ερμιτιανός μεταθέτης των δύο τελεστών τότε

$$\hat{C} = i(\hat{A}_1\hat{A}_2 - \hat{A}_2\hat{A}_1) = i(\hat{A}_1'\hat{A}_2' - \hat{A}_2'\hat{A}_1')$$

Αξιοποιούμε στη συνέχεια την ανισότητα που αποδίδει την ιδιότητα του μέτρου του διανύσματος $(\hat{A}_1' + i\lambda\hat{A}_2')|\psi\rangle$ να είναι θετικός αριθμός ώστε να σχηματιστούν οι καταλληλοι όροι

$$\langle\psi|(\hat{A}_1' - i\lambda\hat{A}_2')(\hat{A}_1' + i\lambda\hat{A}_2')|\psi\rangle \geq 0$$

$$\Rightarrow \qquad \lambda^2(\Delta A_2)^2 + \lambda\bar{C} + (\Delta A_1)^2 \geq 0$$

Η τελευταία ανισότητα ξαναγράφεται

$$\left[\lambda\Delta A_2 + \frac{\bar{C}}{2\Delta A_2})\right]^2 + \left[(\Delta A_1)^2 - \frac{\bar{C}^2}{4(\Delta A_2)^2}\right] \geq 0$$

και καθώς ισχύει για κάθε τιμή του λ, επιλέγουμε εκείνη την τιμή του η οποία μηδενίζει τον πρώτο όρο.

Θα προσδιορίσουμε τώρα το γινόμενο των αποκλίσεων για το ζευγάρι των φυσικών μεγεθών θέση—ορμή.

Παράδειγμα 6.7

Ας θεωρήσουμε κίνηση σε μία διάσταση και τα διανύσματα

$$|v\rangle = (\hat{p} - \langle p\rangle)|\psi\rangle \text{ και } |u\rangle = (\hat{x} - \langle x\rangle)|\psi\rangle$$

Αντικαθιστώντας τα δύο διανύσματα στη γενική ανισότητα του Swarz

$$\sqrt{\langle u|u\rangle}\,\sqrt{\langle v|v\rangle} \geq |\langle u|v\rangle| \geq \frac{1}{2}[e^{i\varphi}\langle u|v\rangle + e^{-i\varphi}\langle v|u\rangle]$$

και επιλέγοντας $e^{i\varphi} = -i$, στο δεξιό μέλος σχηματίζεται η αναμενόμενη τιμή για τον μεταθέτη των τελεστών $\hat{x}'$ και $\hat{p}'$ ενώ στο αριστερό μέλος έχουμε ήδη δείξει ότι εμφανίζεται το γινόμενο αβεβαιοτήτων, δηλαδή

$$\Delta x \cdot \Delta p \geq -i/2\ \langle\psi|[\hat{x}-\langle x\rangle, \hat{p}-\langle p\rangle]|\psi\rangle$$

Εκτελώντας τις μεταθετικές σχέσεις αποκτάμε την γνωστή σχέση

$$\Delta x \cdot \Delta p \geq \hbar/2$$

Η ελάχιστη τιμή του γινομένου εμφανίζεται όταν

$$\frac{\hat{x}-\langle x\rangle}{\Delta x}|\psi\rangle + i\frac{\hat{p}-\langle p\rangle}{\Delta p}|\psi\rangle = 0$$

όπου τα διανύσματα $(\hat{x}-\langle x\rangle)|\psi\rangle$ και $(\hat{p}-\langle p\rangle)|\psi\rangle$ λαμβάνονται ως κανονικοποιημένα. Στην απεικόνιση x, η παραπάνω ισότητα μετατρέπεται στην διαφορική εξίσωση

$$\frac{(x-\langle x\rangle)\langle x|\psi\rangle}{\Delta x} + \frac{(\hbar\partial/\partial x - i\langle p\rangle)\langle x|\psi\rangle}{\Delta p} = 0$$

$$\Leftrightarrow \quad \hbar\frac{\partial}{\partial x}\langle x|\psi\rangle + (\Delta p)\left[\frac{x-\langle x\rangle}{\Delta x} - \frac{i\langle p\rangle}{\Delta p}\right]\langle x|\psi\rangle = 0$$

$$\Leftrightarrow \quad \frac{\partial}{\partial x}\langle x|\psi\rangle + \frac{1}{2}\left[\frac{x-\langle x\rangle}{\Delta x^2} - \frac{i\langle p\rangle}{\hbar}\right]\langle x|\psi\rangle = 0$$

όπου χρησιμοποιήθηκε η ελάχιστη τιμή $\Delta x \cdot \Delta p = \hbar/2$

Το εκθετικό που αποτελεί λύση της διαφορικής εξίσωσης πρέπει όταν παραγωγίζεται να δίνει, πολλαπλασιασμένο επί -1, τον δεύτερο όρο του αθροίσματος. Άρα, θα αποτελείται από έναν μιγαδικό όρο

$$ix\langle p\rangle/\hbar$$

και από έναν πραγματικό. Η δημιουργία της έκφρασης $(x-\langle x\rangle)$ απαιτεί την ύψωση του τελευταίου στο τετράγωνο. Ως συνέπεια, ο πραγματικός όρος στο εκθετικό είναι

$$-(x-\langle x\rangle^2)/4(\Delta x)^2$$

Η συνάρτηση, δηλαδή, για την οποία συμβαίνει το ελάχιστο γινόμενο αβεβαιότητας είναι γκαουσσιανής μορφής:

$$\psi(x) = \exp[ix\langle p\rangle/\hbar - (x-\langle x\rangle^2)/4(\Delta x)^2]$$

Παράδειγμα 6.8

Το τετράγωνο της απόκλισης της θέσης για ένα ελεύθερο σωματίδιο προσδιορίζεται, μέσω των αρχικών συνθηκών, από την σχέση

$$(\Delta x)_t^2 = (\Delta x)_0^2 + \frac{2}{m}\left[\frac{1}{2}\langle\hat{x}\hat{p} + \hat{p}\hat{x}\rangle_0 - \langle x\rangle_0\langle p\rangle_0\right]t + (\Delta p)_0^2\left(\frac{t}{m}\right)^2$$

Σε μια τυχαία χρονική στιγμή θα είναι

$$(\Delta x)_t^2 = \langle x^2\rangle_t - \langle x\rangle_t^2$$

Αρχικά, ο ρυθμός μεταβολής της αναμενόμενης τιμής του τετραγώνου της θέσης υπολογίζεται ως

$$\frac{d\langle x^2\rangle}{dt} = \frac{1}{i\hbar}\langle[\hat{x}^2, \hat{H}]\rangle = \frac{1}{2im\hbar}\langle[\hat{x}^2, \hat{p}^2]\rangle = \frac{1}{m}\langle\hat{x}\hat{p} + \hat{p}\hat{x}\rangle$$

ενώ ο ρυθμός μεταβολής της έκφρασης $\langle\hat{x}\hat{p} + \hat{p}\hat{x}\rangle$ θα είναι

$$\frac{d\langle\hat{x}\hat{p} + \hat{p}\hat{x}\rangle}{dt} = \frac{1}{2im\hbar}\langle[\hat{x}\hat{p} + \hat{p}\hat{x}, \hat{p}^2]\rangle = \frac{2}{m}\langle p^2\rangle$$

Η προκύπτουσα, ωστόσο, αναμενόμενη τιμή για το τετράγωνο της ορμής παραμένει αμετάβλητη στην πάροδο του χρόνου καθώς το τελευταίο μετατίθεται άμεσα με τον τελεστή Hamilton ώστε, κατά την ολοκλήρωση ως προς τον χρόνο της έκφρασης $\langle\hat{x}\hat{p} + \hat{p}\hat{x}\rangle$, να τίθεται ως μία σταθερά:

$$\langle p^2\rangle = \langle p^2\rangle_0$$

Συγκεκριμένα,

$$\int_0^t d\langle\hat{x}\hat{p} + \hat{p}\hat{x}\rangle = \frac{2}{m}\langle p^2\rangle_0\int_0^t dt$$

$$\Longrightarrow \qquad \langle\hat{x}\hat{p} + \hat{p}\hat{x}\rangle_t = \langle\hat{x}\hat{p} + \hat{p}\hat{x}\rangle_0 + \frac{2}{m}\langle p^2\rangle_0 t$$

Άρα

$$\int_0^t d\langle x^2\rangle = \frac{1}{m}\int_0^t\left[\langle\hat{x}\hat{p} + \hat{p}\hat{x}\rangle_0 + \frac{2}{m}\langle p^2\rangle_0 t\right]dt$$

δηλαδή

$$\langle x^2\rangle_t = \langle x^2\rangle_0 + \frac{1}{m}\left[\langle\hat{x}\hat{p} + \hat{p}\hat{x}\rangle_0 t + \frac{1}{m}\langle p^2\rangle_0 t^2\right]$$

Σε ό,τι αφορά την αναμενόμενη τιμή για την θέση, επειδή

$$\frac{d\langle p\rangle}{dt} = -\langle\frac{\partial V}{\partial x}\rangle = 0$$

η αναμενόμενη, δηλαδή, τιμή για την ορμή είναι σταθερή ποσότητα, εκτελώντας την ολοκλήρωση ως προς τον χρόνο της αναμενόμενης τιμής για την θέση, έχουμε

$$\int_0^t d\langle x\rangle = \frac{\langle p\rangle_t}{m}\int_0^t dt \Longrightarrow \langle x\rangle_t = \langle x\rangle_0 + \langle p\rangle_t\frac{t}{m}$$

και

$$\langle x\rangle_t^2 = \langle x\rangle_0^2 + \langle p\rangle_t^2\frac{t^2}{m^2} + \frac{2}{m}\langle x\rangle_0\langle p\rangle_t t$$

Εκείνο που απομένει πλέον είναι να αντικαταστήσουμε τις αναμενόμενες τιμές για την διασπορά

$$(\Delta x)_t^2 = \langle x^2\rangle_t - \langle x\rangle_t^2$$

$$= \langle x^2\rangle_0 - \langle x\rangle_0^2 + \frac{2}{m}\left[\frac{1}{2}\langle \hat{x}\hat{p} + \hat{p}\hat{x}\rangle_0 - \langle x\rangle_0 \langle p\rangle_t\right]t + [\langle p^2\rangle_t - \langle p\rangle_t^2]\left(\frac{t}{m}\right)^2$$

Αλλά

$$\langle p\rangle_t = \langle p\rangle_0 \text{ και } (\Delta p)_0^2 = (\Delta p)_t^2 = \langle p^2\rangle_t - \langle p\rangle_t^2$$

με τελικό αποτέλεσμα την ζητούμενη σχέση.

6.6. Σωματίδιο σε μονοδιάστατο κουτί

Παράδειγμα 6.9

Ποια είναι η αναμενόμενη τιμή και η αντίστοιχη διασπορά για την θέση και την ορμή στο περιορισμένο μεταξύ δύο σημείων σωματίδιο όταν το τελευταίο βρίσκεται σε στάσιμη κατάσταση;

Προφανώς η αναμενόμενη τιμή για την θέση προσδιορίζεται μέσω της έκφρασης

$$\langle x\rangle = \int_0^\alpha \sqrt{\frac{2}{\alpha}} \sin\frac{n\pi x}{\alpha}\, x \sqrt{\frac{2}{\alpha}} \sin\frac{n\pi x}{\alpha}\, dx = \frac{2}{\alpha}\int_0^\alpha x \sin^2\frac{n\pi x}{\alpha}\, dx$$

$$= \frac{1}{\alpha}\int_0^\alpha x dx - \frac{1}{\alpha}\int_0^\alpha x\cos\frac{2n\pi x}{\alpha}\, dx$$

και με την αλλαγή μεταβλητής $t = 2n\pi x/\alpha$

$$\langle x\rangle = \frac{\alpha}{2} - \frac{\alpha}{4n^2\pi^2}\int_0^{2n\pi} t\cos t\, dt = \frac{\alpha}{2}$$

Στις ιδιοκαταστάσεις του τελεστή Hamilton, για το σωματίδιο σε κουτί, η αναμενόμενη τιμή της ορμής είναι μηδέν καθώς η απαίτηση για την τιμή της να είναι πραγματικός αριθμός επιβάλλει τον μηδενισμό της πραγματικής τιμής του ολοκληρώματος:

$$\langle p\rangle = -i\hbar\int_0^\alpha \psi_n^*(x)\frac{\partial}{\partial x}\psi_n(x)\, dx$$

Η αναμενόμενη τιμή για το τετράγωνο της θέσης είναι

$$\langle x^2\rangle = \int_0^\alpha \sqrt{\frac{2}{\alpha}} \sin\frac{n\pi x}{\alpha}\, x^2 \sqrt{\frac{2}{\alpha}} \sin\frac{n\pi x}{\alpha}\, dx$$

Με την αλλαγή μεταβλητής $\omega = n\pi x/\alpha$ προκύπτει

$$\langle x^2\rangle = \frac{\alpha^2}{n^3\pi^3}\left[\int_0^{n\pi} d\omega\, \omega^2 - \int_0^{n\pi} d\omega\, \omega^2 \cos 2\omega\right]$$

Το δεύτερο ολοκλήρωμα, με την αλλαγή μεταβλητής $\tau=2\omega$, γίνεται

$$\frac{1}{8}\int_0^{n\pi} d\tau\, \tau^2 \cos\tau$$

Χρησιμοποιώντας την μέθοδο της ολοκλήρωσης κατά παράγοντες και θέτοντας $u = \tau^2$ και $dv = \cos\tau\, d\tau$ προκύπτει

$$\int_0^{2n\pi} d\tau\, \tau^2 \cos\tau = = -2\int_0^{2n\pi} \tau \sin\tau\, d\tau = 4\pi n$$

Ως αποτέλεσμα $\langle x^2\rangle = \frac{\alpha^2}{3} - \frac{\alpha^2}{2n^2\pi^2}$ και τελικά

$$(\Delta x) = \sqrt{\langle x^2\rangle - \langle x\rangle^2} \implies \Delta x = \frac{\alpha}{2n\pi}\sqrt{\frac{n^2\pi^2 - 6}{3}}$$

ενώ σε ό,τι αφορά την απόκλιση για την ορμή

$$\Delta p = \sqrt{\langle p^2\rangle - \langle p\rangle^2} = 2mE_n$$

Παράδειγμα 6.10

Έστω $|\varphi_1\rangle$, $|\varphi_2\rangle$, ... οι στάσιμες καταστάσεις ενός σωματιδίου με μάζα m στο μονοδιάστατο κουτί και $E_n = n^2\pi^2\hbar^2/2m\alpha^2$ οι αντίστοιχες τιμές της ενέργειας. Αν την χρονική στιγμή $t = 0$ το σωματίδιο βρίσκεται στην κατάσταση

$$\frac{1}{\sqrt{2}}\,|\varphi_1\rangle + \frac{i}{\sqrt{2}}\,|\varphi_2\rangle$$

ποια θα είναι η αναμενόμενη τιμή της θέσης και της ορμής του την χρονική στιγμή $t=\hbar/4E_1$, θεωρώντας ότι το πλάτος πιθανότητας $\langle\varphi_2|\hat{x}|\varphi_1\rangle$ είναι πραγματικός αριθμός;

Η χρονική εξέλιξη της κατάστασης αποδίδεται από την έκφραση

$$|\psi_t\rangle = \frac{1}{\sqrt{2}}\, e^{-iE_1t/\hbar}|\varphi_1\rangle + \frac{i}{\sqrt{2}}\, e^{-iE_2t/\hbar}|\varphi_2\rangle$$

η οποία στην απεικόνιση x αποκτά την μορφή

$$\langle x|\psi_t\rangle = \frac{1}{\sqrt{2}}\, e^{-iE_1t/\hbar}\sin\frac{\pi x}{\alpha} + \frac{i}{\sqrt{2}}\, e^{-iE_2t/\hbar}\sin\frac{2\pi x}{\alpha}$$

Η αναμενόμενη τιμή για την θέση προσδιορίζεται από την έκφραση

$$\langle\psi_t|\hat{x}|\psi_t\rangle = \frac{1}{2}\langle 1|\hat{x}|1\rangle + \frac{i}{2}\langle 1|\hat{x}|2\rangle e^{i\Delta Et/\hbar}$$

$$-\frac{i}{2}\langle 2|\hat{x}|1\rangle e^{-i\Delta Et/\hbar} + \frac{1}{2}\langle 2|\hat{x}|2\rangle$$

όπου $\Delta E = E_1 - E_2$.

$$\langle 1|\hat{x}|1\rangle = \langle 2|\hat{x}|2\rangle = \frac{\alpha}{2}$$

και

$$\langle 1|\hat{x}|2\rangle = \langle 2|\hat{x}|1\rangle = \frac{2}{\alpha}\int_0^\alpha dx\, x\sin\frac{\pi x}{\alpha}\sin\frac{2\pi x}{\alpha}$$

Η τιμή του τελευταίου ολοκληρώματος προσδιορίζεται με την μέθοδο της τριγωνομετρικής αντικατάστασης, είναι δηλαδή

$$\frac{2}{\alpha}\frac{1}{2}\left[\int_0^\alpha dx\, x\cos\frac{\pi x}{\alpha} - \int_0^\alpha dx\, x\cos\frac{3\pi x}{\alpha}\right]$$

και με την αλλαγή μεταβλητής $t = \pi x/\alpha$ προκύπτει

$$\langle 1|\hat{x}|2\rangle = -\frac{16}{9}\frac{\alpha}{\pi^2}$$

Ο όρος της χρονικής εξέλιξης είναι λοιπόν

$$\frac{i}{2}\langle 1|\hat{x}|2\rangle(e^{i\Delta Et/\hbar} - e^{-i\Delta Et/\hbar}) = \frac{16}{9}\frac{\alpha}{\pi^2}\sin\frac{\Delta Et}{\hbar}$$

ώστε τελικά

$$\langle\psi_t|\hat{x}|\psi_t\rangle = \frac{\alpha}{2} + \frac{16}{9}\frac{\alpha}{\pi^2}\sin\frac{3}{4}$$

Η εξέλιξη της αναμενόμενης τιμής για την ορμή προσδιορίζεται από τον πρώτο νόμο του Ehrenfest

$$\frac{d\langle x\rangle}{dt} = \langle\frac{p}{m}\rangle$$

Αντικαθιστώντας το αποτέλεσμα για την αναμενόμενη τιμή της θέσης, την χρονική στιγμή t θα είναι

$$\langle p\rangle_t = -\frac{8\hbar^2}{3\alpha}\cos\frac{3}{4}$$

Αν υποθέσουμε τώρα ότι για ένα σωματίδιο περιορισμένο σε κουτί σε μετρήσεις της ενέργειάς του καταγράφεται ενέργεια E_1 με πιθανότητα 50% ή ενέργεια E_2 με αντίστοιχη πιθανότητα 50%. Τότε η κατάσταση—διάνυσμα του σωματιδίου θα είναι

$$|\psi\rangle = \frac{1}{\sqrt{2}}|E_1\rangle + \frac{1}{\sqrt{2}}e^{i\varphi}|E_2\rangle$$

καθώς η ασάφεια στην διαφορά φάσης επιβάλλει έναν απροσδιόριστο παράγοντα φάσης. Αν τώρα δίνεται η επιπλέον πληροφορία

$$\langle\psi|\hat{x}|\psi\rangle = \frac{\alpha}{2}$$

τότε έχουμε

$$\langle\psi|\hat{x}|\psi\rangle = \frac{1}{2}[\langle 1|\hat{x}|1\rangle + \langle 2|\hat{x}|2\rangle + e^{i\varphi}\langle 1|\hat{x}|2\rangle + e^{-i\varphi}\langle 2|\hat{x}|1\rangle]$$

Αλλά

$$\langle 1|\hat{x}|1\rangle = \langle 2|\hat{x}|2\rangle = \frac{\alpha}{2}$$

$$\langle 1|\hat{x}|2\rangle = \langle 2|\hat{x}|1\rangle = -\frac{16}{9}\frac{\alpha}{\pi^2}$$

με αποτέλεσμα

$$\langle\psi|\hat{x}|\psi\rangle = \frac{\alpha}{2} - \frac{16}{9}\frac{\alpha}{\pi^2}\cos\varphi = \frac{\alpha}{2}$$

Άρα $\cos\varphi = 0$ και $\varphi = \pi/2$ με αποτέλεσμα

$$|\psi\rangle = \frac{1}{\sqrt{2}}|E_1\rangle + \frac{i}{\sqrt{2}}|E_2\rangle$$

Παράδειγμα 6.11

Δίνεται η κυματοσυνάρτηση

$$\psi(x) = cx(\alpha - x)$$

για ένα σωματίδιο με μάζα m στο μονοδιάστατο κουτί μήκους α. Ποια είναι η αναμενόμενη τιμή για την ενέργεια του σωματιδίου;

Καταρχάς, για την κανονικοποίηση, προκύπτει

$$\int_0^\alpha [x(\alpha - x)]^2\, dx = \alpha^5/30 \quad \Rightarrow \quad c = \sqrt{\frac{30}{\alpha^5}}$$

Επειδή η τιμή της συνάρτησης έξω από το κλειστό διάστημα είναι παντού μηδέν, η πρώτη παράγωγος της συνάρτησης παρουσιάζει ασυνέχεια στα σημεία 0 και α. Η δεύτερη παράγωγος στα σημεία ασυνέχειας είναι συνάρτηση δ ενώ οι μεγαλύτερης τάξης παραγωγίσεις δημιουργούν παραγώγους των συναρτήσεων δ, που δεν ανήκουν πλέον στο πεδίο ορισμού του τελεστή Hamilton αφού δεν είναι διανύσματα του χώρου Hilbert. Για να αποφύγουμε το πρόβλημα αναλύουμε την παραπάνω συνάρτηση σε γραμμικό συνδυασμό ως προς την ορθοκανονική βάση των ιδιοσυναρτήσεων της ενέργειας για το κουτί:

$$\sqrt{\frac{30}{\alpha^5}}\, x(\alpha - x) = \sqrt{\frac{2}{\alpha}} \sum_n c_n \sin\frac{n\pi x}{\alpha}$$

Ο προσδιορισμός των συντελεστών c_n απαιτεί τον υπολογισμό του ολοκληρώματος

$$\int_0^\alpha x(\alpha - x)\sin\frac{n\pi x}{\alpha}\, dx = \alpha\int_0^\alpha x\sin\frac{n\pi x}{\alpha}\, dx - \int_0^\alpha x^2 \sin\frac{n\pi x}{\alpha}\, dx$$

Για το πρώτο ολοκλήρωμα

$$\alpha\int_0^{\alpha} x\sin\frac{n\pi x}{\alpha}\,dx = -\alpha\left(\frac{\alpha}{n\pi}\right)^2 \tau\cos\tau\Big|_0^{n\pi} = -(-1)^n\frac{\alpha^3}{n\pi}$$

όπου $n = 1, 2, \ldots$ ενώ για το δεύτερο ολοκλήρωμα, μετά την αλλαγή μεταβλητής, έχουμε

$$\int_0^{n\pi}\tau^2\sin\tau\,d\tau = -\tau^2\cos\tau\Big|_0^{n\pi} + 2\cos\tau\Big|_0^{n\pi}$$

$$= -n^2\pi^2(-1)^n + 2(-1)^n - 2$$

και τελικά

$$c_n = \sqrt{\frac{60}{\alpha^6}}\,2\left(\frac{\alpha}{n\pi}\right)^3[1 + (-1)^n]$$

Η αναμενόμενη τιμή για την ενέργεια είναι ο αριθμός, στον οποίο συγκλίνει το άθροισμα των άπειρων όρων

$$\langle E\rangle = \sum_n |c_n|^2 E_n = \frac{480}{\pi^4}\frac{\hbar^2}{2m\alpha^2}\sum_n\frac{1-(-1)^n}{n^4} = \frac{5\hbar^2}{m\alpha^2}$$

όπου $\sum_n \frac{1}{n^4} = \pi^4/90,\ \sum_n (-1)^n\frac{1}{n^4} = -7\pi^4/720$

Σε ορισμένες περιπτώσεις ωστόσο ο υπολογισμός της αναμενόμενης τιμής είναι δυνατός δίχως την αναλυτική εκτέλεση πολύπλοκων ολοκληρώσεων.

Παράδειγμα 6.12

Η αναμενόμενη τιμή της έκφρασης

$$\hat{x}^2\hat{p}^3 + 3\hat{x}\hat{p}^3\hat{x} + \hat{p}^3\hat{x}^2$$

μηδενίζεται για όλες τις ιδιοσυναρτήσεις της ενέργειας του σωματιδίου, που είναι περιορισμένο στην περιοχή $(-\alpha, \alpha)$.

Ο τελεστής είναι Ερμιτιανός, καθώς

$$(\hat{x}^2\hat{p}^3)^+ = (\hat{p}^3)^+(\hat{x}^2)^+ = \hat{p}^3\hat{x}^2 \text{ και } (\hat{p}^3\hat{x}^2)^+ = \hat{x}^2\hat{p}^3$$

ενώ $$(\hat{x}\hat{p}^3\hat{x})^+ = (\hat{p}^3\hat{x})^+\hat{x} = \hat{x}\hat{p}^3\hat{x}$$

Επειδή η αναμενόμενη τιμή για έναν Ερμιτιανό τελεστή είναι πραγματική και σε κάθε επιμέρους ολοκλήρωμα για την αναμενόμενη τιμή συμμετέχουν, στην απεικόνιση x, πραγματικές συναρτήσεις πολλαπλασιασμένες επί έναν μιγαδικό αριθμό, η αναμενόμενη τιμή της ζητούμενης έκφρασης οφείλει να είναι μηδέν.

6.7. Άλλα παραδείγματα

Παράδειγμα 6.13

Έστω ένα κυματοπακέτο, όπου

$$g(k) = \begin{matrix} 0 & k < -\alpha \\ N & -\alpha < k < \alpha \\ 0 & k > \alpha \end{matrix}$$

με $k = p/\hbar$.

Στην απεικόνιση p η αντίστοιχη συνάρτηση $f(p)$ είναι μη μηδενική και ίση με N στην περιοχή $-\alpha\hbar < p < \alpha\hbar$. Σε ό,τι αφορά την απαραίτητη κανονικοποίηση, πρέπει

$$\int_{-\hbar\alpha}^{+\hbar\alpha} dp[f(p)]^2 = 1 \text{ δηλαδή } |N^2| = 1/2\alpha\hbar$$

Στην απεικόνιση x το διάνυσμα αποκτά την μορφή

$$\begin{matrix} 0 & p < -\alpha\hbar \\ \frac{1}{\sqrt{2\pi\hbar}} \frac{1}{\sqrt{2\alpha\hbar}} \int_{-\hbar\alpha}^{+\hbar\alpha} e^{ipx/\hbar}\, dp & -\alpha\hbar < p < \alpha\hbar \\ 0 & p > \alpha\hbar \end{matrix}$$

Ως αποτέλεσμα, στην περιοχή $-\alpha\hbar < p < \alpha\hbar$ θα είναι

$$\psi(x) = \sqrt{\frac{1}{\alpha\pi}} \frac{\sin \alpha x}{x}$$

Η συνάρτηση αυτή είναι ήδη κανονικοποιημένη, καθώς στον μετασχηματισμό Fourier έχουν επιλεγεί οι κατάλληλοι συντελεστές.

Η αναμενόμενη τιμή τόσο για την θέση όσο και για την ορμή είναι μηδέν, οπότε η απόκλιση για την ορμή είναι

$$\Delta p = \alpha\hbar/\sqrt{3}$$

Σε ό,τι αφορά την θέση, μπορούμε να θεωρήσουμε προσεγγιστικά την συνάρτηση $\sin^2 \alpha x$ να εκτείνεται μεταξύ των δύο πρώτων μηδενισμών της από την θέση $x = 0$, δηλαδή όταν $\alpha x = \pm\pi$, με αποτέλεσμα

$$(\Delta x)^2 = \langle x^2 \rangle = \frac{1}{\alpha\pi} \int_{-\pi/\alpha}^{+\pi/\alpha} dx \sin^2(\alpha x) = \frac{1}{\alpha^2}$$

Διαπιστώνουμε ότι το γινόμενο αβεβαιότητας $\Delta x \cdot \Delta p$ είναι ανεξάρτητο από την τιμή του α. Παρατηρούμε επίσης ότι αν επιλέξουμε, ως προσέγγιση, το σημείο στο οποίο η συνάρτηση μηδενίζεται την n φορά, το αναφερόμενο γινόμενο πολλαπλασιάζεται επί μία σταθερά, εξακολουθώντας να είναι ανεξάρτητο της τιμής του n.

Παράδειγμα 6.14

Έστω στην απεικόνιση x το διάνυσμα—κατάσταση

$$\psi(x) = N/(x^2 + \alpha^2)$$

όπου $\alpha > 0$.

Στην απεικόνιση p το διάνυσμα αποκτά την μορφή

$$f(p) = \frac{1}{\sqrt{2\pi\hbar}} \int_{-\infty}^{+\infty} dx\, e^{-ipx/\hbar} \psi(x)$$

Το συγκεκριμένο ολοκλήρωμα υπολογίζεται εύκολα με την μέθοδο των ολοκληρωτικών υπολοίπων. Επιλέγουμε την μιγαδική συνάρτηση

$$f(z) = \frac{e^{ipz/\hbar}}{z^2 + \alpha^2}$$

για $p > 0$, η οποία έχει δύο απλούς πόλους, στα σημεία $\pm\alpha i$, εκ των οποίων μόνο το σημείο αi βρίσκεται εντός της περιοχής του περιγράμματος του σχήματος 6.1.

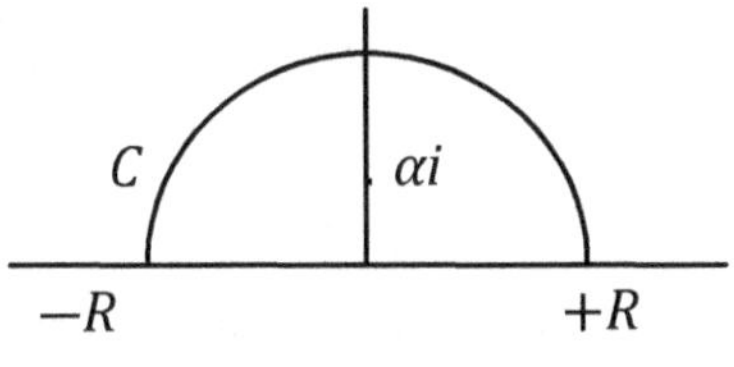

Σχήμα 6.1 Ο δρόμος ολοκλήρωσης στο μιγαδικό επίπεδο

Το ολοκληρωτικό υπόλοιπο γι' αυτό το σημείο είναι

$$\mathrm{Res}\, f(z, \alpha i) = \lim_{z \to \alpha i} \left[(z - \alpha i) \frac{e^{i|p|z/\hbar}}{(z + \alpha i)(z - \alpha i)} \right] = \frac{1}{2\alpha i} e^{-\alpha|p|/\hbar}$$

επομένως

$$f(p) = \lim_{R \to +\infty} \left[\int_{-R}^{+R} \frac{e^{ipz/\hbar}}{z^2 + \alpha^2} dz + \int_C \frac{e^{ipz/\hbar}}{z^2 + \alpha^2} \right] = \frac{\pi}{\alpha} e^{-\alpha|p|/\hbar}$$

καθώς η συνεισφορά του ολοκληρώματος, που αντιστοιχεί στο τμήμα της καμπύλης διαδρομής, είναι μηδενική.

Σε ό,τι αφορά τον προσδιορισμό του N είναι

$$\int_{-\infty}^{+\infty} dp\, e^{-2\alpha|p|/\hbar} = 2\int_0^{+\infty} dp\, e^{-2\alpha p/\hbar} = \hbar/\alpha$$

με συνέπεια $|N|^2 = 2\alpha^3/\pi$.

Η έκφραση για την αναμενόμενη τιμή $\langle x^n \rangle$ οδηγεί στο ολοκλήρωμα

$$\langle x^n \rangle = \frac{2\alpha^3}{\pi}\int_{-\infty}^{+\infty} \frac{x^n}{(x^2+\alpha^2)^2}\, dx$$

Είναι προφανές ότι το παραπάνω ολοκλήρωμα συγκλίνει μόνο για τιμές του n μικρότερες του 4. Επιπλέον, ο παρονομαστής είναι άρτια συνάρτηση με αποτέλεσμα να μηδενίζεται για τις τιμές 1 και 3, οι οποίες καθιστούν τον αριθμητή περιττή συνάρτηση. Για την τιμή $n = 2$ το ολοκλήρωμα συγκλίνει και χρησιμοποιώντας την μέθοδο της κατά παράγοντες ολοκλήρωσης, θέτουμε

$$\upsilon = x \text{ και } d\upsilon = \frac{x}{(x^2+\alpha^2)^2}$$

Αντικαθιστώντας, έχουμε

$$\int_{-\infty}^{+\infty} \frac{x^2}{(x^2+\alpha^2)^2}\, dx = \frac{1}{2}\int_{-\infty}^{+\infty} \frac{1}{x^2+\alpha^2}\, dx$$

$$= \frac{1}{2\alpha}\lim_{x\to+\infty} \arctan\frac{x}{\alpha} - \frac{1}{2\alpha}\lim_{x\to-\infty} \arctan\frac{x}{\alpha} = \frac{\pi}{2\alpha}$$

δηλαδή, τελικά

$$\langle x^2 \rangle = \alpha^2$$

γ) Η αναμενόμενη διασπορά για την θέση του σωματιδίου είναι

$$(\Delta x) = \sqrt{\langle x^2 \rangle - \langle x \rangle^2} = \alpha$$

Η αναμενόμενη τιμή για την τιμή της ορμής είναι

$$\langle p \rangle = |N|^2 \int_{-\infty}^{+\infty} p e^{-2\alpha|p|/\hbar}\, dp = 0$$

επειδή έχουμε γινόμενο περιττής επί άρτιας συνάρτησης με συμμετρικά όρια ολοκλήρωσης. Καθώς

$$\langle p^2 \rangle = |N|^2 \int_{-\infty}^{+\infty} p^2 e^{-2\alpha|p|/\hbar}\, dp \;= 2|N|^2 \int_{0}^{+\infty} p^2 e^{-2\alpha|p|/\hbar}\, dp$$

με την χρησιμοποίηση της συνάρτησης Γάμα προκύπτει

$$\langle p^2 \rangle = 2\,\frac{\alpha}{\hbar}\,\frac{\hbar^3}{8\alpha^3}\Gamma(3) = \frac{\hbar^2}{2\alpha^2}$$

με αποτέλεσμα

$$\Delta p = \hbar\sqrt{2}\,/2\alpha \;\text{ και }\; \Delta x \cdot \Delta p = \hbar\sqrt{2}\,/2$$

Παράδειγμα 6.15

Έστω η κανονικοποιημένη συνάρτηση

$$\psi(x) = \left(\frac{\pi}{\alpha}\right)^{-1/4} e^{-\alpha x^2/2}$$

α) Η μετασχηματισμένη κατά Fourier συνάρτηση της $\psi(x)$ είναι

$$f(p) = \frac{1}{\sqrt{2\pi\hbar}} \left(\frac{\pi}{\alpha}\right)^{-1/4} \int dx\, e^{-ipx/\hbar} e^{-\alpha x^2/2}$$

Μετατρέποντας τον εκθέτη σε τέλειο τετράγωνο, μέσω της αλλαγής μεταβλητής $q = x + ip/\hbar$ προκύπτει

$$\frac{1}{\sqrt{2\pi\hbar}} \left(\frac{\pi}{\alpha}\right)^{-1/4} e^{-p^2/2\alpha\hbar^2} \int dx\, e^{-\alpha(x + ip/\alpha\hbar)^2/2} = \frac{1}{(\alpha\pi\hbar^2)^{1/4}}\, e^{-p^2/2\alpha\hbar^2}$$

όπου χρησιμοποιήθηκε η σχέση

$$I_0 = \int_{-\infty}^{+\infty} dx\, e^{-\alpha x^2} = \sqrt{\frac{\pi}{\alpha}}$$

Τέλος, επειδή η συνάρτηση $\psi(x)$ είναι κανονικοποιημένη, είναι κανονικοποιημένη και η $f(p)$.

β) Ποιες είναι οι αναμενόμενες τιμές $\langle x^n \rangle$ και $\langle p^n \rangle$;

Σε ό,τι αφορά την θέση είναι

$$\langle x^n \rangle = \sqrt{\frac{\alpha}{\pi}} \int dx\, x^n e^{-\alpha x^2/2}$$

Όταν ο ακέραιος n είναι περιττός, η τιμή του ολοκληρώματος είναι μηδέν ενώ, όταν είναι άρτιος, ένας εναλλακτικός τρόπος προσδιορισμού στηρίζεται στην διαδοχική παραγώγιση της έκφρασης ως προς α καθώς, σε κάθε τέτοια παραγώγιση, η ολοκληρωτέα συνάρτηση πολλαπλασιάζεται επί $-x^2$ ώστε κάποια στιγμή να εμφανιστεί η επιθυμητή δύναμη.

$$I_{2n} = (-1)^n \frac{d^n}{d\alpha^n} \sqrt{\frac{\pi}{\alpha}} = \frac{1.3\ldots(2n-1)}{(2\alpha)^n} \sqrt{\frac{\pi}{\alpha}}$$

Με ανάλογο τρόπο υπολογίζουμε τα αντίστοιχα ολοκληρώματα για την ορμή.

γ) Για $n = 2$, για την θέση προκύπτει

$$\langle x^2 \rangle = \frac{1}{2\alpha},\ \langle x \rangle^2 = 0,\ \Delta x = \frac{1}{\sqrt{2\alpha}}$$

και για την ορμή

$$\langle p^2 \rangle = \alpha\hbar^2/2,\ \langle p \rangle^2 = 0,\ \Delta p = \hbar\sqrt{\frac{\alpha}{2}}$$

ενώ

$$\Delta x \cdot \Delta p = \hbar/2$$

Παράδειγμα 6.16

Έστω το διάνυσμα $|\psi\rangle$, το οποίο στην απεικόνιση x έχει την μορφή

$$\langle x|\psi\rangle = \psi(x) = ce^{-\alpha|x-x_0| + ibx}$$

όπου $\alpha \ni R^+$, $b \ni R$, ενώ c είναι τυχαίος μιγαδικός αριθμός.

Η απαίτηση της κανονικοποίησης επιβάλλει

$$\int_{-\infty}^{+\infty} |\psi(x)|^2\, dx = \int_{-\infty}^{+\infty} |c|^2 e^{-2\alpha|x-x_0|}\, dx = 1$$

και $|c|^2 = 1/I_1$, όπου $I_1 = \int_{-\infty}^{+\infty} e^{-2\alpha|x-x_0|}\, dx$

Για τον υπολογισμό του I_1, με την αλλαγή μεταβλητής

$$x' = x - x_0$$

μετατοπίζουμε το x_0, που είναι το σημείο ως προς το οποίο η συνάρτηση $e^{-2\alpha|x-x_0|}$ είναι συμμετρική, στην αρχή των αξόνων. Αξιοποιώντας αυτή την συμμετρία αρκεί να υπολογίσουμε το ολοκλήρωμα

$$I_0 = \int_0^{+\infty} e^{-2\alpha x}\, dx \text{ καθώς } I_1 = 2I_0$$

Το I_0 είναι ένα γενικευμένο ολοκλήρωμα αφού είναι ένα ορισμένο ολοκλήρωμα με άνω όριο το $+\infty$. Επομένως

$$I_0 = \lim_{b\to+\infty} \int_0^b e^{-2\alpha x}\, dx = -\frac{1}{2\alpha} \lim_{b\to+\infty}\left[e^{-2\alpha x}\Big|_0^b \right] = \frac{1}{2\alpha}$$

ενώ $I_1 = 1/\alpha$ και $|c|^2 = \alpha$

Η αναμενόμενη τιμή για την θέση, στην απεικόνιση x, είναι

$$\langle x\rangle = \alpha \int_{-\infty}^{+\infty} x e^{-2\alpha|x-x_0|}\, dx = \alpha \int_{-\infty}^{+\infty} (x' + x_0) e^{-2\alpha|x'|}\, dx' = x_0$$

διότι το ολοκλήρωμα $\int_{-\infty}^{+\infty} x' e^{-2\alpha|x'|}\, dx'$ ως γινόμενο άρτιας επί περιττής συνάρτησης, σε συμμετρικά όρια ολοκλήρωσης, είναι μηδέν.

Η αναμενόμενη τιμή για την ορμή είναι

$$\langle p\rangle = \langle\psi|\hat{p}\psi\rangle = \int_{-\infty}^{+\infty} c^* e^{-\alpha|x'|-ibx} (-i\hbar) \frac{\partial}{\partial x} (ce^{-\alpha|x'| + ibx})\, dx'$$

$$= \alpha(-i\hbar) \int_{-\infty}^{+\infty} e^{-2\alpha|x'|} \frac{\partial}{\partial x} [-\alpha|x'| + ibx']\, dx'$$

Η τιμή της πρώτης παραγώγου της συνάρτησης $|x|$ είναι 1 για τις θετικές τιμές του x και -1 για τις αρνητικές,

$$\operatorname{sgn} x = \begin{matrix} 1 \text{ για } x > 0 \\ -1 \text{ για } x < 0 \end{matrix}$$

Επομένως

$$\langle p \rangle = (-i\hbar\alpha^2) \int_{-\infty}^{+\infty} e^{-2\alpha|x'|} \operatorname{sgn} x' dx' + |c|^2(-i\hbar\alpha)(ib) I_1$$

Η συνάρτηση sgn x είναι περιττή ώστε ο πρώτος όρος του παραπάνω αθροίσματος να μηδενίζεται, με αποτέλεσμα

$$\langle p \rangle = b\hbar$$

Η αναμενόμενη τιμή, τώρα, του x^2 είναι

$$\langle x^2 \rangle = \alpha \int_{-\infty}^{+\infty} (x' + x_0)^2 e^{-2\alpha|x'|}\, dx'$$

$$= \alpha\left[2I_2 + x_0^2 I_1 + x_0 \int_{-\infty}^{+\infty} 2x_0 x' e^{-2\alpha|x'|}\, dx'\right]$$

όπου $I_2 = \int_0^{+\infty} x'^2 e^{-2\alpha x'} dx'$

Θα υπολογίσουμε το I_2 χρησιμοποιώντας την μέθοδο των διαδοχικών παραγωγίσεων του ολοκληρώματος $I_0(\alpha)$ ως προς α

$$\frac{d^2}{d\alpha^2} I_0(\alpha) = 4\int_0^{+\infty} x^2 e^{-2\alpha x}\, dx = \frac{1}{\alpha^3}$$

$$\Longrightarrow \qquad I_2 = \frac{1}{4\alpha^3}$$

Η αναμενόμενη τιμή για το τετράγωνο της θέσης είναι λοιπόν

$$\langle x^2 \rangle = x_0^2 + \frac{1}{2\alpha^2}$$

ενώ

$$(\Delta x) = \sqrt{\langle x^2 \rangle - \langle x \rangle^2} = \frac{1}{\sqrt{2}\alpha}$$

Σε ό,τι αφορά την αναμενόμενη τιμή για το τετράγωνο της ορμής έχουμε:

$$\langle p^2 \rangle = \langle \psi | \hat{p}^2 \psi \rangle = \int_{-\infty}^{+\infty} c^* e^{-\alpha|x'| - ibx} (-i\hbar)^2 \frac{\partial^2}{\partial x^2} \left(c e^{-\alpha|x'| + ibx}\right) dx$$

$$= -\alpha\hbar^2 \int_{-\infty}^{+\infty} e^{-\alpha|x'| - ibx} \frac{\partial}{\partial x}\left[(-\alpha \operatorname{sgn} x' + ib) e^{-\alpha|x'| + ibx}\right] dx$$

Η συνάρτηση sgn$x$ είναι ασυνεχής στο σημείο x_0, με αποτέλεσμα η πρώτη παράγωγος σε αυτό το σημείο να είναι συνάρτηση δ. Ωστόσο, η διαφορά των δύο μονάδων στις τιμές της συνάρτησης, στο σημείο μηδέν, επιβάλλει τον πολλαπλασιασμό της συνάρτησης δ επί 2. Ως επακόλουθο, η αναμενόμενη τιμή για το τετράγωνο της ορμής είναι

$$\langle p^2 \rangle = -\alpha\hbar^2 \Big[\int_{-\infty}^{+\infty} e^{-2\alpha|x'|}[-2\alpha\delta(x')]dx' + (-\alpha)^2 I_1 + (ib)^2 I_1$$

$$+ \int_{-\infty}^{+\infty} e^{-2\alpha|x'|} 2[-\alpha \operatorname{sgn} x'] ib\, dx' \Big] = \hbar^2(\alpha^2 + b^2)$$

ώστε $$(\Delta p) = \sqrt{\langle p^2 \rangle - \langle p \rangle^2} = \hbar\alpha$$

και $$\Delta p \cdot \Delta x = \hbar\sqrt{2}/2$$

Συνοψίζοντας

Η εκδήλωση της αναγκαιότητας μέσα από μία άπειρη σειρά «τυχαίων» αποτελεσμάτων οδηγεί στην συγκρότηση της έννοιας της αναμενόμενης τιμής. Η αναμενόμενη τιμή εκφράζει τον ιδιαίτερο κάθε φορά συσχετισμό των μετρήσεων ενώ η απλή έκφραση με την οποία εμφανίζεται έχει στη βάση της την απλή σχέση του τελεστή του φυσικού μεγέθους με τα ιδιοδιανύσματα και τις ιδιοτιμές του. Από την άλλη, οι διακυμάνσεις για τις τιμές των συζυγών μεγεθών προσδιορίζονται με την χρησιμοποίηση ξανά του μεταθέτη —και μάλιστα της αναμενόμενης τιμής του— που αντιστοιχεί στο ζευγάρι των αντίστοιχων τελεστών.

Με τη σειρά της, η αναμενόμενη τιμή μεταβάλλεται με τον χρόνο: Προβλέπουμε την χρονική της εξέλιξη προσδιορίζοντας τον μεταθέτη του αντίστοιχου τελεστή με τον τελεστή Hamilton του συστήματος. Έχουμε, άλλωστε, ήδη εξετάσει την ιδιαίτερη σχέση που συνδέει τον τελευταίο με την χρονική εξέλιξη των καταστάσεων—διανυσμάτων ενώ η εικόνα Heisenberg αναδεικνύει μια διαφορετική οπτική γωνία προσέγγισης. Ιδιαίτερη σημασία έχει ξανά η ανάλυση της χρονικής εξέλιξης των αναμενόμενων τιμών για τα φυσικά μεγέθη που συνδέονται με απλά συστήματα, όπως είναι το ελεύθερο σωματίδιο ή το σωματίδιο που είναι περιορισμένο σε μονοδιάστατο κουτί.

Επίλογος

Η θεωρητική φυσική βρίσκεται συχνά αντιμέτωπη με την άποψη ότι ο χειρισμός των αφηρημένων εννοιών της μπορεί να είναι απόλυτα επιτυχής δίχως καμιά προπαρασκευή, σαν να επαρκεί η καλή διάθεση και ο κατάλληλος δείκτης ευφυίας του ενδιαφερόμενου. Η ιστορία όμως της συνειδητοποίησης των χαρακτηριστικών της ανθρώπινης σκέψης, έτσι όπως αποκαλύπτεται μέσα από την ανάπτυξη της φιλοσοφίας, έρχεται να προβάλλει τις πιο σοβαρές αντιρρήσεις σ΄ αυτή την προκατάληψη καθώς παρά τις προφανείς υπερβολές και συχνά την μονομέρεια, τις απολυτοποιήσεις και τις έντονες διαμάχες των φιλοσοφικών συστημάτων αποκαλύπτονται ουσιαστικά οι διαφορετικές πλευρές αλλά και οι αναγκαίες βαθμίδες της πορείας ανάπτυξης της ανθρώπινης σκέψης.

Η κβαντική θεωρία, από την πλευρά της, και αφού αναφερθεί με τον πιο κατηγορηματικό και ακριβή τρόπο στην υλική προϋπόθεση για την ύπαρξή της, την μεσολάβηση της συσκευής, διατυπώνει τα συμπεράσματά της χρησιμοποιώντας τις βασικές φιλοσοφικές έννοιες, τις κατηγορίες της λογικής, με έναν διαφορετικό, πιο ανεπτυγμένο τρόπο σε σύγκριση με την κλασική μηχανική. Χαρακτηριστικά, ενώ το αποτέλεσμα ενός μεμονωμένου πειράματος με σωματίδια φαίνεται αρχικά εντελώς απρόβλεπτο η επανάληψη πολλών μεμονωμένων αλλά όμοιων πειραμάτων δημιουργεί μια κατανομή πειραματικών τιμών γύρω από την αναμενόμενη τιμή. Η αναμενόμενη τιμή εμφανίζεται τώρα με όχι λιγότερη αναγκαιότητα απ΄ ό,τι οι υπόλοιποι φυσικοί νόμοι. «Αιτία» της ύπαρξης της συγκεκριμένης αναμενόμενης τιμής είναι οι συγκεκριμένες συνθήκες του φυσικού συστήματος, όχι όμως πλέον οι ιδιαίτερες για κάθε επανάληψη του πειράματος αλλά το γενικό τους χαρακτηριστικό. Η αναγκαιότητα αποκαλύπτεται πλέον όχι με τη μία μέτρηση αλλά με τις πολλές, όχι ξεχωρίζοντας από το τυχαίο αλλά μέσα από αυτό και, για την ακρίβεια, με την προϋπόθεση της ύπαρξης του τελευταίου.

Σε ό,τι αφορά τις μαθηματικές σχέσεις της θεωρίας, μια σειρά από διαφορετικές και καταρχήν ανεξάρτητες οντότητες —αριθμοί, διανύσματα, τελεστές— εμφανίζονται στην πρώτη επαφή μαζί της. Η απλή διατύπωση της γενικής αρχής των «δυνατών τρόπων» και της πρόσθεσης των αντίστοιχων μιγαδικών αριθμών απαιτεί την αναφορά στις πειραματικές τιμές των φυσικών μεγεθών ενώ η γενική συμπεριφορά των σωματιδίων αποδίδεται με την χρησιμοποίηση διανυσμάτων. Όλα τα διανύσματα όμως ενός διανυσματικού χώρου προσδιορίζονται αλλά και συσχετίζονται μεταξύ τους με την μεσολάβηση ενός κοινού «μέτρου»: της διανυσματικής βάσης. Ως αποτέλεσμα, οι πειραματικές τιμές των φυσικών μεγεθών εμφανίζονται πλέον με διπλό τρόπο: ως αριθμοί και ως διανύσματα βάσης ή, διαφορετικά, οι αριθμοί, στην εσωτερική τους σχέση, μετατρέπονται σε διανύσματα βάσης.

Από την άλλη, οι αλλαγές των διανυσμάτων αποδίδονται εξ ορισμού από τελεστές. Ακόμη όμως πιο σημαντική είναι η χρησιμοποίηση ορισμένων τελεστών όταν εκτελούν την ακριβώς αντίθετη διαδικασία, όταν δηλαδή δεν αλλάζουν τις διευθύνσεις των διανυσμάτων πάνω στα οποία επενεργούν. Ο τελεστής ενός φυσικού μεγέθους αποδίδει τελικά την ζητούμενη σχέση μεταξύ των πειραματικών τιμών και των αντίστοιχων διανυσμάτων βάσης, συνδέοντάς την με τα εκάστοτε χαρακτηριστικά του φυσικού συστήματος.

Τα ανά δύο ταυτόχρονα μετρήσιμα φυσικά μεγέθη προσδιορίζονται από τον μηδενισμό ή όχι ενός τρίτου τελεστή: του μεταθέτη. Οι τελεστές, συγκροτώντας την εσωτερική τους άλγεβρα, είναι με κάποιον τρόπο επιστροφή στην αρχή, καθώς μπορούν να ειδωθούν ως γενίκευση των αριθμών. Είναι όμως κυρίως μια επιστροφή στην αρχή διότι οι υποθετικοί δυνατοί τρόποι, στο σύνολό τους, έχουν πλέον διευκρινιστεί και προσδιοριστεί με σαφήνεια ως το σύνολο των συνδυασμών των ιδιοτιμών των αμοιβαία μετατιθέμενων τελεστών.

Παρατηρήσαμε επίσης ότι διαφορετικά στοιχεία των μαθηματικών, όπως οι ολοκληρωτικοί πυρήνες και οι πίνακες, αποδίδουν διαδικασίες μετασχηματισμού ενώ κλάδοι των μαθηματικών όπως η γραμμική άλγεβρα και ο απειροστικός λογισμός διαπλέκονται. Νέα μαθηματικά μεγέθη, όπως οι συναρτήσεις ή οι *n* διαστάσεων χώροι Hilbert, σχηματίζονται με την διατήρηση απλών σχέσεων σε συνθετότερες κατασκευές. Ακόμη, σε διαφορετικές περιοχές της θεωρίας παρατηρήσαμε έννοιες όπως ο Ερμιτιανός τελεστής, ο μοναδιαίος ή ο μεταθέτης να χρησιμοποιούνται σε μία σειρά από διαφορετικές εκφράσεις: από την δημιουργία νέων τελεστών μέχρι τις σχέσεις αβεβαιότητας, τις συμμετρίες και την χρονική εξέλιξη, έννοιες καταρχάς ανεξάρτητες, κάτω από ορισμένες προϋποθέσεις και με ένα συγκεκριμένο τρόπο, αλληλοσυνδέονται και μάλιστα προσδιορίζονται η μία μέσα από την άλλη.

Το αφηρημένο, που ενώ απομακρύνεται πλησιάζει προς το συγκεκριμένο, το αναγκαίο, που αποκαλύπτεται ότι πραγματοποιείται μέσα από μια ατελείωτη σειρά ξεχωριστών φαινομενικά τυχαίων αποτελεσμάτων, η ακρίβεια, που προϋποθέτει την προσέγγιση αλλά και οι αριθμοί, που μετατρέπονται σε διανύσματα, οι τελεστές που αποδεικνύονται αριθμοί όπως και αντίστροφα, η συνάρτηση που λειτουργεί ως διάνυσμα, γενικότερα το άλφα, που κάτω από προϋποθέσεις μετατρέπεται σε βήτα και μάλιστα είναι αυτή ακριβώς η μετατροπή που το προσδιορίζει ως άλφα, όλα αυτά αποτελούν πραγματικό σκάνδαλο για έναν τρόπο σκέψης που έχει μάθει στη σιγουριά της απλής ταξινόμησης, όπου η ομοιότητα και η διαφορά αποκτούν απόλυτη σημασία.

Η ανάλυση της κβαντικής θεωρίας δείχνει ότι οι διαφορές ανάμεσα στις έννοιες που χρησιμοποιεί όχι μόνο δεν είναι απόλυτες, αλλά ακριβώς το αντίθετο είναι εκείνη η απαραίτητη ευλυγισία και τα αμοιβαία τους περάσματα που τις καθιστά ικανές να αποδώσουν την πραγματική συμπεριφορά των σωματιδίων. Η ανάδειξη των αντιθέτων και της αλληλοσύνδεσής τους αποκαλύπτει ότι η κατανόησή μας έχει προχωρήσει μέχρι εκείνο το σημείο όπου έγινε αναπόφευκτη η αποκάλυψη του βαθύτερου χαρακτήρα των πραγμάτων καθώς οι αντιθέσεις δεν είναι προϊόντα της φαντασίας μας ή βολικοί τρόποι ταξινόμησης των φαινομένων αλλά, όπως πολύ χαρακτηριστικά παρατηρούμε στα σωματίδια *K*, αποδίδουν την φύση των σωματιδίων, είναι σύμφυτες με την ίδια την ύπαρξη της φύσης.

Είναι φανερό ότι η πραγματική κίνηση της σκέψης, η κίνηση της ίδιας της θεωρίας της σύγχρονης φυσικής, πραγματοποιείται αντιμετωπίζοντας σε κάθε της βήμα αντιθέσεις και η επιστήμη λύνει αυτές τις αντιθέσεις ανακαλύπτοντας τον ουσιαστικό δρόμο που τις συνδέει, συσχετίζοντας αναπόφευκτα φαινομενικά αντίθετα πράγματα, αποκαλύπτοντας την ουσιαστική τους σχέση, αποκαλύπτοντας σε αυτή την κίνηση την κίνηση του πραγματικού κόσμου, θέτοντας έτσι συνεχώς και ταυτόχρονα λύνοντας την βασική αναπόφευκτη αντίθεση που ορίζει την γνώση: κάτι το υποκειμενικό να διεκδικεί την αλήθεια του αντικειμενικού.

Η διδασκαλία των λογικών εννοιών οφείλεται στην ανάπτυξη της φιλοσοφίας. Η αντιπαράθεση της φιλοσοφικής σκέψης με το φαινομενικά προφανές, η μακρόχρονη αντιπαράθεση και η εξαντλητική συζήτηση λεπτεπίλεπτων αποχρώσεων των ζητημάτων έχει σίγουρα, σε πείσμα όλων των υπερβολών, αποδώσει τα δικά της αποτελέσματα. Οι πιο σημαντικές κατακτήσεις της φιλοσοφικής σκέψης διεκδικούν την καλύτερη εφαρμογή τους στην θεωρία της νεότερης φυσικής και μάλιστα αυτό φαίνεται να συμβαίνει δίχως την συνειδητή πρόθεση των δημιουργών της τελευταίας.

Η σύγχρονη επιστήμη, ως πραγματική σκέψη, βαδίζει αναπότρεπτα, πολλές φορές δίχως να το συνειδητοποιεί, στο δρόμο της πιο εξελιγμένης φιλοσοφικής μεθόδου, της λεγόμενης διαλεκτικής μεθόδου, και είναι μόνο η προκατάληψη που αναφέρθηκε εκείνη που την καθιστά δέσμια του δικού της δημιουργήματος. Η άγνοια των κατακτήσεων της φιλοσοφίας οδηγεί συχνά σε μια απερίσκεπτη χρησιμοποίηση των αφηρημένων μαθηματικών εννοιών· και είναι η ίδια απερισκεψία εκείνη που τροφοδοτεί τις συγχύσεις στην κατανόηση της σημασίας τους. Η φιλοσοφία, από την άλλη, οφείλει να αναγνωρίζει μέσα στην ανάπτυξη της φυσικής την δική της ανάπτυξη, μια συνειδητοποίηση που με τη σειρά της διαλύει την σύγχυση της μαγείας ή του παράλογου, που συχνά τροφοδοτεί η εξωτερική ενασχόληση με την σύγχρονη φυσική.

Η κατανόηση της αλληλουχίας των φυσικών φαινομένων, όπως αποτυπώνεται στην κίνηση των αφηρημένων μορφών της φυσικής, η αναγνώριση της κρυμμένης αναγκαιότητας, η υποχρέωση τελικά της θεωρίας να απεικονίζει την κίνηση του πραγματικού κόσμου, αποτελεί την μεγάλη υπηρεσία της επιστήμης της φυσικής στην κατάκτηση της ελευθερίας του ανθρώπου απέναντι στη φύση. Από την άλλη, η συνειδητοποίηση της πορείας ανάπτυξης της ίδιας της θεωρίας, πρέπει να αποτελεί την συνεισφορά της φιλοσοφίας στην ελευθερία του ανθρώπου απέναντι στις αφηρημένες μορφές της επιστήμης, απέναντι δηλαδή στις ίδιες του τις σκέψεις.

Βιβλιογραφικές αναφορές

Gordon Baym, *Lectures on Quantum Mechanics*, Addison—Wesley Publishing Company, 1990.

David Bohm, *Quantum Theory*, Dover Publications Inc., 1989.

F. Constantinescu—E. Majyari, *Problems in Quantum Mechanics*, Pergamon Press, 1971.

R. P. Feynman, R. B. Leighton and M. Sands, *The Feynman Lectures on Physics, Vol. III, Quantum Mechanics*, Addison—Wesley Publishing Co., Inc., Third printing 1966.

Kenneth W. Ford, *Κλασική και σύγχρονη Φυσική*, Γ. Πνευματικός, 1980.

Stephen Gasiorowicz, *Quantum Physics*, John Wiley & Sons, Inc., 1974.

L. D. Landau and E. M. Lifshitz, *Quantum Mechanics*, Pergamon Press, Third Edition, 1989.

E. Merzbacher, *Quantum Mechanics*, John Wiley & Sons, Inc., 1970.

A. Messiah, *Quantum Mechanics*, John Wiley & Sons, Inc., 1968.

Alastair Rae, *Quantum physics: illusion or reality?* Cambridge University Press Canto Edition 1994.

Π. Στράντζαλος—Α. Κατάβολος, *Εισαγωγή στην θεωρία των διαφορικών εξισώσεων*, Εκδόσεις Καρδαμίτσα, 1986.

Philip R. Wallace, *Mathematical Analysis of Physical Problems*, Dover Publications Inc., 1984.

Γκέοργκ Χέγκελ, *Η Επιστήμη της Λογικής*, Εκδόσεις Δωδώνη, 1991.